肝

U0187632

[美] 米凯拉·德苏西 著

张三天 译

食品政治中的众口难调

CONTESTED TASTES
Foie Gras and the Politics of Food

Michaela Desoucey

上海社会科学院出版社
SHANGHAI ACADEMY OF SOCIAL SCIENCES PRESS

图书在版编目(CIP)数据

鹅肝：食品政治中的众口难调 ／（美）米凯拉·德苏西著；张三天译. -- 上海：上海社会科学院出版社，2024. -- ISBN 978-7-5520-4426-3

Ⅰ．TS971．201

中国国家版本馆 CIP 数据核字第 20248X3N66 号

上海市版权局著作权登记号：09－2021－0991

鹅肝：食品政治中的众口难调

[美] 米凯拉·德苏西 著 张三天 译
责任编辑：章斯睿
封面设计：杨晨安
出版发行：上海社会科学院出版社
　　　　　上海顺昌路 622 号　邮编200025
　　　　　电话总机 021－63315947　销售热线 021－53063735
　　　　　https://cbs.sass.org.cn　E-mail：sassp@sassp.cn
排　　版：南京展望文化发展有限公司
印　　刷：上海新文印刷厂有限公司
开　　本：890 毫米×1240 毫米　1/32
印　　张：10.125
字　　数：250 千
版　　次：2024 年 8 月第 1 版　　2024 年 8 月第 1 次印刷

ISBN 978－7－5520－4426－3/TS·020　　　定价：68.00 元

丛书弁言

人生在世,饮食为大,一日三餐,朝夕是此。

《论语·乡党》篇里,孔子告诫门徒"食不语"。此处"食"作状语,框定礼仪规范。不过,假若"望文生义",视"食不语"的"食"为名词,倏然间一条哲学设问横空出世:饮食可以言说吗?或曰食物会否讲述故事?

毋庸置疑,"食可语"。

是饮食引导我们读懂世界进步:厨房里主妇活动的变迁摹画着全新政治经济系统;是饮食教育我们平视"他者":国家发展固有差异,但全球地域化饮食的开放与坚守充分证明文明无尊卑;也是饮食鼓舞我们朝着美好社会前行:食品安全运动让"人"再次发明,可持续食物关怀催生着绿色明天。

一箪一瓢一世界!

万余年间,饮食跨越山海、联通南北,全人类因此"口口相连,胃胃和鸣"。是饮食缔造并将持续缔造陪伴我们最多、稳定性最强、内涵最丰富的一种人类命运共同体。对今日充满危险孤立因子的世界而言,"人类饮食共同体"绝非"大而空"的理想,它是无处不在、勤勤恳恳的国际互知、互信播种者——北美街角中餐馆,上海巷口星巴克,莫不如此。

饮食文化作者是尤为"耳聪"的人类,他们敏锐捕捉到食物执拗的低音,将之扩放并转译成普通人理解的纸面话语。可惜"巴别塔"未竟而殊方异言,饮食文化作者仅能完成转译却无力"传译"——饮食的文明谈说,尚需翻译"再译"才能吸纳更多对话。只有翻译,"他者"饮食故事方可得到相对"他者"的聆听。唯其如此,语言隔阂造成的文明钝感能被拂去,人与人之间亦会心心相印——饮食文化翻译是文本到文本的"传阅",更是文明到文明的"传信"。从翻译出发我们览观世间百味,身体力行"人类饮食共同体"。

职是之故,我们开辟了"食可语"丛书。本丛书将翻译些许饮食文化作者"代笔"的饮食述说,让汉语母语读者更多听闻"不一样的饮食"与那个"一样的世界"。"食可语"丛书选书不论话题巨细,力求在哲思与轻快间寻找话语平衡,希望呈现"小故事"、演绎"大世界"。愿本丛书得读者欣赏,愿读者能因本丛书更懂饮食,更爱世界。

编 者

2021 年 3 月

致　谢

　　我要感谢为本书作出贡献的许多人,尤其是那些在法国和美 国参与到我的研究中的人。万分感谢各位主厨、活动人士、农场主、政治家、记者,以及其他允许我进入他们的世界,同我分享他们的知识、经历和观点的人。尽管每个人可能都会找到某些内容来反驳我的分析,但是,我希望大家可以公正地看待我所描绘的过去10年间的鹅肝斗争情况,也希望大家明白,我尊重所有牵涉其中的人。

　　美国西北大学(Northwestern University)的社会学系是这一研究项目诞生和成型之地,正是在这里,我开始作为一名社会学研究者成长起来。加里·艾伦·法恩(Gary Alan Fine)一直激励着我,促使我的分析能力提升到了新的水平。他的奉献精神和职业道德一直是鼓舞人心的,无论何时都令人望尘莫及。我还要感谢温迪·格里斯沃尔德(Wendy Griswold)、布鲁斯·卡拉瑟斯(Bruce Carruthers)、尼克拉·贝塞尔(Nicola Beisel)和劳拉·贝斯·尼尔森(Laura Beth Nielsen)自本专题文章撰写以来所给予的积极批评和鼓励。已故的艾伦·施耐博格(Alan Schnaiberg)教导我要成为富有同情心且专注的学者和教育者,我由衷地感激他。文化研讨会(Culture Workshop)、民族志研讨会(Ethnography Workshop)、管理组织系(Management and

Organizations Department)和法律研究中心（Center for Legal Studies）都是我要特别感谢的西北大学知识分子群体。

西北大学的研究生同学们营造了一种振奋人心的学术环境，持续地为需要经历这一过程的人提供同志情谊。我要感谢海瑟·舍恩菲尔德（Heather Schoenfeld）、加布里埃尔·费拉雷斯（Gabrielle Ferrales）、琳恩·盖兹利（Lynn Gazley）、科里·菲尔茨（Corey Fields）、克里·多布兰斯基（Kerry Dobransky）、艾琳·麦克唐纳（Erin McDonnell）、特里·麦克唐纳（Terry McDonnell）、乔-埃伦·波茨纳（Jo-Ellen Pozner）、伊丽莎白·安德森（Elisabeth Anderson）、贝丽特·范恩波（Berit Vannebo）、杰夫·哈克尼斯（Geoff Harkness）、阿什莉·汉弗莱斯（Ashlee Humphreys）、米歇尔·纳夫齐格（Michelle Naffziger）、西蒙娜·乔吉（Simona Giorgi）、玛丽娜·扎鲁那亚（Marina Zaloznaya）、萨拉·索德斯特罗姆（Sara Soderstrom）以及妮可·凡·克里夫（Nicole Van Cleve）。尤为感谢埃伦·贝里（Ellen Berry），过去几年来，贝里一直是非常棒的书友，他帮助并引导我完成了这一研究项目。我还要对伊莉斯·利普科维茨（Elise Lipkowitz）表示诚挚的感谢和感恩。伊莉斯一直是我的旅伴、餐伴、提供意见者、读者、文字编辑、分析者和精神支柱。没有她的话，我是无法写出这本书的。

在我作为博士后研究员于美国普林斯顿大学（Princeton University）社会学系和社会组织研究中心工作的那两年，这一研究项目因众多学者的指导和建议而获益良多。保罗·迪马桥（Paul DiMaggion）一直关注并鼓励着我的研究。和薇薇安娜·泽利泽（Viviana Zelizer）、马丁·吕夫（Martin Ruef）、鲍勃·伍斯诺（Bob Wuthnow）、金姆·谢普雷（Kim Scheppele）、米切·邓奈尔（Mitch Duneier）、米格尔·森诺特（Miguel Centeno）、阿明·加兹阿尼（Amin Ghaziani）及索菲·默尼耶（Sophie Meunier）等人的交谈以一系列有益的方式影响了这一研究项目。我有幸和莎拉·蒂巴德（Sarah Thébaud）、亚当·斯莱兹（Adam Slez）共用一间办公室，他们看了各种建议、备忘录和初期的各章节草稿，并发表了自己的意见，而且，他们已经成为我非常重要的朋友。米兰达·瓦格纳（Miranda Waggoner）、利兹·基亚雷诺（Liz Chiarello），以及我所在的写作小组的成员珍妮特·威特西（Janet Vertesi）、格雷斯·尤基什（Grace Yukich）、凯瑟琳·金·卢姆（Kathryn Gin Lum）、马努·拉达克里希南（Manu Radhakrishnan）和安妮·布莱泽（Annie Blazer）的见解和支持令我获益匪浅。尤其是莎拉和米兰达，在我们各奔东西之后还一直向我提供意见。

我在美国北卡罗来纳州立大学（North Carolina State University)写下了这份原稿的最终版，这所大学里聪敏且优秀的同事们提出了新的观点，让我可以超越最初的研究界限来检视我的成果。尤为感谢迈克尔·施瓦贝尔（Michael Schwalbe）和莎拉·鲍文（Sarah Bowen），在我收到审稿人的意见后，他们以具有建设性的批判视角帮助我修改了终稿。

这一路上，还有很多其他的朋友和同行也给予了我珍贵的建议和反馈。写作实际上是一项协作事业。本书之所以会更为完善，是因为我从以下人员身上所学到的东西（不分先后）：金姆·埃伯特（Kim Ebert）、斯尼卡·埃略特（Sinikka Elliott）、杰夫·莱特（Jeff Leiter）、汤姆·施莱弗（Tom Shriver）、戴维·施莱费尔（David Schleifer）、利兹·谢里（Liz Cherry）、科尔特·埃利斯（Colter Ellis）、伊莎贝尔·特舒埃雷斯（Isabelle Téchoueyres）、里奇·奥塞霍（Rich Ocejo）、布伦丹·奈恩（Brendan Nyhan）、劳伦·里维拉（Lauren Rivera）、克里斯托弗·贝尔（Christopher Bail）、戴维·迈耶（David Meyer）、达芙妮·德梅特里（Daphne Demetry）、乔丹·克洛西（Jordan Colosi）、爱丽丝·朱利耶（Alice Julier）、克利希南度·雷（Krishnendu Ray）、蕾切尔·劳登（Rachel Laudan）、安妮·迈克布莱德（Anne McBride）、克里斯蒂·希尔兹-阿杰利斯（Christy Shields-Argèles）、罗宾·瓦格纳-帕西费齐（Robin Wagner-Pacifici）、安迪·佩兰（Andy Perrin）、乔西·约翰斯顿（Josée Johnston）、乔斯林·布伦顿（Joslyn Brenton）、戴安娜·明茨特（Diana Mincyte）、里斯·威廉姆斯（Rhys Williams）、肯·艾尔巴拉（Ken Albala）、沃伦·贝拉斯科（Warren Belasco）、凯西·考夫曼（Cathy Kaufman）、罗宾·道兹沃斯（Robin Dodsworth）、凯特·科勒曼（Kate Keleman）、克劳斯·韦伯（Klaus Weber）、凯特·海因茨（Kate Heinze）、保罗·赫西（Paul Hirsch）、布雷登·金（Brayden King），等等。我希望以最终的成果向他们为我所做的一切致敬。

如果没有马克·卡罗（Mark Caro）的话，本书中的部分研究是无法进行的。马克和我在 2007 年的一场食品会议上相遇，作为可能是芝加哥最痴迷于鹅肝的两位作家，我们很快就意识到合作对双方而言是有益处的。无论是在芝加哥还是法国，他都是一个令人愉快的研究伙伴，他为自己的书［《鹅肝之战》（*The Foie Gras Wars*）］所进行的研究对我非常有用。他还非常擅长把陷入乡村沟渠里的沃尔沃汽车推出来。

普林斯顿大学出版社是本书最好的归宿。我有幸拥有不止一位，而是两位优秀的编辑。埃瑞克·施瓦茨（Eric Schwartz）看到了本书的潜力，并指导我完成了初稿，在这一过程中，他既是我的编辑，也成了我的朋友。埃瑞克为这份原稿寻得了两位可靠的审稿人,他们都认真仔细地看了稿子,提出了详细的意见和疑问,这样一来,我的书才更为完善了。在他从出版社离职时,我深感不安,但是梅根·莱文森(Meagan Levinson)很快就打消了我所有的忧虑。她是那种所有初出茅庐的作者都梦寐以求的编辑,聪慧且和善,还有着敏锐的洞察力,她在我的原稿上花了很多时间,拥有同时发掘细节和着眼整体的真才实学。和瑞安·穆里根(Ryan Mulligan)的合作也同样令人愉快。埃伦·富斯(Ellen Foos)出色的生产管理、凯瑟琳·哈珀(Katherine Harper)的文字编辑以及简·威廉姆斯(Jan Williams)编制的索引也让我获益良多。

还要由衷地感谢我的家人和密友,在进行这一长期的研究项目时,他们一直支持着我。首先要感谢我的父母卡洛琳·德苏西和鲍勃·德苏西(Carolyn and Bob DeSoucey)以及弟弟戴维、妹妹阿丽尔(Arielle)。我已故的外祖父母米尔顿·布洛克和玛蒂尔达·布洛克(Milton and Matilda Block)给了我灵感,让这一切成了可能。安雅·弗里曼·戈尔迪(Anya Freiman Goldey)和瓦莱丽·利斯纳·史密斯(Valerie Lisner Smith)一直像我的姐妹一样;我很感激她们真挚的友谊之情,我视她们的家人为我自己的家人一般。我还要感谢艾比·米尔豪塞和鲍勃·米尔豪塞(Abby and Bob Millhauser)乐于接纳我加入他们一家,感谢他们在旅行中为我做剪报并且拍下菜单的照片,这为我所收集的资料做了补充。我居住在金尼金尼克农场(Kinnikinnick Farm)期间,接待我的一家人——戴维·克莱夫顿和苏珊·克莱夫顿(David and Susan Cleverdon)、艾琳·格雷斯和凯文·格雷斯(Erin and Kevin Grace)以及丝塔西·欧恩和蒂姆·欧恩(Staci and Tim Oien)——为我提供了一个独具特色的、滋养的和安全

x

的港湾。

最后，就各方面而言，如果没有约翰·米尔豪塞这位我最喜欢的拍档和伴侣，本书是不可能完成的。他一直是鼓励、敏锐、建议、灵感和爱意的来源。他的影响显然遍及书中的每一页。我们的儿子贾斯珀·米尔豪塞(Jasper Millhauser)是我人生中的一道光。他风趣、聪明又英俊，给我带来了从未体会过的欢快。得知我正在写的这本书中有他的名字时，他也非常兴奋。我最为感激的就是这两个米尔豪塞家的小子。

前　言

　　我对鹅肝①的着迷始于所看的一场热闹。2005年3月,《芝
加哥论坛报》(*Chicago Tribune*)的头版文章详细记述了两位芝加
哥明星主厨——查理·特罗特(Charlie Trotter)和瑞克·查蒙托
(Rick Tramonto)——的唇枪舌剑。在以特罗特的名字命名的餐
厅里多年来一直供应鹅肝,但他决定此后停止供应,从表面上看
是因为鹅肝的生产方式。这在主厨间引发了争论。鹅肝是以强
制喂食的方式来专门增肥的鸭子或鹅的肝脏,既被视为美食烹饪
中独特且美味的食材,又被视为残忍且不合乎道德做法的产物。
在该篇文章中,查蒙托称特罗特的决定是伪善,因为他仍旧供应
其他畜产品,而特罗特则嘲讽查蒙托并不是"街区里最有头脑的
家伙",建议把他那"足够肥的"肝脏烹饪一下。这场交锋很快就
变成了这座城市里食品政治领域的众矢之的。

　　当时,每周六上午,我都在一个芝加哥的地方农贸市场做义
工,兜售当地一家有机农场的农产品。这个市场是颇受当地主厨
欢迎的社交场所,而且与此同时,他们还能为自己餐厅的周末特

---

　　①　"foie gras"实际上应直译为"肥肝",其中"foie"指"肝、肝脏","gras"
指"肥的、肥胖的,脂肪的"。就原料而言,"foie gras"一般是鹅或鸭子的肝脏,
但因中文约定俗成地将"foie gras"译为"鹅肝",所以本书还是译为"鹅肝",
只在特殊的地方译为"肥肝",即本书中的"鹅肝"是泛指的肥肝。——译者注

餐采购。有些人对这场争吵大感震惊，说全国各地的主厨朋友们都打电话来问他们，"芝加哥怎么了？"还有些人觉得有点儿可笑，因为他们私下里认识特罗特和查蒙托，或者曾经在他们的厨房里工作过。当我问他们对鹅肝的看法时，有几个人戒备地发起火来。有些人知道动物权利运动在前年导致加利福尼亚州通过了一项禁止生产和销售鹅肝的法律禁令。

xii

尽管无论从个人角度还是专业角度而言，我都对食品文化和食品政治感兴趣，但是我对鹅肝却知之甚少。就算曾经试图了解过，我也不记得了。我的研究生预算不允许我去高档餐厅吃饭，而那里是最常见的供应鹅肝的地方，几乎所有的美国食品杂货店都没有鹅肝。接下来的一周（与出现该篇文章的时机无关），我去看望了我的妹妹，她是一名大学生，当时正在法国留学。我发现在法国不同城市的大大小小的餐厅和商店里，鹅肝几乎无处不在。我向我妹妹的法国朋友们询问了这方面的情况，还带回了几小罐作为礼物。当我在法国期间，讨论特罗特和查蒙托争吵的信件和网上评论令《芝加哥论坛报》应接不暇。该报发表了由同一名记者所写的后续文章，防止了这件事情成为过眼云烟。有关鹅肝的道德性的激烈争论在烹饪和与主厨相关的线上讨论区——如"食道"（eGullet）和"贪吃鬼"（Chowhound）——占据着主导地位。回来后，我把其中一罐鹅肝送给了我在西北大学的导师加里·艾伦·法恩，我一直在和他探讨那篇文章。加里把罐子拿在手里看了看，然后又看了看我说道："你知道吧，这会是一个绝妙的研究项目。"

如往常一样，他是对的。

我很快就发现相比两个暴躁主厨之间的唇枪舌剑，对鹅肝的讨论是更为激烈和更为复杂的，从社会学角度而言也是更引人入胜的。稍加挖掘就会发现,美国、法国和其他地方都爆发了激烈的讨论。这些争论极具代表性地体现了我所说的"美食政治"(gastropolitics)——处于社会运动、文化市场和国家管制交汇处的食品争论。这一术语明显会让人想起"美食学"(gastronomy)——该词本身具有双重含义,既指对优秀烹饪的研究和实践,也指限定于某地、某种文化背景或某类人群的烹饪风格。美食学是关于身份认同的,在某种程度上也是关于具有社会特色的食品或烹饪的——换句话说,它是关于人们所推崇或诋毁的食品口味的。美食政治弥漫在空间、表面言辞、潮流和社会制度中,一系列关于食品和烹饪习惯的争论也根植于这些内容中。这些争论所发生的时间和地点,在不同的社会背景下会导致非常不同的结果。美食政治也是相当有争议的:正如我所发现的,食品消费确实会在人与人之间创造纽带或制造隔阂。

xiii

我并不是唯一受到《芝加哥论坛报》那篇文章启发的人。在该报道首次发表几周后,一名平民出身的芝加哥市议员在市议会提出了一项法案,号召禁止在本市的餐厅内售卖鹅肝。正如我将在第四章详述的内容,这一禁令于 2006 年通过,但是两年后,在双方活动人士的持续游说、几次诉讼申请、一些主厨和就餐者的抵制以及当地和国家媒体机构的消遣嘲笑之后,该禁令被撤销了。这一禁令的发展轨迹就是个最典型的例子,证明了"合乎道德的"食品这一竞争理念背后牵涉了多方利益,以及各方如何确定他们的"盟友"和"敌人",如何采取行动来宣传他们认为符合公共利益的东西。

鹅肝在美国和全世界都引发了焦虑和激进主义。在美国,它只属于小众产业(具有 2 500 万美元的价值,其价值相对较小)。但事实证明,在当今的食品政治世界中,几乎没有比它更能引发焦虑的问题了。在一些动物权利团体瞄准鹅肝之后，加利福尼亚于 2004 年通过了鹅肝的生产和销售禁令。[该禁令于 2012 年 7 月生效，导致该州唯一的生产商索诺马鹅肝（Sonoma Foie Gras）停业，之后在 2015 年 1 月，该禁令被联邦地方法院撤销。]当时，纽约州正在讨论类似的法令，因美国的另外两家鹅肝农场——哈德孙河谷鹅肝（Hudson Valley Foie Gras）和拉贝尔农场（LaBelle Farms）——就位于纽约州。不久后，其他几个州的立法者也通过了生产禁令，不过，那些州的范围内并没有任何生产商。其他的城市正在考虑餐厅禁令。写给编辑的信、名人证言以及各种反对鹅肝生产的立法议案文本都充满了道德伦理措辞："人类价值观""文明价值观""美国价值观"。还有几个国家，包括以色列、澳大利亚和英国，都经历了政府提出禁令，以及抗议活动、肆意破坏行为和对主厨、店主们的骚扰。在两极化的状态下，鸭子们牵动着人们的心弦。

xiv　　我对此深为着迷。鹅肝到底有什么重要的，能让人们走上街头抗议、写下恐吓信、笼络政客，甚至愿意为此违反法律？鸭子的肝脏这个看起来如此边缘化的问题是怎么以及为什么变成这种针锋相对和慷慨激昂的政治象征的？我还想要知道，对于这种规模小但具有丰富象征意义的产业的诋毁，将如何影响动物权利和动物福利这两项运动的更为广泛的目标。而作为目前世界上最大的鹅肝生产国和消费国，法国民众是如何回应对这些极其残忍行为的指控的呢？

　　近 10 年来，我一直在追寻这些问题的答案，利用文化社会学和组织理论的视角，来研究某些食品怎么会和为什么会成为道德与政治争议的试金石，以及这些过程所带来的结果有多么不同。在早期，我做出了方法论上的选择，从鹅肝的历史起源出发，再到其现代产业和有争议的道德地位,将鹅肝作为一种"文化对象"来理解。[1]然而,起初,我甚至连鹅肝的基本信息都难以获得。在我所在大学的图书馆里找不到任何相关的书,而学术期刊的文章仅限于有关水禽肝脏化学成分的兽医报告。在亚马逊网站上,唯一关于鹅肝的非食谱英文书是《鹅肝:一种热爱》(*Foie Gras: A Passion*),该书出版于1999年,纽约州哈德孙河谷鹅肝的所有者之一是合著者。

在互联网上搜索信息时得到了相似的有限结果。如今,由于人们越发意识到这些争议的存在,网上有了越来越多的信息。[2]但是,大多数可找到的内容仍旧是出自坚定的支持者或反对者的公关材料。旅游业和法国生产商的网站将鹅肝称为一种"传统的"和"正宗的"食品,还描绘了住在田野里或旧式畜棚里的鸭子和鹅。家禽的生活被描述为田园诗般的,而农场主则被描绘为一群守护珍贵的、悠久的和美味的传统的手工艺者。网站上解释说,这些鹅和鸭子是在小型农场里精心饲养的,甚至会在喂食时间直接跑到农场主身边。有关饲养过程的照片描绘出了那些看起来和善的老年女性和男性,他们有着饱经风霜的面庞和布满老茧的双手,有时还戴着贝雷帽,牢牢地但温柔地将家禽夹在他们的双腿间,用一根金属管给它们喂食。无论是过去还是现在,烹饪和美食网站详述的都是鹅肝备受青睐的味道和细腻顺滑的质地,一般还会特别刊载在布置得当的餐桌上摆放着精心准备的菜肴的照片。

另一方面,动物权利网站宣称鹅肝农场是酷刑工厂。这些网站上的照片显示的是看起来凄凉又肮脏的白鸭子,它们被单独地关在黑暗的、洞穴般的房间中那一排排特定大小的金属笼子里,其中有些死了,有些受伤了。少数几张喂食者的照片往

xv

往展示的都是挤在家禽围栏里的黝黑男性，或是怒目而视，或是斜眼看着照相机。"暗中拍下的"视频显示，人们用手抓住鸭子的头，将金属管插进它们的喙中，或者是到处乱扔鸭子，把它们重重地摔在地上。阴郁的旁白描述道，鸭子们的生活可怕到难以忍受，还使用诸如"塞入"（jamming）、"推挤"（shoving）和"折磨"（torturing）这样的激烈用语来形容喂食过程。这些网站还将鹅肝和冷酷无情的精英消费相联系起来，称它为一种"残忍美食"的"病态"产物和一道"绝望的佳肴"。

这两种两极化描述的分歧非常大。它使我不仅反思起自己的饮食偏好，还深思了其他人所选择的哪种食品是我能够容忍的。借助于围绕着鹅肝的冲突和批判，我开始把它视为一种相互竞争和多层次的社会关切的缩影，这种关切也就是更为普遍的我们对食品的关注。在有关生产道德性的争论中，每一方都对这一过程提出了经验主义"证据"阐释，这些阐释确实都是强有力的，但却是完全互不相容的，都充满了尖锐的道德寓意。重要的是，我还发现大部分直言不讳地支持和诋毁鹅肝的人并没有将市场和道德鲜明地对立起来。反之，为了让他们的道德论据看起来合情合理，他们诉诸市场要素，试图用法律和政治策略将这些论据变为现实情况。

那么，人们如何调和迥然不同的关于鹅肝的道德立场呢？这一问题所涉及的是我们如何认识、确定和阐释社会问题，尤其是那些和消费文化的构造特征相关的社会问题。要恰当地回答关于某种食品的文化价值问题，我们必然会面临的挑战就是要考虑社会关系和空间的复杂性，其中，各种群体会相互竞争着为他们自己独特的偏好打上合情合理的印记。因此，我必须去往那些人们愿意并且渴望为此而战的地方。

　　运气、毅力、社会网络和乐于助人的陌生人结合在一起，让我得以为本书收集资料。我知道如果不去法国的话，是无法理解文化、政治和鹅肝市场之间的相互影响的，于是我在 2006 年和 2007 年去了法国。我主要是在 2005—2010 年间于美国搜集资料。接着，直到 2015 年，我继续关注着事态发展并进行补充采访。在这两个国家，我去了十几家农场和生产场所、零售商店以及餐厅的厨房和餐室，参加了数场活动人士的抗议活动和会议，还去了芝加哥市议会那满是公务人员的接待室。我积攒了新闻报道、通讯稿、广告、旅游指南、动物权利著述、法院和立法机构的听证会记录、兽医报告、照片以及诸如贴标、磁铁、钥匙链和一小盒鹅肝味的口香糖这样的短时收藏品。我花了一些时间在巴黎的国家图书馆（Bibliothèque Nationale）调查该产业的发展历史。在这两个国家，我进行了 80 次采访，还和那些从事生产、推销、支持、烹饪、反对鹅肝或者就鹅肝做过报道的人进行了很多次非正式的讨论。（我还遇到了一大群鸭子和鹅。）从大量的资料中，我努力梳理各种不同行为、资源和动机的细微差别。

　　在这两个国家中，我都试图接触这一问题的双方，以便于用同样准确的方式不偏不倚地呈现他们的观点。然而结果证明，这是具有挑战性的，关键的原因有两个。其一，我想要采访的某些美国人——包括主厨查理·特罗特、拉贝尔农场的所有者以及"动物保护和救援联盟"（Animal Protection and Rescue League，以下简称"APRL"）的领导人——都没有回应我多次提出的采访请求。我也无法参观现已停业的索诺马鹅肝。全国范围内的很多主厨都回复称（通常是通过公关经理人）他们没有时间，或者直接拒绝。正如某人通过邮件对我说的："不幸的是，关于鹅肝的话题太两极化了，所以任何公开发表意见的人都要冒些风险。"还有

xvii 些在他们的老板或母公司的命令下，拒绝发表任何观点，即便我告诉他们并不会写明他们的姓名。

幸好，我并不是唯一有兴趣更深入探究这一问题的人。2007年春天，在芝加哥的一场食品会议上，我遇见了马克·卡罗，他就是写了《芝加哥论坛报》上那篇引燃鹅肝风波的文章的记者。原来马克正在写一本自己的书［《鹅肝之战》，由西蒙与舒斯特出版公司（Simon & Schuster）出版于 2009 年］。马克和我决定合作，当年秋天，我们还安排了一场去法国的联合研究之旅。作为一家重要报社的特约记者，马克能很容易地接触到我想要进一步了解的那些人——不仅限于以上提及的人——而且他同我分享了他的抄录和笔记。在一起参加活动、参观农场和采访众人时，他是在"报道"，而我是在"搜集资料"。我们问了各种不同类型的问题，注意到了同一环境或事件中的不同侧面，在这一过程中，我们互相审阅事实和观点。因为有他在，我的研究才得以更为顺利地进行。

另外，两国的人都想让我更加深入地参与到他们自己的目标中。我并没有意识到，我遇到的几乎每个人都会给我带来某种程度的质疑和考验。比如，在芝加哥的餐厅抗议活动中，餐厅雇员和动物活动人士都劝告我"选边站"，并且指责我"亲敌"。令人大吃一惊的是，某个从事美食行业的人让我放弃我的学术研究，"秘密地潜入'善待动物伦理委员会'（People for the Ethical Treatment of Animals，以下简称'PETA'）"，以查明"他们的真正目的"。我的考察笔记表明，我花了大量的时间来应对这种扰人的时刻，尤其是一开始的时候。

同样显而易见的是，我自己的消费选择对于同潜在的受访者接触和他们愿意同我分享的内容有非常重要的影响。许多活动人士会问我是否是素食者，当我回答不是的时候，他们会拒绝我事先准备好的问题，反而会试图让我变成纯素食主义者。不幸的是，这种事情经常发生，所以我断定，对他们进行深入的面对面采访无法有效地利用我的时间和他们的时间。此外，我的分析还依赖于马克·卡罗的笔记、我观察到的抗议活动现场记录和他们所在组织的著述。一位扎根于芝加哥的活动人士让我在她的群组电子邮件列表中了解到了相关活动和各种讨论。我还收集了参加运动的主要活动人士的评论，这些评论由其他记者和学术研究人员发表，或者发布于社交媒体和网上讨论区中。[3] 因而，我接触到的活动人士的范围限制了我对他们那些直言不讳的发声的分析。

　　有些法国的鹅肝生产商也不愿意和我见面或交谈，甚至根据我的身份来考察我。我的"美国人"身份使很多人对我的出现感到不安。一位被我视为可能会提供专业的信息资料的法国女性，对我们共同的熟人说道，只要我"喜欢吃鹅肝"，她就会和我见面。在许多情况下，我不得不在人们面前吃下肉或鹅肝，这样他们才会坦率地同我交谈。在法国西南部一些小农场的就地屠宰场里，有两次，他们甚至给了我几小块生的肝脏——"就像生曲奇面团一样！"——从刚宰杀的鸭子身上切下来的，让我当场在提供信息者面前吃下去。我意识到一个坚定的素食主义者是不可能完成这项研究的，这些事件证实了这一点。鹅肝无疑是一个敏感且需要检验边界的问题。

　　然而，重要的是，我的目标从一开始就不是证明或驳斥鹅肝的残忍性，或者裁定最强硬的质疑者和拥护者之间谁是正确的。定性的社会学方法非常适合于弄清人们为什么会这样看待事情，并且给出他们能做出的解释，但是不太适合于回答我们应该吃还是不应该吃什么这类标准问题。我之所以这么说，是因为鹅肝的

xviii

支持者和反对者使用相互矛盾的证据和振振有词地对于对方做出两面三刀行为的指责，所引出的是谁正确或至少是谁更为准确的问题。实话实说，我起初认为就算我的同情心会落在某一方身上，那么根据我从新闻报道和网上搜集来的原始信息，这种同情心也应该会落在活动人士一方。不过，虽然我依旧尊重这些团体对可食用动物的付出，并成功地更深入理解了他们进行运动的哲理基础，但我发现整个问题比他们宣称的更为复杂。

xix 　　重申一下，本书并不打算对食品体系中的道德选择进行标准论证。本书既不是要记载，也不是要禁止人们应该或不应该吃什么。取而代之的是，要对道德情感、言论和品位，以及它们和丰富且具有争议的象征性政治之间的相互作用进行社会学分析。本书将带领读者一起踏上我在法国和美国的"鹅肝世界之旅"，突出鹅肝美食政治的文化差异。尽管我会使用"美国的"和"法国的"这类措辞，并会讨论有关文化品位的争论是如何在某种程度上由民族背景构建起来的，但我还是认识到有必要避免本质主义的分类。在这两个国家中，鹅肝都有拥护者和反对者、鉴赏家和批评家。本书在关注民族间差异的同时，也关注存在于两个民族①内部的文化历程变化。而且，要是说鹅肝是一种稀有的烹饪食材，在美国确实是，但在法国并不是，由此使得这种对比有了价值。本篇前言之后的章节会将局部和详尽的重点放在象征物所引发的冲突如何产生实质性结果和意外性影响的研究上。我旨在帮

---

　　① 民族（nation），关于"nation"的解释较为复杂，在此不做详述。一般认为，"nation"是一个有文化和精神维系的团体，而且是有政治组织的（此处参照美国作者加纳的《政治科学与政府》一书），但它又不同于表示政治意义上的"国家"的"state"，因而本书还是按照常见译法，将"nation"译为"民族"。此处所采用的是广义上的"民族"概念，即指处于不同社会发展阶段、不同地区的从事不同职业的各种人的共同体。——译者注

助读者理解有哪些人卷入了这些争论以及什么是他们认为利害攸关的，两极化的道德情感是如何影响美食潮流的，还有当文化上的推崇和蔑视出现冲突时会发生什么。

在人们日益关注大众文化的助推下，食品生产和消费已经成了学者间的热门话题。无论是从个人角度还是从专业角度而言，人们都对食品充满了热情，我们的食品选择始终充满了道德寓意。关于我们的食品体系对待动物的方式，以及哪些相关的实践应该或不应该被法律许可，有很多值得讨论的地方。然而，我认识到鹅肝在某种程度上是个不稳定的问题，聚焦于其上的是更大规模的讨论。它也是个尤为丰富的案例，因为它是当代世界的食品政治的基本组成部分。通过展示这一问题在不同背景下是如何发挥作用的，我对鹅肝的研究将有助于展开更广泛的交流。

据此，本书所讨论的问题不仅是关于美食乐趣、工厂化农场的残忍性或传统在现代世界中的合适位置的，也是关于塑造了我们的消费选择的社会身份和体制结构的。我们如何在表明我们是谁的问题上互相理解？我希望本书可以提供一个令人信服的定性社会学案例——毫不掩饰地全部展现，就其本身的是非曲直而言，这是有趣的，而且还凸显出食品政治作为社会学调查主题的重要性。我也希望本书能将象征性政治的理论扩展到涵盖人们如何理解什么是或什么不是道德的这一问题。正如我们将从鹅肝的例子中了解到的，在我们的美食偏好和有关食品的政治争议中，道德主义会使某个群体的快乐成为另一个群体的毒药。道德政治是以我们决定吃什么、食品生产的政治经济学、政府对食品的管理以及民间团体影响食品体系的努力为基础的。我们偏爱某些食品和厌恶其他食品看起来可能是个人癖好问题，但实际上它们常常受到正确和错误这类道德情感的影响。

xx

目　录

第一章
我们能从肝脏中了解到什么？

2003年夏天，动物权利活动人士把目标对准了迪迪埃·若贝尔（Didier Jaubert）在加利福尼亚圣罗莎（Santa Rosa）的家，迪迪埃·若贝尔是一位出生于法国的律师和企业家，有一位美国妻子莱斯莉（Leslie）。他们的房子被泼了红油漆，房门和车库门的锁都被涂满了胶水，房子外面和车子上还有用喷漆写下的"谋杀犯"和"要么终止，要么被终结"字样。若贝尔是一家即将开业的企业——索诺马风味（Sonoma Saveurs）的合伙人。这是一家特色食品商店和咖啡店，位于索诺马市中心广场上一座具有历史意义的土坯建筑里。这家店的特色是有各种当地手工制作的商品，包括鹅肝。发生这一肆意破坏他人财产行为的第二天，在名为"欲言又止"（BiteBack）的动物权利网站上，有一个匿名的帖子写道："我们不会让这家餐厅开业……若贝尔需要听清楚，人们是不会容忍这种暴行的。"

若贝尔的商业合伙人是劳伦特·曼里克（Laurent Manrique）以及吉耶尔莫·冈萨雷斯和朱尼·冈萨雷斯（Guillermo and Junny Gonzalez）。前者出生于法国，是水餐饮集团（Aqua Restaurant Group）在旧金山的行政总厨，后两人则是索诺马风味的所有者。在若贝尔家遇袭两晚后，"表示关注的公民们"以相似的方式肆意破坏了曼里克在马林县（Marin County）的家，就像在"欲言又止"上所说的那样，上面还公布了另两个合伙人的家庭住址。他的房子外面被泼了红漆，车身被泼了油漆稀释剂，车库门和车上的锁都被人用胶水封上了，他的房屋上还有用喷漆写下的"谋杀犯""刑拷者"和"滚回法国"等字句。第二天，曼里克在他的邮筒里发现了一盘录像带。录像是从他家前院的灌木丛间拍摄的，所拍的是他和自己刚刚学会走路的儿子在客厅里玩耍的情景。录像带上还贴了一张没有签名的便条，写道，他家正在被监视着，要求他"要么终止鹅肝，要么你将会被终结"。

两个星期后，活动人士闯入索诺马风味，给这座具有历史意义的建筑造成了大约 5 万美元的损失。他们在墙壁、家具和室内设施上涂满了红漆和涂鸦（"鹅肝 = 死亡""停止对动物的折磨""羞愧难当""滚回家"和"苦难"）。他们把混凝土灌入将要安装洗涤槽和坐便器的排水管里。然后，他们放水，淹了这座建筑和附近的建筑，包括位于另一座 19 世纪历史建筑里的珠宝店和女性服装店。而后，"欲言又止"网站上发布了一篇有关这次袭击的幸灾乐祸的描述。灌注混凝土之举象征"强行将高稠度饲料灌入鸭子的喉咙里"，对管道系统造成的破坏象征着"强制喂食对鸭子的消化系统造成的伤害"。除此之外，水淹是"惩罚"吉耶尔莫·冈萨雷斯，因为这样"就不能用水整理鸭子的羽毛和浸洗鸭子了，为了制作鹅肝，他让这些鸭子备受折磨"。该帖子继续说道，"现在，吉耶尔莫一打开门，肯定就得游泳了。"[1]

没有人直接声称对这些行为负责，也没有人被逮捕。在调整了经营计划和菜单，并且放弃了原来的一只笑脸鸭子的标识之后，索诺马风味在当年晚些时候开业了，[2]但是很快就停业了。[3]索诺马县的警察局局长向记者们描述道，这些攻击是"复杂的国内恐怖主义运动"。在当地执法部门的建议下，曼里克在他家安装了安全系统。"我来到美国是因为这里是言论自由之地，"他对《洛杉矶时报》（*Los Angeles Times*）的记者说道，"但是，这一切——像这样把我的家人卷了进来——太过分了。"[4]在收到录像带之后不久，曼里克就离开了这家企业，理由是他要对旧金山的餐厅负责。若贝尔声称鹅肝是他的文化传统的一部分，并请求采取比维持治安更为合理的抗议形式。他对《索诺马新闻》说道：

> 如果你们不喜欢鹅肝，我可以理解。如果你们不想要鹅肝被售卖，可以在商店前示威抗议，你们还可以写信给主编。但是，破坏一座具有历史意义的建筑，袭击某家人的房子，在晚上做这种事情，还以你们的所作所为为傲——对于我来说，这是非常难以理解的。[5]

3

谁关心鹅肝？

这一事件以及接下来在加利福尼亚州其他地方和全美各地发生的事件都集中在一种特别有争议的食品上，也就是鹅肝（foie gras，其发音为"fwah-grah"）。这种专门增大的鹅或鸭子的"肥厚肝脏"是法国菜中大受欢迎的食品，也是动物权利支持者认为从道德角度难以接受的食品。争论的焦点是鹅肝的制作方式。为了让肝脏变大、变肥，在鹅或鸭子生命的最后几周，人们会用一个专门的软管或硬管喂给它一定量的谷物（一般是玉米和/或用玉米与大豆制成的泥），而且量会逐渐增加。这一过程在法语中被称为"*gavage*"（填喂），最常翻译成英语中的"force-feeding"（强制喂食）；而喂食的人会被称为"填喂者"，如果是男性的话，是"*gaveur*"，是女性的话，就是"*gaveuse*"。在填喂期间（根据农场不同，时间为 12 天到 20 天不等），家禽肝脏的尺寸会增大 6 到 10 倍，脂肪含量会从大约 18% 增加到 60%。鸭子的肝脏平均重 1.5 磅①到 2 磅（相比之下，非强制喂食的肝脏大约重 4 盎司②）。不同的派别对填喂法及其产物鹅肝的态度不同，要么大加赞赏，要么大加斥责。

著名的烹饪史学家希尔瓦诺·塞尔文蒂（Silvano Serventi）写道，鹅肝是"感官愉悦的同义词"[6]。作为一道菜肴，它通常是小分量的前菜。它可以作为一种快速煎烤制品趁热吃，通常还会配有新鲜的水果配菜。更为传统的做法是以低温慢慢烹制，然后作为鹅肝酱或鹅肝糜冷吃。其口感丝滑，味道独特。明星主厨安东尼·伯尔顿（Anthony Bourdain）曾称鹅肝为"这个星球上最美味的食品之一，也是美食学中最重要的十种风味之一"[7]。

尽管鹅肝在美国还是一道相当新兴的美味佳肴，但它其实是一种具有全球性起源的食品，一直被视为奢侈和声望的象征。古代史学家认为，这些为了获得肝脏而驯养和增肥水禽的做法可以追溯到古埃及时期；纸莎草卷轴和石材浮雕（包括两件陈列在巴黎卢浮宫的藏品）描绘了人们用空心芦苇将湿润谷物喂给鹅吃的过程。[8]这些做法传遍了欧洲东部和南部（匈牙利和保加利亚仍旧存在着数量可观的鹅肝产业），并在法国落地生根。两百年来，鹅肝一直在法国那世界闻名的烹饪准则中发挥着主导作用。[9]直到 20 世纪中期，鹅肝基本上都是一种时令性食品（在秋天收获），其

① 磅，英制重量单位，1 磅约合 0.45 千克。——译者注
② 盎司，作为英制重量单位，1 盎司约合 28.35 克。——译者注

中大部分是鹅的肝脏，但也有鸭子的，一般在高档餐厅和家庭中的特殊场合才备有，尤其是在圣诞节和庆祝新年时。

在第二次世界大战（以下简称"二战"）之后，随着国家的财政支持，法国的鹅肝生产（像西欧和北美其他类型的食品和农业产品那样）变得更为工业化，实现了全年生产，降低了成本，并且刺激了新的消费需求。随着鹅肝的工业化，产品本身也发生了实质性的改变。最为明显的是，该产业从主要使用鹅变为了使用鸭子，因为后者更适应新的机械化（和更为划算的）喂养方式。如今，尽管鹅肝是欣欣向荣的法国农业中的一小部分，但其产业价值仍旧高达19亿欧元（以2014年的美元汇率换算，大约是22亿美元）。世界上80%的鹅肝生产和90%的鹅肝消费都发生在法国。根据国家的统计，从小型家庭企业到全国性商业公司，整个产业包括大约1.5万家农场和600家加工处理厂。法国鹅肝产业雇用了大约3万人，间接影响了大约10万个在其他领域——比如兽医、零售、营销推广和旅游业——的职位。

对于消费者而言，鹅肝是法国美食的支柱，通常能在特色食品商店、超市、熟食店、连锁商店和露天市场以及网上买到。从不起眼的街角小餐馆到米其林星级的美食殿堂，这些餐厅的菜单上都有鹅肝。然而，尽管人们广泛地使用语言和图像来宣告鹅肝与传统和历史的正宗关联，但如今，隐藏在众目睽睽之下的是，法国的大多数鹅肝都产自现代化和工业化生产模式。有几家公司控制着大部分市场，它们以不同的品牌进行销售，并煞费苦心地让公众忽视它们的商业动机。

在20世纪末期，与鹅肝产业的现代化同时发生的是，鹅肝越发被视为法国文化宝库中的濒危财产。20世纪90年代末期，产自法国西南部的肥鸭肝被添加到了国家的特色食品之列，这些特色食

5

品拥有欧盟授予的"受保护的地理标志"（protected geographical indication）标签。[10] 2005 年，法国国民议会和参议院投票通过将鹅肝作为国家"官方美食遗产"的一部分进行法律保护。从表面上看，这样做是为了回应其他欧盟成员国对鹅肝生产的道德性的担忧。从实质和象征意义上而言，这一决定是将鹅肝嵌入了某个国家的民族理念中，按照该理念，该国优秀的国际美食遗产拥有数个世纪的历史，是民族自豪感的关键。

如今，法国鹅肝生产的乡村景观和小型经营者都被认定为民族财富，这些令人肃然起敬的情感有助于使它们成为吸引游客的磁石。在西南地区，手工鹅肝业蓬勃发展，这里的地方政府和旅游协会将鹅肝宣传为文化遗产、美食学和风土（terroir，也就是"地域风味"）的独特元素。有几个城镇自称为鹅肝之"都"，将自己标榜为具有吸引力的、正宗的和美味的游览胜地。他们向游客介绍时称，鹅肝是特色手工产品，而非工业产品，是需要给予保护的。更大规模的工业生产条件被这些更有市场的民族神话略过了，也被有关共同历史的感怀叙述和调动起来的集体记忆掩盖了。但是，鹅肝获得这种作为濒危传统的地位——使其几乎（但并非完全）不会引起争论——并不是一个必然发生的过程。重要的是，之所以发生这种情况是因为在恰当的政治氛围中，国际事务能够并且确实会对地方情境产生影响。

在美国，商业化的鹅肝生产直到 20 世纪 80 年代才出现，随之建立起两个独立的企业，分别位于两个海岸。索诺马鹅肝由前文提及的吉耶尔莫·冈萨雷斯创建于加利福尼亚，他是萨尔瓦多人，在法国西南部的一家小养鹅场学会了制作鹅肝。哈德孙河谷鹅肝是由迈克尔·吉诺尔（Michael Ginor）和伊兹·亚纳亚（Izzy Yanay）建立的，前者曾是证券交易员，转行成了主厨；后者是出生于以色列的养鸭人，在纽约州北部买下了一家破败的养鸡场并进行了改造。在 20 世纪 80 年代之前，美国几乎买不到新鲜的鹅肝，因为联邦政府限制从欧洲进口新鲜的禽肉产品。[11] 非常靠近纽约和旧金山这样的美食中心对这两家农场的生意大有助益。20 世纪 90 年代，随着美国人的美食口味越来越广泛，鹅肝在城市上流餐厅成了一种流行的美食潮流。[12] 20 世纪 90 年代末期，《纽约时报》对鹅肝的提及达到了叹为观止的程度。[13] 哈德孙河谷当时的市场总监对我说道："每个人的菜单上都有鹅肝。《纽约时报》的餐厅评论员会使用'无处不在的鹅肝菜肴'这样的话语。所以，它从不同寻常之物变成了本地风俗的一部分。"她接着说道，随着鹅肝进入负有盛名的餐厅、一流主厨和富有就餐者的话语中，"我们发现销量上涨了，每个人都想要鹅肝。我们主要的担心是，人们会像往常那样变得厌倦并转向其他食材。而不是担心法律法规。"

　　至 2005 年左右，哈德孙河谷雇用了 200 人，每年能生产大约 35 万只鸭子，通过全国的美食供应商来分销其产品。在 2012 年 7 月因加利福尼亚州有关鹅肝生产和销售的禁令而倒闭之前，后来更名为索诺马手工鹅肝（Sonoma Artisan Foie Gras）的索诺马风味每年能生产大约 75 万只鸭子。20 世纪 90 年代末期，之前受雇于哈德孙河谷的人开始在附近的拉贝尔农场饲养肥肝鸭，每年能生产大约 13 万只鸭子。还有一家企业是奥邦鸭（Au Bon Canard），建立于 21 世纪初期，这是在明尼阿波利斯外的一家只有两个人的农场，每年能生产大约 2 000 只鸭子。尽管美国鹅肝的运营中无疑涉及多重经济利益，但是其市场价值在 2005—2010 年大约为 2 300 万—2 500 万美元——相当于法国产业规模的百分之一。[14]

　　对于美国消费者来说，鹅肝是一种新奇之物。称其为一门产

7

业（每年流入美国食品体系的 100 亿只动物中有 50 万只鸭子）几乎是可笑的。[15] 在美国，一家标准的现代养鸡工厂一天加工的家禽就比索诺马风味一整年加工的都要多。[16] 鹅肝的零售价超出了大多数美国人的承受能力：其零售成本大约是 1 磅 70 美元，消费者主要能在高档餐厅和美食店买到。[17] 在美国，大多数人都不知道鹅肝是什么，品尝过的就更少了。鹅肝已经在一群举足轻重的餐厅老板和主厨间产生了影响，他们中的许多人都作为文化潮流的引领者进入了名人领域。[18] 鹅肝为美国一些最著名餐厅的菜单增色了不少。还在一群"无所不吃"和"勇于冒险的"食品爱好者中收获了粉丝群体，这些人寻求与众不同、有异域风情和令人激动的饮食体验，并且对待食物非常认真[19]，他们经常被称为"吃货"（foodie），但有时这也是蔑称。[20]

然而，鹅肝不仅仅是一种美味佳肴的标志；它还是一个道德政治问题，对于那些认为节制还远远不够的人来说也是一个值得争论的问题。在美国和其他地方，人们基于道德理由激烈地指责鹅肝生产。贬低者认为，为了扩大和增肥肝脏，以一根长 20—30 厘米的管子——通常是用金属制成的[21]——强制给鸭子和鹅喂食的做法显然是一种虐待动物的行为。[22] 以 1991 年 PETA 对哈德孙河谷鹅肝［时称"企业联合体"（Commonwealth Enterprises）］的"调查"为开端，活动人士自 20 世纪 90 年代起一直在试图引起公众对鹅肝的注意，但是，他们的影响有限。1999 年，在收到来自动物权利组织和相关名人的来信后，史密森学会（Smithsonian Institution）取消了为宣传《鹅肝：一种热情》一书而组织的专题研讨和品鉴会，该书是哈德孙河谷鹅肝的迈克尔·吉诺尔刚刚出版的著作。[23] 除了动物权利圈子和一些简短的报纸文章之外，这类行动和其他一些行动几乎都没有得到关注。

接着,在 20 世纪和 21 世纪之交,鹅肝的反对者们时来运转了。在索诺马风味遭到肆意破坏之后一个月,美国广播电视公司的旧金山分公司,也就是 KGO 电视台在其晚间新闻中播放了出自《绝望的美味》(*Delicacy of Despair*)的截取片段,这是由叫作"残忍的美食网站"(GourmetCruelty.com)的团队制作的短片。[24]这一短片(仍旧可以在网上看到)展示了该团体对索诺马风味和哈德孙河谷鹅肝的鸭子所进行的"秘密调查"和"公开营救"——常见的直接行动策略是活动人士将动物带离农场或养殖场,以使它们康复,与此同时,记录下发现它们的情况。[25]就在这次电视节目播出之后,早些时候报道了针对索诺马风味的肆意破坏行为的《洛杉矶时报》记者联络了 APRL 的负责人布莱恩·皮斯(Bryan Pease)。他是一名法律专业的学生,后来成了动物权利活动人士,他和"残忍的美食网站"团队合作,在过去 3 年里,偷偷潜入并秘密拍摄鹅肝农场的运营情况。皮斯邀请这位记者在第二天晚上,同他及其他 3 名 APRL 活动人士带着摄像机偷偷潜入索诺马鹅肝基地。《洛杉矶时报》的报道第二天就发表了,详细记述了这群人如何通过一道墙缝钻入畜棚并(从 1 500 只鸭子中)带走了 4 只鸭子。[26]吉耶尔莫·冈萨雷斯在民事法院起诉皮斯非法入侵和盗窃;皮斯和一个以法律为导向的动物权利团体"保护动物"(In Defense of Animals)反诉冈萨雷斯违反了反虐待法。

之后,加利福尼亚州参与进来了。2004 年 2 月,加利福尼亚州的民主党参议员、时任执行议长约翰·伯顿(John Burton)在州立法机构提出了一项法案——该地区第一个该类型的法案——"禁止为了将家禽的肝脏增大到超出正常尺寸而强制喂养家禽,并且禁止出售由此产生的产品"。正如伯顿所解释的,他联合一些动物权利组织提出这一法案,是因为他认为鹅肝"不仅是不必要的,而且是毫不人道的"[27]。当年9月,该法案以21票对14票通过,由时任州长阿诺德·施瓦辛格(Arnold Schwarzenegger)签署成为法律。[28]重要的是,新法律的文本中包含了一个差不多8年的实施延迟期,据称,这是给索诺马风味时间,以开发"一种人道的方式来喂鸭子吃谷物,通过自然的过程来增大其肝脏"。这使该州可以用表面上看起来是保护某些东西的方式,也就是以人道地对待鸭子的方式来兼顾某些人的合法经营权利。作为交换,撤回了反对意见的吉耶尔莫·冈萨雷斯获得了法律豁免权,免除了APRL和"保护动物"对他提起的反虐待起诉(他对马克·卡罗说这导致他损失了40万美元),以及在此期间对他提起的其他起诉。该法律——导致索诺马风味停业——于2012年7月1日开始生效。

此后,鹅肝不仅成了一些动物权利和动物福利活动人士(他们通过线上社区和已有的网络保持着松散的联系)主要的和活跃的议题,而且成了受到媒体极大关注的问题。[29]加利福尼亚州事件为全国各地不同城市的动物权利活动人士吹响了发起反鹅肝运动的响亮号角。全美的媒体机构——从《纽约时报》到《时代杂志》,再到福克斯新闻(Fox News)和《葡萄酒观察家》(Wine Spectator)——都开始关注这些所谓的"鸭子自由斗士"。[30]美食作家和餐厅评论家都发表了评论文章,阐述他们各异的观点。鹅肝成了食品政治中新兴的热点话题。

作为一个靶子,在价值数万亿美元的食品工业中,鹅肝为动物权利活动人士提供了某种相对而言无与伦比的东西。在现代工业食品体系中,虐待动物问题会引发许多争论或担忧,但是很少会成为轰动的讼案(causes célèbres)。[31]鹅肝生产看起来非常不人道,除了有个听起来来自国外的名称,还缺乏与"普通人"的文化或情感联系。而且，它还缺乏机构上的资源。在美国的 4 家农场中，没有任何一家和全国性家禽或肉类产业游说团体有很强的联系。这就意味着从表面上看，活动人士可以控制这一议题。他们预计可以充分利用公众愤怒，使鹅肝彻底消失。他们可以成为道德的发声者，说服餐厅不再供应鹅肝，说服人们不再吃鹅肝，并且说服政治家取缔鹅肝。虽然有关鹅肝的法律禁令主要是象征性的胜利，因为这些禁令实际上并不会影响到大部分的美国食客，但从表面上看，它们可能会成为这些群体进行更大规模反对动物农业斗争的立足点。这个机会千载难逢，不过风险也很高。

有关道德权威的主张

过去 10 年间所存在的争议表明，支持和反对鹅肝的案例多是关于道德责任，而非客观必要。卷入这些争议中的大多数人和群体——既包括反对者也包括支持者——都自称非常关心现代食品体系。然而，这些人将鹅肝归类为严肃社会问题的方式，无论是以食品还是以其他内容为根据，都非常具有相对性。本书所叙述的内容是关于社会行动者所采取的行动的，他们都坚信自己正在做的是正确的事情——甚至可以说是致力于促成一个更为公正和更为美好的世界。然而，从根本上来说，这些人和群体有着不同的重点、动机和基本的道德信念。此外，就每个支持或反对鹅肝生产和消费的论点而言，如果人们不能理解其政治和经济背景，那么，该论点在概念上就是不完整的；更为具体地来说，我们不能将食品的道德政治与国家监管的现实政治和市场力量的组织工作分割开。

10

那些反对鹅肝的人就是动物权利运动这场全球性社会运动的活动人士。许多类型的动物活动人士都认为他们正在追随着更早期的道德改革家的脚步，这些改革家质疑社会的主流文化规范，关注种族偏见和性别歧视对全社会的危害。动物也应该得到尊重、同情和权利。[32] 大部分动物权利运动都是非暴力的，然而，和大多数大规模和多样化的社会运动一样，该运动有各种派别，他们信奉不同的行动方针，会使用武力、违法、胁迫或恫吓的方式来反对他们所认为的对动物的道德不公。当选定某个靶子时，社会运动的活动人士心里通常有很多目的，包括提高民众的认识、募捐、增加和影响媒体报道以及引发行为和法律变革。对那些热衷于反对动物虐待行为的人而言，恰恰是用金属管强制喂养鸭子这一概念看起来会招致公众愤怒。在美国，这一制作方法产生的是一种名称拗口的昂贵奢侈品，由此加剧了公众愤怒。活动人士的另一个主要指控是，增肥肝脏的代谢变化并不是如生产商所称的那样是正常生理过程的结果，而是一种痛苦的诱发型病理疾病的结果。[33] 正如一位活动人士向我讲述的，对于"整个只围绕着虐待而形成的产业而言"，继续存在的道德代价太高了，这暗指的是美国人所关心的社会共识。

象征、言语和生动的图像在唤起美国舆论法庭对鹅肝的集体厌恶方面发挥了至关重要的作用。在我对动物权利活动人士的采访中，以及他们的媒体采访和新闻通稿里，还有他们的网站和抗议声明上，他们一再使用"塞入""推挤"和"强制"（forcing）等措辞来描述，他们认为这一过程"会造成损伤""可恶""煎熬""本身就是残忍的"，会给家禽带来"无法缓和的痛苦和折磨"。[34] 兽医和反鹅肝活动人士霍利·奇弗（Holly Cheever）在芝加哥市议会作证时这样描述强制喂食的过程：

一根粗糙坚硬的金属管……每天三次塞入它们的食道，在此期间，它们被强力束缚着……一旦它们因腹部肿胀造成的严重损伤而无法再行走，它们就会拖着自己的翅膀，试图逃离喂养它们的人类。[35]

诸如这样的指控尖锐且严厉，但事实证明，它们对某些人而言，比对另一些人更具说服力。有些餐厅和知名主厨已经承诺放弃鹅肝了。在某些并没有鹅肝生产的州，民选官员们提出了禁止这类农场开设商店的法案。在全美的各个城市里，有很多当地的反鹅肝运动得到了全国新闻媒体的报道——堪称一项社会运动的成就。

然而，对于活动人士将鹅肝描绘为邪恶的象征，也有人表示反对。有关食品口味的态度，以及可食用动物的整体道德准则，当然是多种多样的。许多食客和主厨都认为鹅肝是一种正当的烹饪选择——应该只是一种选择。而且，很多参观过鹅肝农场的记者、学者和意见领袖都对动物权利活动人士所称的残酷虐待和所描绘的生产过程提出了质疑。

鹅肝的拥护者认为，尽管在未经训练的人类看来，强制喂食的过程可能有伤害，但它并不一定会导致家禽备受折磨。大部分美国人，甚至许多农业科学家都不太了解水禽的生理习性。[36]鹅肝的支持者所面临的问题是，人们正在赋予家禽人性——认为它们具有人类的特质和特征。当然，鸭子能感受到疼痛和压力，鹅肝生产商对此表示认同，但是对人类和鸭子而言，伤害并不一样。正如该产业的从业人员一直对我说的，水禽和人类的消化道在生理上是不同的。水禽的食管是角质化的，并没有神经末梢；它们会吞下石子，让它们的胃磨碎食物，这是其消化的一部分。除此

12

之外，家禽有着和人类不同的摄取食物和空气的途径，而且并不像我们人类那样有咽反射（gag reflexes）。在法国一家有就地屠宰场的农场里，我要求看一看和摸一摸刚刚宰杀的鹅的食管。其内部摸起来平滑且有弹性，就像洗过热水澡后的手指甲一样弯曲着。另外，生产商和意见一致的科学家们坚称，增肥的过程利用的是迁徙禽类的一种自然生理特征，它们会狼吞虎咽并在肝脏里储存多余的脂肪，以提供迁徙的能量。他们声称如果停止的话，这一过程是可逆的（和人类的肝病不一样，人类的肝病是不可逆的）。不能对鸡做同样的事情，因为它们的肝脏不像迁徙水禽的那样可以转变。

在法国，我发现对于有关折磨和残忍的指控，生产商的回应是不加理会，甚或对这种认为他们和他们所做的工作正在造成伤害的想法淡然一笑。许多人声称"非常喜欢"他们养的家禽；某个人对我说道："为我们提供肝脏是它们的职责，也是它们的命运。它们是农场动物，而不是宠物。"他们还指出了水禽独特的生理特性，以及鹅肝生产的相对小规模和亲力亲为的基本特点。他们辩称，在"符合标准的"农场里，家禽会得到很好的照顾——"一只被粗暴对待的鸭子是无法产出优质肥肝的。""鹅和喂食者之间是一种强烈的共事关系，这是一种尊重、一种情感联系。"达达尼昂（D'Artagnan）的艾丽安·达更（Ariane Daguin）说道，她出生于法国，是纽约地区的美食供应商（而且是一位受人尊敬的主厨之女），也是率先将鹅肝引入曼哈顿餐厅的人之一。

类似的是，在试图掩盖争议时，美国烹饪领域中支持鹅肝的人指出，就道德角度而言，鹅肝生产并不会比我们现代的大型工厂化农场体系更糟糕，其相对较小的生产规模和一丝不苟的生产方式甚至可以被视为更人道的。我们每次选择吃肉时，都是在吃肉的欲望与动物的不适或死亡之间进行权衡。从这一角度而言，如果某个人或某个社会认为为了吃肉而饲养和杀死动物在道德上是可接受的，那么他们就不应该反对出自"符合标准的"农场的鹅肝。（当然，并不是所有的鹅肝农场都经营良好。）这些支持者声称，更大的问题是人们一般和日常现实里的农场经营相脱节。尽管有调查显示，有越来越多的人关注集约化现代农业中农场动物的福利，[37]但是对于大多数人而言，看到任何与儿童故事书中所述不同的养殖动物方式都是令人不快的。值得注意的是，两个国家中卷入现代食品政治中的那部分颇有影响力的人——主厨、评论家、美食作家、可持续农业的支持者以及其他人——都声称，反对鹅肝的斗争是在转移注意力，将人们的注意力从"真正的"和"更为严重的"社会问题上转移开来，而这些问题都存在于现代工业食品体系中，也是由其造成的。

　　有必要重申的是，鹅肝"问题"并不能通过诉诸不受偏见影响的科学研究——在这一案例中也就是对水禽生理机能的客观研究——来轻而易举地解决。争论双方都要求确定无疑的实证，每一方都动员支持自己的科学专家为其主张提供权威意见。而且，双方阵营都指控另一方拣选有利于自己的证据，故意忽视关键证据；无论是谁进行的研究，只要是和他们的预期与认知相矛盾，双方成员立即就会质疑这一研究的客观性。我将在接下来的章节中介绍有关鹅肝的生物科学信息，就某种意义上来说，是为了证实有关水禽生理机能的已知和未知内容。更重要的是，要证实不同群体是如何调用科学论述来满足他们的目的的；这与解决双方在所利用科学上的差异无关。

　　鹅肝引发了很多人的共鸣——它经常（也是颇具争议性地）被称为美国最具争议性的食品。鹅肝政治揭示出，有关道德的观念和关注是如何与市场、社会运动及国家的法律法规体系交织在一起的。正是鹅肝的存在这一话题以及它出现在菜单上刺激着某些人——动物权利活动人士、主厨、该产业的从业人员、消费者和立法者——按照其他问题所没有的方式采取行动。鹅肝政治涉及深层次的、负载着身份认同问题的担忧，其阐明了就各种意义上而言，作为有道德基础的文化意义的制造者和调解者，机构和组织对有争议性的口味而言至关重要。

有争议性的口味和食品政治

为什么美国人认为烤虾是美味的，而煮熟的昆虫却是恶心的？一个答案是我们会像用嘴吃东西那样，用我们的想象来吃东西。在不同的餐桌、不同的时间和地点，食物可能代表着非常不同的内容。主观选择在吃什么和怎么吃上发挥着重要的作用，但是这些选择会受到我们所生活的社会环境的影响。我们所吃之物揭示的是我们的民族身份、种族特点、社会阶层、亚文化归属感，甚至是我们的政治承诺。某种菜肴既提供具有象征意义的，也提供具有实质意义的群体成员行为规范与归属感。出于厌恶其他人的食物偏好之类的原因，烹饪习惯和口味会将人们联合到一起，也会让人们走向分裂。[38]美国人可能会认为吃蠕虫、蚱蜢或牛眼是令人恶心的（尽管现在所有的电视节目都热衷于这种寻求刺激的食物），不过，其他社会的成员同样也可能会认为炖菜或花生酱——典型的美国儿童零食——是难以接受的。

虽然我们可能会将这些例子归结为在文化意义上后天形成的口味所具有的合理或独特的差异，但是，对食物偏好的厌恶这一现象也会充当构建社会和政治秩序的工具。厌恶揭露的是陌

生和熟悉的口味之间的基本区别，会在食物及其食客之间建立起
负面联系。[39]换句话说，我们将道德判断投射到了我们认为不值
得尊重或同情的物和人身上——"那些人"怎么能吃那个呢？举
例来说，如今，指责麦当劳对世界造成了所谓的危害，是职业中产
阶级人士证明其是正直且品行高尚的消费者的一种方式。[40]这一
现象并不足为奇。美国移民和种族同化的历史充满了对他人人
性的排外性否定，更不用说公民权了。公民权在某种程度上是以
对食物和口味偏好的厌恶为标志的。例如，19世纪晚期的意大
利移民经常被定性为不愿意融入的，他们在烹饪中大量使用进口
番茄和大蒜（被称为"意大利香料"），而且拒不支持更为主流的美
国饮食，这让东海岸各个城市的社会改革者大为恼怒。[41]相似的
是，过去一个世纪以来，社会上对他人食物选择的担忧一般涉及
的是穷人的食物，因此也就是关于穷人品行的担忧，夏洛特·比
莱特科夫（Charlotte Biltekoff）和梅勒妮·迪普伊（Melanie
DuPuis）等食品研究学者一再证明了这一点。[42]在国际上，食物偏
好也会用于区分"我们"和"他们"——例如，将法国人称为"青蛙
佬"（frogs）或将亚洲人称为"食狗肉者"（dog eaters）。

尽管我们从个人经验和实质性研究中得知，随着时间的推
移，人类的喜好和观点往往是相当稳定的，但是，我们也知道确实
会出现社会层面上的喜好变化。无论是作为个人，还是群体，我
们必然都会对社会中不断变化的行为规范和价值观做出回应。
在这些过程中，无论是从实质上、推论上，还是象征意义上而言，
食物都是工具。某些令人向往的东西可能变得令人厌恶，反之亦
然。正如《纽约客》（New Yorker）的撰稿人亚当·高普尼克
（Adam Gopnik）所写的："25年前的美食看起来常常是引不起食
欲的，100年前的美食看起来常常是不宜食用的。"[43]而有些食物

和烹饪习惯不仅会被归类为过时的或引不起食欲的，还会被指责为需要关注的社会问题。照此而言，在我们所处的这类公民社会中，对于我们认为要坚决反对的、危及他人的或要寻求以法律手段来禁止他人生产、消费的有问题或邪恶的食品，要在哪里划定界限呢？是什么影响和鼓动着这些进程呢？

16   这些问题就是围绕着我所说的美食政治——关于食物和烹饪习惯的大大小小的争论——展开的，这些争论被打上了社会问题的烙印，同时卷入了社会运动、市场和国家领域。美食政治这一术语最初是数年前由社会理论家阿尔君·阿帕杜莱（Arjun Appadurai）首次使用的，用以描述食物在日常社会关系中的标记和分类能力。[44]我认为美食政治是一种以政治偏好将食物的文化力量概念化的方式。吃或不吃某些食物，可以成为公开表达对他人行动的道德焦虑和对社会秩序的政治担忧的方式。就鹅肝这种既被贴上了社会问题的标签，又被视为民族遗产象征的食物而言，其所揭露的是处于美食政治核心的各种运动、市场和国家之间的利益竞争。

        重要的是，我在探讨美食政治时是有意提及"美食学"这一术语的，而不是简单地提及"食物"。美食学具有双重意义，既指有关优秀烹饪的研究和实践，也指被认为是专属于某地、某种文化背景、某段历史时期或某类人群的烹饪风格和惯例——也就是食品研究学者所称的"饮食习惯"（foodways）。[45]社会学家普莉希拉·弗格森（Priscilla Ferguson）在其关于19世纪法国菜的基础性作品中，将美食学称为一个文化领域，或者说是一个社会竞技场，该竞技场由所有对某些特定的或独特的食物感兴趣的人构成，其中包括生产商、消费者和食物学者。[46]就此而言，美食口味充当的是定位身份的社会媒介。

正如本书中所阐明的，美食政治与过去 20 年来发表的大量优秀的跨学科学术研究和有关食品政治的通俗作品有着紧密的社会学联系。很多其他的研究都专注于营养建议的主张、食品公司的力量、农业政策对自然环境和人类健康的影响、食品体系中的工人待遇，以及根植于本地的粮食种植和供应体系（这是工业化的农业综合企业的替代物）的创建。不过，美食政治也借鉴了文化和"象征性政治"的社会学理论，用以凸显某些食物如何、为何以及对谁而言成了道德和文化以及政治争议的试金石。[47]美食政治强调的是，人们为何与如何试图获得权威地位，并说服其他人相信吃什么是对的、吃什么是错的。美食政治是关于文化意义和群体身份认同的斗争，不同于其他类型的食品政治。

17

我在此处所使用的措辞是广泛意义上的"政治"，指的是社会行动者（包括政治家及其以外的人）为实现特定的和不同的目标而付出的努力。这些行动者之间以及围绕着这些目标而出现的冲突（可能相互矛盾）隐含在政治中。人们如何制造、销售、监管、获得、考虑和消费食品，涉及的是围绕着食品的实质性、物质性特征及象征性维度的斗争。人类学家玛丽·道格拉斯（Mary Douglas）是率先建立起这种联系的人之一，她将饮食视为一种"行动的领域。它是一种使其他范畴的层次都变得显而易见的媒介"。[48]换句话说，食物作为地位、目的和身份的有力象征，既滋养着我们的思想，也养育着我们的身体。总之，美食政治既是某些人和某些群体积极地想要保持或改变所吃之物的日常政治，也是和影响食物体系的法律与政府规定相关的正式政治（formal politics）。其所揭露的是人们为何愿意为食物而战，以及如何利用文化和物质资源而战。就此来看，美食政治的斗争与时间和地点有关，这一点适用于历史上所有市场的具体实际情况。事实上，在过去几十年间，世界各地的人们已经越发认识到，他们的食物选择和习惯具有政治和文化作用。

出于这些原因，我对鹅肝的美食政治分析也以文化社会学为基础，这使我必须认真审视语言、框架、意义以及食物和烹饪习惯所引发的情感。文化社会学家已经研究了各种文化生产模式（包括媒体、艺术、仪式、故事和信仰）中的意义建构。但是，食物的象征性和实质性内容几乎不会被这样加以考虑。鉴于食物和饮食对社会生活而言是非常必不可少的，这种疏漏着实令人讶异。通过文化社会学视角来探讨食物，尤其是某些食物如何成为公众情感的焦点，也强化了文化范畴是如何具体化的以及文化力量是如何被利用、控制、禁止和争夺的这类理论。[49]

我的分析借鉴了那些研究其他文化市场和领域（如艺术、文学或音乐市场）内争议的成果。在这些领域中，有关象征、话语和文化规则的斗争可能会对生计和市场产生实际影响。象征性政治致力于通过从道德上解释消费的方式来重塑这些领域，并重新定义文化。正如社会学家约瑟夫·古斯菲尔德（Joseph Gusfield）就象征性政治所写的："看起来愚蠢的这些争论点……通常是至关重要的，因为它们象征着正在被认可或贬损的风格或文化。"[50]当消费者（及他们的钱包）被某一问题的支持者或反对者拉拢为强有力的参与者时，尤其如此。[51]

然而，在某些重要的方面，食品与其他的文化产品有所不同。首先，食品在我们的生活中占据着特殊的位置；关系到我们的身体和健康，摄食行为会引发内脏反应——和焦虑——这是大多数其他文化产品都不具备的，尽管某些人会对乡村音乐或科幻小说有非常强烈的感触。其次，食品是一种平常之物，是我们例行的日常生活的一部分，且仅仅是引起人们注意的种种问题之一。食品的日常属性揭露了一种二元性：我们会被麻痹，认为它是普通的或无害的；或者我们会提问，它的平常性是否掩盖了重要的文化和情感依附。[52]

最重要的是，和其他文化领域的工业相比，食品工业的规模完全不同，会有更多的人和组织受到其政治经济变革的直接影响。政府政策、有影响力的跨国公司和全球金融经济情况都会影响食品的生产。食品是一门大生意。在美国，食品和农业是第二大产业（仅次于国防）。随着 20 世纪的农业和食品生产的工业化，出现了大型集团、企业拨付和日益增加的政治力量。[53]类似的是，在欧洲，自欧盟形成以来，农业和食品这一综合市场一直是一项核心活动，目前占欧盟年度预算的 50% 左右。尽管鹅肝只占食品工业的很小一部分，但对政策的质疑或改革仍旧可能会对其他的工业部门产生影响。

鹅肝是 21 世纪美食政治和争议性口味的一个典型例子。作为一种社会象征，它具有重要的地位，这不只是源于它所代表的意义和价值，还源于它所引发的情感。以鹅肝为中心的争论揭露了当今美食界围绕着消费、身份认同和文化权威而存在的尖锐政治矛盾。这些争论说明了道德关注和市场文化的并置是如何使我们和食物，以及和彼此之间持续发展的关系总是具有政治性的。有些人认为，无论是对个人还是对专业人士来说，鹅肝在历史和文化上都是无可替代的。其他人则认为鹅肝的存在恰恰就是令人反感且不快的，是抗议的理由。

美食政治即道德政治

"道德"（moral）一词有两种隐含意义，且与人们是如何实际参与到美食政治，即道德政治中有关。"道德"可以表示有关正确和错误的普遍考虑，可以被理解为有关适当行动或行为的相对性或情境性问题，这些行动或行为因人或群体而异。我借鉴文化社会学的研究传统，将围绕着争议性口味来建构意义的过程理论化，由此将这些讨论道德的不同方式诠释为道德原则（ethics）和边界（boundaries）。

"道德"这个词的一个主要用法是作为"道德伦理的"（ethical）一词的同义词，尤其是在学术界之外。出于对有关正确和错误、公正和不公、善良和邪恶的判断的关注，道德伦理的信念激励着人们以某种方式采取行动。它们为人们应该相信什么和做什么确立起原则——对美食政治来说，就是在道德伦理上，什么是或什么不是可食用的或可谴责的。就此来看，合乎道德的个人和实践是公正、公平和人道的，并不会对其他人造成伤害。与之相反的则是"不道德的"（immoral）或"非道德的"（amoral）——堕落的、腐化的或邪恶的。这样看来，文化选择或象征的力量就在于它们能够表示高尚的或以道德为依据的原则。

至于边界，在道德上指的是自我价值感，通常和某个人的身份所承载的社会关系以及某个或多个集团的团结性有关。它是关于群体成员关系或归属感的，也是关于某种存在方式的可接受性或适当性的。照此看来，文化是情感纽带的体现。从互补的角度来看，文化是表征和文本的主体，会为人们作为群体或社群通常一起做的事情——包括从艺术到教育，再到餐桌礼仪等领域——提供象征性指示。它是一种将社会生活整理、塑造和组织为易于识别和理解的行动和事件的方式。[54] 实际上，道德素养和道德辩解是创造群体和打破群体的途径。

在我们的生活中，许多经历都提供了具有道德意义的根源，帮助创建和重申了划定我们社会身份的"象征边界"（symbolic

boundary)。象征边界的概念是由社会学家米歇尔·拉蒙特
(Michèle Lamont)普及开来的,表示人们用以明确区分人、物和
行为的道德价值的无形界限。[55]这些边界是关于同一性和不同之
处的,可以根据道德、种族、性别、社会阶层、地区和其他界限来划
分。然而,正如拉蒙特所说,人们不会只根据他们的个人经历或
有关美德和价值的信念来划定或延伸象征边界。更确切地说,他
们会大量借鉴其他有相似生活方式的人以及他们所生活的地点、
时期和社会。[56]

　　这些边界影响了对"好"和"坏"品位的集体理解,尤其是因为
这些理解和公共领域内的消费者身份有关联。重要的是,人们不
必在某些方面有共同之处,而是要排斥某些方面,这既充当着品
位边界的标记,也充当着基于群体身份的排外的基础。例如,像
"我们吃猪肉;他们不吃"这样的宣告,通过共同的消费模式和禁
止明确表达出宗教或民族的相似性和差异性。在与食品相关的
品位判断中,基于阶层的判断与富有阶层和中产阶层如何评估贫
穷阶层的食物选择(常常被视为社会问题而被嗤之以鼻)有关。[57]
将群体身份和味觉鉴赏力融合在一起的象征边界和政治,在某些
地方和某些情况下,无疑会更灵活或更广泛。[58]然而,尽管过去几
十年来,全球的美食口味已经发生了极大的改变,但关于谁的口
味是正确的(无论是就道德原则还是就边界而言)所引发的辩论
仍然是非常有争议性的。

　　就某些值得注意的方面而言,我在此处所分辨出的道德原则
和边界只是某个单一现象的补充部分。两者都引导着人们利用
文化来创造社会联系并和他人协调目标。[59]从根本上而言,当人
们接纳一系列信念或实践,不仅将其视为他们个人或社会身份的
反映,而且视为荣耀、羞耻或表面上的公正行为的激励来源时,两

21

者就融合起来了。例如，出于宗教原因而拒吃甲壳类动物、宣称自己是纯素食主义者，或者只喂有机食物给孩子吃，全都意味着道德原则和边界的结合。当某种食品或与食品相关的实践的道德地位成了严厉的公众批判和争论的焦点时，边界的渗透无疑就是道德性的。

在这一切中，消费是作为一种结构化力量发挥作用的。有时，选择消费或选择戒绝标志着某人的努力或群体归属感的倾向。有时，它是一种拒绝融入人群的行为，甚或是一种明确的意识形态反抗行为。我们很容易就能想到其他在最近和更久远的过去被证明是具有道德争议性的消费项目：酒、头巾、香烟、汽车、枪、钻石、瓶装水，甚至是塑料袋。相似的是，紧随薇薇安娜·泽利泽[①]脚步的经济和文化社会学家已经调查了存在道德疑问的物品和服务市场，这些物品和服务引发了消费者和商业道德问题。[60]例如，童工、人身保险的产生、性工作以及买卖人体血液和器官的医疗市场。[61]

这项引人深思的研究的主要内容已经证明了，试图将这些市场合法化的成功与否严重依赖于推动合法化的人和群体的利益、身份与意识形态。[62]这项研究帮助我们认识到了群体和组织是如何协调市场的相互作用和动员其他拥有相同价值观者的，经济利益是如何被重新评估以满足新的社会和文化需求的，以及社会和道德判断是如何具体体现在政治上的。除此之外，有关这些有争议性产品的市场合法地位的争论，还激发了社会运动和政府作为有影响力的道德行动者的作用。这也是本书所强调的观点。

---

① 薇薇安娜·泽利泽（Viviana Zelizer, 1946—　），她是一位美国社会学家，也是普林斯顿大学社会学教授。作为杰出的经济社会学家，她专注于经济的文化和道德意义属性。——译者注

但是，食品不同于香烟或人身保险，因为我们无法想象一个没有食品的世界。所以，道德争论并不是关于食品本身的，而是关于何种食品是恰当的——我们当然不用吃每种能吃的东西。边界在文化群体和象征的政治用途方面发挥了作用，与此同时，道德原则在保护需求的满足和阻止伤害方面发挥了作用。有些食品成为活动人士视自己为改革推动者的根基，同时也成为其他人视自己为拥护现状者的根基。[63]最近的美国史表明，公共卫生和消费者安全的基本框架在将其他有争议性的商品从人类饮食中除去方面最为成功，例如，食用油和包装食品的反式脂肪酸，以及学校自动贩卖机的苏打水。在国际范围内，捕猎海豹所引起的持续不断的争议使北极地区的原住民群体和国际上的动物保护群体及贸易组织对立起来。曾一度是中国个别地方特殊场合必备的菜肴鱼翅汤因其做法而在美国和加拿大遭到了法律禁止，就连在中国也受到了谴责，因为为了做鱼翅汤要捕捉鲨鱼，割下它的鱼鳍，然后将鱼身扔回海里，鲨鱼通常会流血过多而亡。

　　这些只是近年来美食政治冲突中的几个例子。我们的食物选择——作为个人，以及作为群体、社区和社会成员所吃的——是复杂且多面的。而且，我们还会关注其他人吃什么。关于"正确的"食物选择的判断——无论是实际的还是暗指的——会影响何时、何地以及为谁划定阐释道德身份的不同界限。美食政治的视角提供了一种分析角度，可以用于发现我们的食物选择为何以及如何影响人和市场之间及市场和国家之间的道德联系。

市场、运动和国家

　　就算象征性政治和道德政治可以帮助我们认识到美食政治是关于价值观和身份认同的，我们也必须密切关注它们所嵌入的体制结构。我认为，要充分理解美食政治的关注点和影响，我们可以，同时也是必须看看食物和饮食传统是如何处于市场、国家和社会运动的交汇处的。

　　就其核心而言，市场是生产商和消费者接触的交易机构。当我们讨论惩罚生产商或消费者时，我们正在讨论的是重塑市场。国家体系为理解将价值观、需求和意见转变为政策（从地方法律到国际条约）的选任和委任官员的权威和管辖权提供了一种总体说明。对于政治社会学家而言，国家拥有象征性权力或文化权威，可以设定博弈规则并确保这些规则给人合法的印象——不过，国家权力侵入市场的程度是一个特殊的意识形态争论点。[64] 社会运动根植于公民社会的领域内，提供了一种思考那些并没有直接卷入国家或市场行为中，却影响了其中一方甚至两方的行动者的方式。社会学家西德尼·泰罗（Sidney Tarrow）为这类运动提供了一个有用的广泛定义，即"基于共同目标的集体挑战，与精英、对手和权威处于持续的相互影响中"。[65] 这些领域的三角定位值得关注，尤其是社会运动对理解消费者身份和改变总体口味非常重要，特别是在食品领域内。

　　食品工业的社会组织与此非常相关。市场是限制和使食品的成本、可得性及文化受容产生分层的经济空间，而国家（至少在理论上）为食品生产、分销、营销和销售制定了规则并付诸实施。当然，我们中很少有人充分意识到，在将不同种类的食品放进我们的盘子时所牵涉的无数细枝末节和政治利益。例如，当外出吃比萨时，我们一般不会想到所有晦涩难懂的监管规范，这些规范涉及酥皮里的小麦、酱汁里的番茄、奶酪里的牛奶、辣香肠里的肉和防腐剂、用于清洗烤盘的水，或者制作这些原料或擦桌子的工人。在此处，社会运动是理解并没有直接卷入国家或工业中的人如何影响这些领域的关键。围绕着与食品和饮食相关的社会问题的动员并不是偶然出现的；它需要计划、资源和协调一致的努力。如今，许多采取这类行动的团体都是成立已久的大型组织，其影响力是我们要重视的，也是应该被重视的。例如，现在，像PETA（2014 年的收入为 5 100 万美元）和美国人道协会（The Humane Society of the United States，以下简称"HSUS"，2014 年的收入为 1.86 亿美元）[66]这样的团体聘定了专职律师团队，在几家食品公司持有足够的股票，可以提出股东决议，能对违反州法律和联邦法律的个体食品生产商直接提起诉讼。[67]

　　让我们回到鹅肝上来，许多对抗性的观点和利益及本书都围绕着这一轴心展开。我们也许会认为，激起这种敌意的商品在文化或经济上对许多人而言是重要的，就像禁酒令和烟草法规在最近引起了激烈的公众讨论和法律行动那样。然而，结果证明，鹅肝作为少数美国人吃的一种食品，是具有煽动性和破坏性的，是美国食品道德激进主义的试金石，这看起来和其市场规模有点儿不成比例。这和法国形成了对比，法国的大多数人不仅认为鹅肝生产没什么问题，而且还强调鹅肝生产在其文化和民族认同方面的中心地位。即便鹅肝并不是现代食品体系中最普遍的问题，但是，围绕着鹅肝的争论却引发了广泛且棘手的对于饮食的道德伦理性的质疑。其中包括我们如何对待动物，传统和会引起麻烦的传承物，现代食品工业的实践，对公众利益的界定，其他被允许或不被允许吃的东西。这些问题是人们密切关注的，为冲突埋下了隐患。

　　如今，鹅肝是一种法国食品的象征。第二章会讲述是如何变成这样的，并且讨论这一发展所带来的影响。我认为鹅肝扩展到其发源地边界之外，并且逐渐成为法国民族文化的标志，至少在某种程度上是因为它在其他地方是有争议的——我将这种美食政治的重要形式称为美食民族主义（gastronationalism）。而鹅肝被推销给如今法国公众的方式，包括由法国政府进行推销的方式，都恰好掩盖了该产业在过去几十年间的资本密集型扩张和转型。在第三章中，我提出，就此而言，在法国人的集体想象中，鹅肝作为一种共有但濒危的珍宝的地位是尤为突出的。古老雅致的城镇和地区都将鹅肝称为正宗的传统，地方民众和协会在面对激烈的国际抨击时都积极地精心塑造鹅肝的道德价值。这些要点为我们"审视"食品生产和文化生产的方式，以及在食品、记忆和象征性政治之间建立社会学联系等引发思考的问题创造了一个物质和情感背景。

25

在第四章和第五章中，我提出，在美国，鹅肝已经逐渐成为美食道德主义和美食政治等复杂问题的文化指标。第四章分析的是芝加哥的决策制定，而后又撤销禁止城市餐厅售卖鹅肝的禁令时所发生的事情。对这一短命的鹅肝禁令的反应，尤其是那些滑稽有趣的反应，强调了政治和饮食之间的深刻联系。第五章将注意力转移到了更普遍的质疑和矛盾上，也就是围绕着诸如鹅肝这样具有争议性的食品所形成的道德认识，处于中心的问题是"如果某种实践是残忍的，我们要怎么知道呢？对于那些希望成为合乎道德的食客来说，该信任谁呢？"该章分析的是鹅肝争论的双方都在使用的道德论述、经验主义声明、见解和政治策略。结论部分探讨的是这一分析对思考身份认同、文化变革以及象征是如何以新的方式来激励当今世界的人们的影响。该结论也预测了鹅肝政治持续存在的意义，这并不是因为人们没有鹅肝芝士蛋糕就活不下去了，而是因为它刺激着每个与食品和消费文化的世界相关者的神经。

　　无论是在美国还是在法国，鹅肝美食政治都表明了食品生产和消费的物质与社会过程是多么紧密地交织在一起的。尽管在这两个国家，对围绕着鹅肝所发生事件的经验主义理解都和理清这些脉络有关，但是我认为它们也提供了一个丰富的背景，揭露出人们是如何通过批判性的，且有时是轻蔑性的道德视角来评估对象、想法和彼此的。争论是一种重要的文化过滤器，尤其是对于消费者的品位而言。在法国和美国，鹅肝都有着狂热的支持者和反对者。在美国，鹅肝很可能会在不久的将来停止生产。但目的是什么呢？这些争论实际上是关于什么的呢？我们能从关于肝脏的争斗中了解到什么呢？

　　本书是关于人们如何围绕着一种著名又棘手的美食实践来努力构建道德风气的，也是关于运转中的象征性政治的。或许更根本的是，本书展现了微小的决定是如何产生引人注目且深远的影响的。从一家芝加哥餐馆到欧盟，鹅肝美食政治巩固了民族、文化、道德原则、社会阶层和品位的边界，甚至可以说是鹅肝塑造了这些边界。当我们为了某种食品的存在而争论时，我们必然会发现自己被食品所具有的那种将个人和政治联系起来的强大能力包围住了。鹅肝政治让我们能够理解食品是如何鼓舞和排斥我们的——无论是作为个人、组织、社区还是民族。我确实发现本书增加了近年来对鹅肝的关注。但是我希望，对于那些对意义建构和消费政治感兴趣的读者来说，还有那些对道德政治嵌入的方式及通过市场、社会运动和法律来重新配置的方式感兴趣的读者来说，本书也是具有价值的。

26

第二章
鹅肝万岁！

2007 年 11 月一个凉爽的星期六清晨，我正在法国东北部斯特拉斯堡(Strasbourg)城郊的一家工厂内。坐在办公椅上的让·施韦贝尔(Jean Schwebel)倾身向前，一边比画，一边解释他的公司费耶尔-阿尔茨纳(Feyel-Artzner)是如何适应最近影响鹅肝工业的市场和监管趋势的。身材修长的施韦贝尔穿着洁净挺括的牛仔裤和一件毛衣，其鬓角周围的头发已经花白了，他在鹅肝行业还是个相对的新手，但在食品行业不是。他在跨国公司，即以乳制品和瓶装水品牌闻名的食品公司达能集团任高级管理人员 25 年后，于 1994 年买下了费耶尔-阿尔茨纳，当年这家公司的售价是 3 000 万欧元，被公认为法国最古老的鹅肝"世家"(或者说市场品牌)。自费耶尔-阿尔茨纳被买下，该公司就创建了新的鹅肝产品线，并开发了新的国际市场销售渠道。销售额翻了一番。施韦贝尔最近还当选了"水禽类肥肝跨行业委员会"(Comité Interprofessionnel des Palmipèdes à Foie Gras，以下简称"CIFOG")的主席，该委员会是法国的全国性鹅肝工业协会，他的当选在某种程度上是因为他在法国和国际上的食品法与供应链制造趋势方面的专业能力。[1]

当我特意问及施韦贝尔关于国际上对鹅肝的谴责时——也

就是说他觉得为什么欧盟的一些国家、以色列和几个美国的州已经或正在禁止鹅肝的生产和/或销售时——他双手交握在一起，迅速地回答道："我认为禁止鹅肝的国家之所以这么做，是因为他们并没有真正的鹅肝传统。"之后，他深吸一口气，进一步解释道：　28

> 我无法想象在法国禁止鹅肝，因为它是一种典型的传统产品，这个国家食用鹅肝已经有很长一段时间了。我们的国家和我们的法律所传达的都是，它在我们国家必须受到保护。消费者买它是因为一种习惯。必须得买。这和你们国家的情况完全是一样的。在感恩节，必须得有火鸡。没有火鸡，就没有感恩节。我们则是没有鹅肝，就没有圣诞节。

在我就有关鹅肝的争议询问法国人时，这种回答是相当常见的。世界上有很多人认为鹅肝是一种法国食品。同样地，我们都知道通常而言，食物和烹饪对法国的历史和显赫的社会身份一直是至关重要的。和其他人一样，施韦贝尔绕开了指责的具体细节，而是将他的回答重心放在了鹅肝作为法国传统的地位以及它在法国公民的自我理解方面所发挥的作用上。当我在法国游历时，食品链上的人——从小型手工生产商到跨国公司的管理人员——都反应敏捷地称鹅肝为法国传承和风土中"正宗的"和"必要的"一部分。它是法国道德经济的一部分。有关残忍的控告——就算被承认存在——经常因为信息不足而被驳回。而其他人（外行人）根本不明白鹅肝的特殊性。

风土的概念在法国美食界以及周边地区是尤为重要的。该词一直用于分类葡萄酒，现在也适用于如奶酪这样的食品，它指的是包括土壤和气候在内的自然环境对食品的特殊性质和独特味道的影响。换句话说，风土提供了一种"地方的味道"，据说，特定地点的特色与人类的技术相结合，会产生独特的味道。出自一个地点的食品或葡萄酒尝起来明显不同于出自另一个地点的。[2]
鹅肝的风土区是东北部的阿尔萨斯（Alsace）和一些西南部的省［*département*，行政区划，类似于州（states）或省（provinces）］。[3]
29 重要的是，风土还包括随着时间推移而发展起来的当地知识，也就是专有技术（*savoir-faire*）的社会、人文因素。我采访过的农场主中，有一个重复着其他人的观点，对我说道："是个人和家庭将身份赋予了这片土地和风土。"另外，风土还将特定、独特和复杂的产品与道德高尚的本地农民身份联系在了一起。一般而言，风土产品在市场定位上和全球化、同质化的食品、葡萄酒和酒精类饮料截然不同，后者在各处的口味都是一样的。[4]在整个欧盟和世界上的其他地方，以地方为基础的风土食品市场正在成长——尤其是在法国。

鹅肝在法国也被视为一种民族价值和自豪感的象征。在各个网站上和法国书店售出的书中，无论是针对成年人的还是孩子们的，都将鹅肝描述为一种"正宗的法国食品"和一种"法国美食的象征"。[5]这类表达还出现在市场和旅游业的宣传活动中、网络上以及日常谈话中。此外，施韦贝尔所提及的法律是一种相对较新的法律，是正式将鹅肝作为法国食品来保护的法律。2005 年10 月，该法律由法国国民议会和参议院以极大比例通过，并且在几个月之后付诸实施，它正式认可将鹅肝的生产（其定义为通过填喂法[6]而特别喂肥的鸭子或鹅的肝脏）列为"受法国官方保护的文化和美食遗产"。[7]

我惊讶地发现，尽管据称是如此不同寻常之物，但在法国几乎到处都有鹅肝在售卖。每个超市都有专门的鹅肝和其他"肥

鸭"产品的货架或走廊（参见图2.1）。大部分的餐厅菜单上都列
有鹅肝。我去过的每个露天食品市场都有售卖鹅肝的摊位。在
西南地区，甚至可以在高速公路沿线的加油站休息点买到鹅肝。
虽然鹅肝被推崇为特色圣诞食品，但在春季、夏季和秋季时，我仍
然看到有人在售卖和食用鹅肝。看起来几乎习以为常的是，鹅肝
普遍存在于城市和乡村地区。

　　我还了解到，这种民族自豪感并不是十分普遍。法国内部
也存在有关鹅肝生产的争议。一些较小规模的生产商对较大规
模生产商的市场力量和政治影响力，以及这些公司对法国消费者
有关鹅肝看法的影响表示出了些许不满。在过去20年间，法国
的动物权利团体越来越强烈地反对鹅肝生产。正如在其他地方　30

图2.1　在欧什（Auch）的勒克莱尔（LeClerc）供应的
鹅肝和"肥鸭"产品，2007年11月

一样，他们的诉求是以有关残忍性和道德原则的争论为基础的。虽然成员数量较少，但是他们已经得到了来自世界各地有类似想法的（且资金较充裕的）组织的道义支持和实物资源。然而，当我和安托万·科米蒂（Antoine Comiti）——法国主要的反对鹅肝团体"停止填喂法"（Stop Gavage）的领袖之一——交谈时，他显然明白，他的团体正在面对的是一场艰难的斗争，在他的有生之年，于法国取缔鹅肝的斗争都不太可能获得胜利。[8]当我问科米蒂为什么会这样的时候，他回答道：

> 最近关于鹅肝有一种极端的看法——它是一种遗产。它拥有法国的特性。它就如同产自波尔多（Bordeaux）的葡萄酒。鹅肝生产差不多是在最近60年发展起来的。在此之前，虽然存在，但是却非常疲软，几乎没人吃鹅肝，它并不是那么普遍的。因此，鹅肝产业必须做大量的工作才能建立起鹅肝是产自西南地区的印象，以及后来作为法国形象的一部分的印象，像埃菲尔铁塔那样。

31　　科米蒂的回答很能说明问题，原因有二。第一，其回答中提到了该产业对鹅肝的民族文化价值观的推广，强调了鹅肝类似于（从他的观点来看，这是不合理的）其他重要的法国标志。实际上，现代鹅肝产业的各个层面——从佩里戈尔（Périgord）的第四代家族经营罐头食品厂的手写、影印传单到CIFOG寄给新成员的专业制作书籍——都在宣扬鹅肝的法国性和特殊性。他们依靠的是能产生共鸣的叙述，也就是为鹅肝注入民族历史、节日庆祝和由来已久的家庭和社会传统的主题。

　　第二，科米蒂的评论强化了鹅肝普遍存在于超市货架上这一内在矛盾。他号召人们注意资本密集和生产力提高这类发展，因为这会扩大和重组该产业，反过来又会使鹅肝越来越容易购得，越来越便宜。尽管长期以来，几乎所有社会背景的法国人都将鹅肝视为节日和特别场合的食物，就像美国的感恩节火鸡那样。但由于生产过程的转变，在如今的法国，鹅肝与过去的产品大为不同了。而我发现，只是在最近半个世纪，鹅肝才成为一种民族象征——正如科米蒂所说的，像埃菲尔铁塔那样。在不同的人看来，这种地位要么是一种政治成就，要么是一种诡计。

本章探究的是法国鹅肝如何出现以及为何出现这些转变，展现了作为一种民族主义对象的鹅肝在面对转变和挑战时的灵活性。鹅肝的成功应该被理解为一种社会和文化成就，是通过相互依赖的参与者的工作和各种进程才得以实现的。虽然文化无疑在民族象征的构建和物化中扮演了关键的角色，但是鹅肝的故事清楚地表明，当市场和政治对通常被建构为文化解释的内容表示支持时，换句话说就是当民族（和社群）将他们自己映射到所做的美食选择上时，会发生什么。

重要的是，我所感兴趣的并不是鹅肝的正宗法国性这类标准问题。有关食品或烹饪的正宗性的判断——就像有关音乐、艺术或手工艺的正宗性的判断那样——是社会和情境行为。迎合消费者对"正宗性"的偏好经常是在当前期望和利益的基础上回顾性地建立起来的，[9]宣称正宗性是用于售卖各种东西的策略。[10]就国家层面而言，有许多国家在20世纪末和21世纪初广泛采用了有关食品和烹饪正宗性的话语，法国只是其中之一。[11]

确切地说，我的目的是追溯鹅肝和法国的民族身份认同之间的联系是如何出现和加强的，并强调前者是如何同时成为带有适时政治意味的民族主义情绪的产物和制造者的。这是一种美食政治的变体，也就是我所说的美食民族主义。[12]换句话说，为了弄清人们对鹅肝的争议性和受赞扬地位的阐释及其潜在的影响，我们首先必须了解鹅肝是如何以及为何成为一种法国食品的。

将任何食品定义为具有民族价值的过程都是多方面的。从美食民族主义的角度来说，食品是民族集体归属感的一个基本内容；它可以沟通局内人和局外人之间的象征边界。它所宣称的美食独特性是相对于其他民族而言的，并会通过政府和公民的拥护来支持特定食品生产者的工作。反过来，民族美食远非毫无变化的旧传统的代名词，但不管怎么说，这种美食都是由具有实际意义的真正的食物和菜肴组成的，是从特定地理空间的农产品和实践中延伸来的。在市场的背景下，尤其是如今全球化市场的背景下，美食民族主义使本土化饮食文化和民族主义身份认同相联系起来的这一政治动态更加显著了。

像鹅肝这种具有道德争议性的商品使仔细研究这些关系及其影响变得更为重要了。在 21 世纪初的法国，有几条相互交织的路径汇聚起来，提高了鹅肝的地位。第一，其作为象征流传开来是以历史化和想象中的起源故事为基础的。第二，20 世纪 70 年代和 80 年代，国家和私人投资者的投入刺激了创新技术的繁荣，将生产扩展为大规模的、高度商业化的事业，随之而来的是鹅肝进入法国大众文化口味中。[13]这巩固了该产业在经济上的可行性和政治上的价值。20 世纪 90 年代和 21 世纪初见证了两种趋势的出现：由法国政府发起的保护政策的通过和以鹅肝为中心的农业旅游业的发展。这些努力将鹅肝置于文化、商业和国家评估这三者相交汇的美食民族性上，由此使那些据说文化价值在于古老的历史传统的食品现代化了。重要的是，这些努力是在泛欧洲一体化和全球化的争议浪潮中进行的。在本章的最后一部分，

我提出,鹅肝已经在对如今的法国公民意味着什么这类更广泛的
政治谈判上发挥了灵活的作用。

遗 产 项 目

尽管施韦贝尔和科米蒂用了类似的语句来描述鹅肝在法国
的现状,并且两人都认为该产业是从初期不太大的规模扩展而来
的,但是这两人迥然不同的看法之间的紧张关系突显了将鹅肝作
为遗产,也就是法国人所称的"*le patrimoine*"(遗产)来保护的利
害关系。这是法国人的一种根深蒂固的观念。其根植于"父辈"
这个词,常常被理解为文化继承(inheritance)或传承(heritage)。
文化遗产代表的是群体自我定义的集体身份。例如,旧画作会被
视为文化财产,而挂在乌菲齐美术馆(Uffizi Gallery)的波提切
利①的《维纳斯的诞生》(*Birth of Venus*)是意大利的文化遗产。
这一概念将过去的物体或地点和当代以地区为基础的身份联系
在了一起。

文化遗产是一个不断发展的项目。在这里使用"项目"是个
贴切的措辞,因为它将遗产和文化、市场与政治的社会动态联系
起来了。由于遗产被用于表示某些自然景观和社会产物的独特
性,所以,它隐含在我们有关民族的概念中。诸如联合国教科文
组织(以下简称"UNESCO")这类组织将列入目录的文化遗产中
的人工制品,如艺术品、房屋、书籍、桥梁和建筑遗迹归属于民族
所有,因此,这些民族有责任为了子孙后代保护好这些遗产。综

---

① 波提切利(Botticelli,1444—1510),意大利画家、插图画家和雕刻
家。——译者注

合来看，这些物品应该证实了有关共同的民族和世界遗产的文化
理念所具有的价值。[14] 作为一个持续性项目，遗产存在于与其对
34 应物的相互影响中，也就是说，存在对支持全球主义企业的均质
化力量感到担忧的领域，而这些企业本身已经改变了消费者和公
民的期望。[15]

对遗产的关注与有关传统、正宗性和民族自治的观念交织在
一起。传统经常被描绘为将人们与文化延续性和历史归属感联
系起来的内容。[16] 它包含与其相关的认知和情感因素，并且与对
正宗性的宣扬紧密相关。广泛地来说，正宗性指的是一系列理想
化期望，这些期望涉及的是某个东西、某个地点或某个时间应该
如何经由实践而变得可靠、可信，甚或名副其实。[17] 出于各种各样
的原因，许多过去的物品和实践都无法经受住时间的考验；必须
有某种持续的需求来维持传统。因此，传统也是一个选择的过
程。传统是容易受到影响的。由于面对着其支持者主张的考验、
社会判断以及文化、商业和政治领域的分歧，它们会发生转变和
转向，有时还是以令人惊异的方式。

当与民族身份的观念联系在一起时，传统和正宗性使涉及共
同历史、独立和自治的信仰与故事得到了强化。然而，在涉及法
律和法规的制定和实施时，民族自治的概念并不会一直不受限
制。例如，至少从第一次世界大战（以下简称"一战"）后成立国际
联盟以来，我们越来越认识到，某些民族国家拥有强迫其他民族
国家"循规蹈矩"的能力。[18] 除此之外，当与地点联系在一起时，传
统和正宗性的话语是基于根深蒂固的故乡感和归属感的。[19] 这对
政治参与是极为重要的，因为它使国家体制充满了文化意义，[20]
但是法国的例子也揭示出一种讽刺：它将围绕着"法国性"的象
征边界和特定的传统联系在了一起，其中，"法国性"是一个包罗

万象的民族范畴，而特定的传统是受限于时间、空间和参与的。

与此同时，民族框架在现代世界的影响力越来越有限。社会学家和其他人已经指出，普遍存在的新自由主义意识形态为跨国公司和全球政治治理机制提供了越来越多的力量，这使民族国家都显得没那么重要了。[21]一些国内的政策被归类为了国际治理体系的边际政策。就这一点而言，法国的"地点"概念是复杂的。法国是由拥有其自己需求和愿望的更小地点组成的，它也积极参与了许多欧洲和其他地区的超国家政府组织。这些组织改变了作为共同政治经济企业成员的单个国家的角色、责任和功能。[22]然而，自二战以来，随着法国社会各个方面发生深刻的变化，人们开始对独特地点的优越之处有了一种强烈的、绝对的，有时也是狭隘的兴趣。

自19世纪民族主义崛起以来，国家已经从为构建爱国情绪而创造的新传统和象征中获得了好处。在这方面，民族主义指的是人们自我定义或被他人定义为一个民族群体的一系列方式。[23]这些项目有效地提出了社会团结和共同起源，并且为那些很可能永远不会相见的人构建起了一个"理想的社区"。[24]传统被创造出来，并被策略性地采纳，以支持民族在历史上具有合法化命运这一观点。[25]诸如旗帜、纪念碑、盛典、游行和国歌这样的象征，以及诸如敬礼或歌唱这类和它们紧密相关的做法都努力在情感上将公民与其他人以及他们的民族国家联系起来。国家创造出的独立和主权象征不仅为民族文化身份注入了政治凝聚力而且远非如此。就此而言，每天的媒体报道，或者在奥运会上为某个国家的运动队加油，再或者民众对"英国人"或"巴西人"这样的自我认同，都发挥着同样的作用。[26]类似的日常象征会帮助我们更好地理解对意义丰富且相对独特的过去的集体和政治诉求。[27]

35

如今，那些作为遗产而受到体制保护的传统一般指特定的物理地点（既包括自然的，也包括人工的）或某种表演形式、视觉或手工艺术——集体拥有的"民族文化财富"，这些文化财富会将地位和经济利益赋予那些能提出合法拥有它们的国家。这在欧洲是尤为明显的，1947 年的《关税及贸易总协定》（GATT）首次提出将"保护本国具有艺术、历史或考古价值的国家文物"作为各国的指导方针，该协定是二战之后减少欧洲各国市场间贸易壁垒的第一步。在全球资本主义的背景下，这些"文物"有助于人们将国家想象为居住或游览的地方。[28] 因此，传承物是国家从象征意义上和商业意义上利用文化产品和项目使它们在世界舞台上享有盛名的一种方式。传承物的故事会成为游览特定地点（并且为此花钱）的原因。反过来，传承物市场本身也提出了一种矛盾，因为将物品认定为不可剥夺的或无价的，给了它们更高的商品价值。[29]

当全球化开始在 20 世纪 80 年代和 90 年代席卷世界时，法国人是最担忧的人之一。历任法国政府都实施"文化例外"（cultural exception）政策，或者在涉及如电影和音乐这类文化商品的国际贸易协议中提供国有化保护。这一政策框架所引出的基本观点是，这些文化商品的全球市场会受到更强大的和资源更好的参与者的过度影响，并且本土文化产业需要国有生产。[30] 这类政策对那些会在经济上获益的人是至关重要的，同时对以地方的消遣为自豪的"大众"来说也是不可或缺的。

美食民族主义者让鹅肝——连同教堂、著名的画作、电影以及其他如香槟酒和卡蒙贝尔奶酪（Camembert cheese）这样的美食产品一起——成为法国传承和遗产的一部分的努力是特别重要的。首先，它们是有意义的，因为鹅肝的生产和消费并不限于法国的地理领域。[31] 但也许更为重要的是，这些努力所表现出来的坚定信心是意味深长的，因为数个社群，包括许多欧盟内的社群，都想要彻底终止鹅肝生产。对于鹅肝的反对者来说，"传统"并不是让这一堪称残忍和不人道的实践继续存在下去的有说服力的论据。那么，在如此两极分化的情况下，将这种增肥鸭子和鹅的方式转化为一种著名的民族遗产象征意味着什么呢？这么做的原因和内在矛盾是什么呢？什么被认为是受到威胁的，什么是真正处于危险中的？

　　法国的立法者在 2005 年将鹅肝指定为他们民族文化的重要象征一事并非必然发生的。也就是说，法律并不能保证鹅肝市场可以维持下去。法国社会面对着新的挑战，包括移民、社会分层和市场自由化。生活方式和职业意愿也在改变：我采访过的许多资深鹅肝生产商都对周围缺乏更年轻的农户感到悲痛。这些改变为特定类型的民族叙事的出现开辟了新空间。正如我们会看到的，这些叙事将鹅肝编造进具有强烈文化归属感的生动且美化的传说中，表明了在除此以外只能服从于国际化环境以及鹅肝已经变得对法国尤为重要这些方面出现了新的紧张局势。

鹅肝的起源传说

　　就许多方面而言，鹅肝的文化发源是基于一个神话般的，甚至可以说是怪诞的过去。它实际上并没有作为法国食品载入史册。反之，传说开始于古埃及和古罗马，是整个欧洲人口流动的结果。[32] 直到 1651 年，弗朗索瓦·皮埃尔·拉·瓦雷纳（François Pierre La Varenne，他被认为是法国菜的奠基人之一）的《弗朗索瓦的厨师》(*Le Cuisinier François*)一书出版，"foyes gras"才开始出现在法国食谱上，然后在地方市场上也更为常见起来。

这种具有讽刺意味的情况对于鹅肝的现代法国性来说无关紧要；相反，更像是人们讲述鹅肝故事的序幕。不管我在法国的哪里，参观的农场或组织的规模有多大，采访的是谁，我所听到的有关鹅肝的"发现"和"非凡历程"的故事都是相同的，都是从尼罗河沿岸到简陋的乡村农场，再到在法国美食经典中的作用及其当前作为法国民族象征的地位。[33]这些故事在书籍和网站上、在博物馆和旅游手册上都有详述，大同小异罢了。它们会给人留下难忘的印象。我采访的人在讲述时经常使用相同的词汇、语句和描述性阐述。我完全没想到会这么一致。当某人开始讲述时，我甚至开始在我的考察笔记上略记为"FGFT"，也就是"鹅肝童话故事"。[34]

正如民俗学家和人类学家坚称的那样，这并不是一个童话故事，而是一个起源故事，其中并没有涉及魔法生物或想象出来的地点。[35]起源故事是由发现、宣告民族性和标志性人物组成的社会产物。它们是一种特别的叙事，一种表明特定世界观的叙事，一种努力使群居世界变得明白易懂的叙事。这种讲述故事的做法（且不说将它们视为研究对象）是发人深省的，因为这些故事既清楚阐明了身份的范畴，也简化了各自社群的某些价值观，同时还掩盖了某些价值观。[36]并非每个人都深信这些鹅肝故事。（法国动物权利团体"停止填喂法"只是其中的一例。）不管怎么说，这些故事都反映并引导着许多法国人将这种食物视为他们共同历史的一部分。我还发现这些故事基本上是通过国家、市场和体制来传播的。

久而久之，我逐渐意识到，相比这些故事被神话化的行为，它们的真实性是无关紧要的。它们调动起民族文化中的自豪感，并将之推广开来，甚至或许尤其是在面对质疑鹅肝生产的道德性的证据时。"鹅肝童话故事"并不仅仅是为肝脏注入了能为广告商提供素材的历史或幻想根源。它还服务于当前社会的另外三个迫切需求。首先，它作为过去文明的"伟大性"的衍生物，在当代烹饪中享有盛誉。其次，它囊括了包含家庭、民族、阶层和经济生活在内的多重叙事情节。最后，它为鹅肝的支持者提供了一种反驳道德指责的途径，他们可以通过将传统和自然观念混合在一起以及强调传承的方式来提起反诉。

发现和传播

根据传说故事，鹅肝最早是在古埃及"被发现的"，古埃及人发现鹅在进行跨越大陆的迁徙之旅前，会吃过量的食物来堆积脂肪。该故事的这一部分强调的是一种来自自然界的现象证据，目的在于反驳鹅肝生产是对家禽施加"非自然行为"这一指控。[37] 在蒂维耶（Thiviers）镇，给参观鹅肝博物馆（the Musée du Foie Gras）的游客看的英文视频宣称："埃及人会正好赶在迁徙时期之前，开始捕捉和食用野鹅，他们认为这是一种美味佳肴。之后，他们学会了如何控制并利用鹅的这种自然习惯来喂它们吃过量的食物，并且首次生产出鹅肝。"[38] 关于鹅肝的大众图书都以说明古代时期的填喂法开篇。

这类叙述并不完全是幻想或虚构。在埃及第四和第五王朝①的墓穴中发现的浅浮雕画（有几幅现藏于巴黎卢浮宫）描绘了奴隶用一根空心芦苇把谷物丸子强制喂给鹅吃的情形。[39] 古代

────────────

① 埃及第四和第五王朝（the fourth and fifth Egyptian dynasties），第四王朝约从公元前 27 世纪至前 25 世纪，而第五王朝约从公元前 25 世纪至前 24 世纪。——译者注

语言和文献进一步描绘了和罗马及希腊农业实践的联系,[40]将鹅肝嵌入了有文字记录的历史的早期篇章中。"肝脏"用希腊语和拉丁语来说是"*ficatum*",就字面意义上而言,它意味着"用无花果塞满"(*fici*)。实际上,"*ficatum*"是"*foie*""*higado*"和"*fegato*"的语言学根源,这三者分别是法语、西班牙语和意大利语的"肝脏"。最早在书面提及"养肥鹅者"(geese-fattener)的是公元前 5 世纪的希腊诗人克拉提诺斯(Cratinus)。肥鹅在大约公元前 400 年被献给了斯巴达国王,也曾被端上罗马皇帝尼禄的宴会餐桌。[41]在希腊,贺拉斯①描绘放纵的贵族宴会时称肥肝为道德败坏的标志。荷马在《奥德赛》的一幕中提及了肥鹅,在该场景中,佩涅罗佩②梦见院子里有 20 只肥鹅。

根据某些美食历史学家所说,鹅肝是随着罗马占领高卢(今法国西南部)而进入如今的法国的。[42]另一方面,还有些人声称,是埃及的犹太人在被奴役期间习得了养肥鹅的知识,并在迁徙到欧洲各地时带去了相关知识。[43]这些历史学家指出,因为犹太人必须遵守犹太教的饮食教规(*kashrut*,禁止用猪油或猪脂做菜),提炼鹅油为这一宗教问题提供了合适的解决方法。[44]而且,售卖肥肝给那些由于宗教信仰而被禁止拥有土地的家庭带来了额外收入。鹅肝博物馆的视频告诉观众的是,"鹅肝随着高卢—罗马帝国的扩张而传播开来,但是多个世纪以来一直存在于中欧的犹太社区中,不过,他们之所以养鹅,更多地是为了鹅的脂肪而非肝脏"。[45]起源故事的这一部分也构成了斯特拉斯堡早期因鹅肝而闻名的基础,因为在中世纪,该城市是大量犹太人的家园。[46]直至

40

———————

① 贺拉斯(Horace,前 65—前 8),古罗马诗人。——译者注
② 佩涅罗佩(Penelope),奥德赛的妻子。——译者注

今日,鹅肝仍在阿尔萨斯的餐桌上占据着重要的地位,不过,其中许多端上餐桌的鹅肝实际上是在法国西南部或匈牙利生产的。

鹅肝和法国美食的问世

鹅肝的起源神话轻而易举地就跳过了几个世纪,于18世纪末在斯特拉斯堡重新开始。尽管该地区的农妇们早就用肥鹅和肥鸭的肝脏来制作菜肴,而且在节庆场合也会把鹅肝端上餐桌,但是这个传说的下一篇章却是开始于阿尔萨斯省长的厨师让-皮埃尔·克洛斯(Jean-Pierre Clause),据说他在一场政府宴会上制作并端上了"斯特拉斯堡鹅肝酱"。正如"鹅肝童话故事"所述的,省长爱上了这道菜,并带去了凡尔赛,在法国大革命开始前9年将其引入了王室餐桌。而后,鹅肝成了法国美食这一新兴和具有强大文化影响力的领域内不可或缺的一部分。

起源故事的这一部分将鹅肝直接放在了法国美食业这一宏大叙事的历史背景及其与19世纪的民族建构的联系中。在此期间,民族统一被认为是一项极其重要的政治计划,是由政府主导的计划——如规范语言和教育体系——旨在将地区各异和拥有不同拥戴对象的人群团结在一个共同的爱国身份下。[47]在几位受人尊敬的主厨的帮助下,政府官员们开始有目的和有系统地将地方食材、菜肴和风味变为一种具有民族特色的"法国菜"。像组成句子的单词或短语那样,这些"典型的"菜肴在民族的"盘子"上彼此相连。[48]正如普里西拉·帕克赫斯特·弗格森(Priscilla Parkhurst Ferguson)在《各有所好》(Accounting for Taste)中所写的:"和将烹饪与阶层结合在一起的旧制度形成对比的是,19世纪的法国将烹饪和全国人民联系在了一起。它将曾经由宫廷和贵族来维持的高级烹饪城市化了,而后又民族化了。它在很大程

41 度上将以阶层为导向的烹饪做法转变成了新的民族烹饪准则。"[49]重要的是,对于法国美食演化而言,这是个循环的过程。国家对培育、烹饪、讨论和食用特定食品与菜肴的支持也影响着地方市场和消费者需求。对于理解鹅肝童话故事的文化影响力和鹅肝作为珍贵美食之一在如今法国烹饪领域中的地位,这段历史是至关重要的。

正如历史学家瑞贝卡·斯潘(Rebecca Spang)所指出的,大约与此同时,在法国,饮食获得了新的公众关注。大约在法国大革命之前 20 年,餐厅在巴黎成为一个独立的实体,并且在整个19 世纪大受欢迎。[50]巴黎见证了一种新奇文化潮流的迅速发展:美食风景。中产阶级顾客和第一批餐厅评论家开始寻求新的用餐体验。面包师、烧烤者和备办宴席者开设了特色食品商店,售卖供家庭消费的熟食,包括鹅肝酱在内。美食家(gastronome,"评判美食的人")成了一个具有辨识性的公众人物。[51]记者和作家亚当·高普尼克(Adam Gopnik)在自己的《餐桌至上》(*The Table Comes First*)一书中说道,正是在这个与一场全国性饥荒结束有关的特殊时期,"为了食物本身而享受食物开始不再被视为一种贪食,而是本身就被视为一种美德"。[52]然而,重要的是要记住,当时的"法国"菜几乎完全是不同起源的菜肴的混杂:乡村、来自中产阶级家庭的主厨、法国之外的地方及移民的食物。那时,由于政治和经济的双重限制,大部分法国人都是勉强果腹,而且日常饮食没什么变化:要么极少量的,要么就没有肉,卷心菜汤、马铃薯、不新鲜的面包、普通的葡萄酒和质量有问题的水。[53]

食品写作对于法国烹饪准则的制度化发挥了重要的作用。[54]美食写作成为一种独特和流行的类型,影响着有关餐厅和烹饪实践的公众意见,包括精英的和民众的。[55]菜单、食谱,甚至以孩子为目标的漫画和书籍,都帮助汇集起法国各地不同的烹饪历史。关于鹅肝,一系列著名作者将其描绘为一种可供消费的乐趣、一道佳肴和高级法国菜(以及而后的新派法国菜)中不可少的食材。著名的主厨奥古斯特·埃斯科菲耶(Auguste Escoffier)于 1903 年出版的里程碑式的烹饪书《烹饪指南》(*Le Guide Culinaire*)中包含了 30 种不同的鹅肝菜谱。

42

印刷媒体对于作为法国国菜一部分的鹅肝发展成为全国性的口味一直是至关重要的。20 世纪初,地区性的法国烹饪书相继在巴黎出版,如《米其林指南》(*Guide Michelin*)这类的烹饪指南,强化了日渐发展的美食领域内的象征性权威。20 世纪 20 年代和 30 年代的火车旅行与二战后的汽车,对于那些有关乡村景观和小城镇的浪漫情绪和观念的扩散是极其重要的,而这些情绪和观念如今常常和法国的食品"传统"联系在一起。新的铁路线路和高速公路使美食作家和更富裕的城市居民能够参观和品尝各个产地的不同食品。至 20 世纪中叶,作家、地理学家和美食家都宣称法国的农业区是好饮食的保障。"值得一游(Vaut le voyage),"《米其林指南》中在推荐地区性的法国餐厅时说道,"这趟旅行值得一去。"在这一时期,去各省度假在法国消费文化中也变得日益重要。[56] 20 世纪下半叶,其他的传播工具,包括广播、电视、电影和最终的网络,也加入法国的民族美食故事中。在某种程度上得益于好天气和邻近海洋,法国西南部各省变成了美食旅游的目的地,并相应地扩大了鹅肝、松露、葡萄酒、地方奶酪以及诸如阿马尼亚克酒(Armagnac)这类特色酒的生产。地方上的政府协会意识到,游客在旅行时想要吃得更好,而举办和食品相关的活动,比如庆典或特产市场会刺激地方经济发展。

有关风土和美食遗产的文化主张与"正宗的"地点和人群的

营销密切相关。然而，对于许多人来说，鹅肝的生产工作几乎完全与日常生活现实相脱节。为了将其融入法国的景观和社会体验，它需要可识别的和有价值的文化亲切感这一人文根基。农民（*paysanne*，即"peasant"或"country"）祖母的形象，以及鹅肝作为与家庭和节日庆典相关的庆祝菜肴的流行，解决了这一难题。

图 2.2　蒂维耶的鹅肝博物馆展示的一位佩里戈尔的"传统"填喂者的图片，年份未知

标志性的祖母

43　　　农民祖母是鹅肝起源神话中的一个标志，也是如今法国支持鹅肝产业的一个手段。[57] 饲养和强制喂养鹅，以及更广泛地来说照顾家禽，从传统上而言是女性的工作。穿着长裙，戴着运动头巾或把白发扎成圆发髻的年迈女性坐在搁脚凳上，这样的黑白照片（和照片复制品）普遍存在于图书和营销材料中以及鹅肝商

店的墙上。与我交谈的生产商们经常主动且频繁地提及祖母，有时还会提及他们自己的祖母。例如，一位罐头制造商（*artisan-conserveur*）帕特丽夏自豪地说起，在她家延续多代的家族产业中，鹅肝是一项女性传统：

> 我的祖母在萨里尼亚克（Salignac）开了一家餐厅，在背后支持她的是同样从事美食业的她的母亲和祖母。就此而言，在萨里尼亚克一直存在连续性。看这张照片（指着她的营销手册上的一张图片），你可以看到我的祖母，她正抓着鹅的脖子。她并不会亲自填喂家禽，但是她会去市场，从其他女性那里买家禽以供她的餐厅使用。

在整个 12 世纪的法国乡村家庭中，饲养诸如鸡、兔或鹅这类能够供家庭食用的小动物，一般是家族中的老年女性成员的工作。通常，从肥鹅身上切下的肝脏是在市场上售卖或卖给邻居的——这是当时女性可以从事的少数能产生收入的活动之一。例如，我曾经和多尔多涅（Dordogne）的一位女性生产商一起待了一周，她就是从她的祖母那里学会了制作鹅肝，她自己现在也是祖母了。丹妮自豪地向我讲述了她在年轻时，是如何用鹅肝赚来的钱完成了她的第一笔大宗采购——一套餐具的。

对于某些家庭来说，这种乡村生活图景仍然是鲜活的现实。就在图卢兹（Toulouse）以北的乡村地区，在延续多代的家庭农舍里，我见到了一位 77 岁的奶奶（*bonne-maman*），她每年秋天都会养 20 多只家禽，作为给家人的和节日的礼物，几十年来，她一直是这么做的。她欣喜地带我参观农场，她和自己的女儿、女婿以及他们十几岁的孩子们一起住在这里，她带我看她的房子（房子的装饰几十年来一直没变）、她的菜园、她在谷仓里养兔子的笼子以及储藏根块类蔬菜的地窖，这个地窖是家庭食品室，里面放着罐装鹅肝、腌肉、果酱和大约 100 瓶来自邻近葡萄酒厂的葡萄酒。那时她并没有养鸭子或鹅，因为正值 6 月，她解释说养鸭子或鹅是秋天的活动。她对我说，她是从自己的祖母那里学会填喂法的。在波城（Pau）外，还有一家家族所有的手工鹅肝农场，农场主妻子的 81 岁母亲会在每周举办两次的露天市场上售卖他们的产品。她说，她喜欢开着厢式送货车每周往返农舍两次，和他们的老客户聊聊近况，担任农场的门面。

有关民族历史的论述，通常是非常乐观美好地强调代代相传的美德和韧性的人物或特征且相当常见。[58]诉诸前现代时期的经历或纯粹"民间"形象的历史叙述实际上是有选择性地决定的，通常是由那些比较清楚如何才能让不同的受众接受的个人或团体决定的。[59]在某种程度上，这些选择有助于将不光彩历史中的细微差别和混乱变得易于理解，并将集体认同中的难点具体化。[60]就鹅肝来说，帮助养活家人的慈祥祖母这一形象在抵制对残忍的指控方面发挥着作用。然而现在，在家庭农场生产少量鹅肝的祖母少之又少。那些还在坚持生产的人只产出了如今法国鹅肝中的一小部分。

45

家庭庆祝活动

起源故事中具有决定性和关键性作用的部分是鹅肝在家庭和节日庆祝活动的餐桌上的地位，这也加强了其文化价值。正如让·施韦贝尔所说的："没有鹅肝，就没有圣诞节。"类似的是，一位巴黎食品博览会上的游客对我说道："鹅肝的传统就是圣诞节的传统。我现在 35 岁，每次节日都吃鹅肝。"[61]鹅肝的销售会在12 月达到巅峰，商店和网上到处都是节日促销宣传。较小的农场有时会派一名家庭成员到全国各地去送货给顾客,而在全国各个城镇举办的特别组织的圣诞集市上也会有售卖鹅肝的摊贩。

在这些文化和商业之间的联系中,我们看到了一个全国性的食品市场是如何与不同的"地方"口味和传统交织在一起的。鹅肝的故事和香槟的类似,其消费都是为了纪念特殊场合和庆祝活动。最近,法国的营销活动在一年中其他的特别时刻——情人节、生日、毕业季——也会宣传鹅肝。例如,我注意到,在2006年7月初,像露杰(Rougié)和德波瑞特(Delpeyrat)这样国内较大的生产商在针对即将到来的巴士底日①展开大规模且专业的广告宣传时,将鹅肝囊括在了其中。

总之,起源故事将鹅肝的生产和消费结合到了法国的民族性上。它将精选的文化历史片段以及对鹅肝与过去文明的"伟大性"、法国菜的宏大叙事和家庭归属感之间联系的怀旧思考结合在了一起。这有助于将民族品位宣传为合乎道德的品位,由此标记出谁属于这个民族(以及谁不属于)。它赋予了鹅肝及其生产商以正当性。然而,在面对着急于探明这一价值数百亿欧元产业真实情况的反对者的挑战时,这一神话故事的韧性越来越脆弱。近几十年来,法国鹅肝产业在规模和范围上已经发生了根本的转变,成了大众文化的一个对象。

46

产 业 转 移

作为一种商品,鹅肝的民族价值让那些控制着其生产和分配

---

① 巴士底日(Bastille Day),即法国国庆日,每年的7月14日。为了纪念1789年7月14日巴黎民众攻占巴士底狱,揭开了法国大革命的序幕。——译者注

的人拥有了一种特别的道德权威。在解释鹅肝如今的吸引力时，提及古代时期的荣耀和祖母的做法——正如我采访的一些人所做的那样——忽视了商业力量和国家力量在法国现代鹅肝产业中所发挥的重大作用。重要的是，这些将国家资源和商业公司资源结合起来的转变并没有破坏起源故事，反而为其注入了新的活力和新的美食民族主义意义。

在 20 世纪后半叶，法国的鹅肝产业发生了根本的改变。从 20 世纪 60 年代开始，法国政府和商业资本家就是新技术和基础设施的资金来源，由此导致了该产业的扩张。主要有三个转变：企业所有权的合并、生产技术的改变和用于制作肥肝的家禽种类的变化。这些资助降低了生产成本，反过来也降低了"一些肝脏"产品的价格。[62]

鹅肝成为一项和战略伙伴关系及金融资本相关的产业。通过将个体生产商联合为协会组织和联合企业，来向不同的厂家供应产品，鹅肝在某种程度上形成了空间细分和垂直分化的供应链。像大多数美国的鸡肉生产商一样，各项工作是在孵化厂（écloseries）、饲养员（éleveurs）、填喂者、屠宰场（abbatoirs）和加工者（maisons 或 fabricants）之间分配的。性别和饲养及增肥家禽之间的关联减弱了；在新的生产模式中，男性填喂者变得更为常见了。重要的是，这些产业变化取决于技术变革：也就是，从养肥鹅变为养肥鸭，采用气动喂食机，以及在填喂期间使用单独的笼子[被称为"épinettes"（笼养家禽用的柳条笼）]来关鸭子。随着这种模式的出现，法国西南部地区超过阿尔萨斯，那里的土地更便宜、人口较少，而且气候更适宜全年养殖，成了国内鹅肝生产的主要所在地。[63] 2004 年，根据 CIFOG 所说，在当年法国生产的约 18 500 吨鹅肝中，差不多有 90% 来自西南部，接下来几年一直稳定保持着这一估值。[64]

　　20世纪80年代见证了对增长型研究的进一步资助和对鹅肝产业积极的资本投入。1986年，法国的投资公司——海宁（Le Hénin）和苏伊士金融公司（Compagnie Financière de Suez）[65]——瞄准了一批特色食品公司，包括拉贝瑞（Labeyrie）鹅肝公司，建立起了更大规模的商业销售渠道。其他大型企业集团的类似努力也获得了成功。与此同时，这一时期见证了一些低价进口产品的涌入，主要是来自匈牙利，以及国内产量的增加，这导致许多更小型的生产商濒于破产的边缘。有几家公司得到巩固，很快成了市场领导者。20世纪90年代初期，仅仅4个品牌就达到了法国鹅肝销售量的44%。[66]孵化厂每年产出的幼鸭超过100万只，从1995年占总产量的57%上升到了2001年占80%。在此期间，制造商每年生产的肥肝超过400吨，从占法国总产量的48%上升到了76%。[67]如今，世界上最大的鹅肝公司露杰［由跨国公司优利斯（Euralis）所有］每年在法国饲养和加工的鸭子超过1 100万只（大约占国内鹅肝总产量的30%）。

　　有一种产品——"鹅肝块"（*bloc de foie gras*）——尤其对这种增长有所贡献。鹅肝块是一种烹调好的口感顺滑、醇厚的肝脏酱，要么是装在金属罐里，要么是密封在塑料盒里以待出售。在创造出鹅肝块之前，鹅肝生产商制作的是整片肝脏，这可能会显现出生产过程和制备工艺中的缺陷。鹅肝块将一片片品质较次的肝脏混合成质地均匀的单品，消除了这些缺陷。相对于其他产品而言，鹅肝块的成本更低，是超市和连锁商店货架上具有吸引力的商品，并且有助于鹅肝产业扩展到中产阶级和低端消费者中。鹅肝块还有助于解决该产业之前的季节性"问题"，因为像其他加工食品一样，它可以储存更长的时间。至1992年，法国销售的鹅肝产品中超过 50% 是鹅肝块。[68]

由于这些供应链的转变，法国国内的鹅肝生产率在 20 世纪 70 年代至 21 世纪初之间翻了 3 倍。而且，鸭肉、鸭毛和鸭油——肝脏产品的副产品——的新市场出现了。CIFOG 在 1996 年夏季的简报中称：

> 法国的鹅肝生产已经经历了一场真正的革命。这一链条中的各个环节都得益于基础技术的进步和对消费者需求的尽可能回应，尤其是鹅肝进入大型经销场所，以及肉类二级市场的发展和鸭胸（magret）的价格稳定。[69]

营销活动和消费也紧随其后。我拜访的一位鹅肝农场主说了类似的话："直到 20 世纪 80 年代，鹅肝都特别昂贵。当时只在圣诞节和新年才吃。而现在，鹅肝随处可见，需求一直在上涨。"其他几位业内人士将这视为"鹅肝的大众化"。不管怎么说，由于这种"大众化"，所使用的动物发生了转变。

从鹅到鸭子

肥肝要么是用鹅（l'oie），要么是用鸭子（le canard）制成的。在过去更常用的是鹅。不过，自 2010 年起，法国有 95% 到 98% 的生产商使用的都是鸭子，而仅仅半个世纪前还不到 20%。我交谈过的农场主们都认为，大量饲养鹅是更具难度和更费成本的。鹅不能像鸭子那样全年饲养。[70]他们还告诉我，在填喂时，鹅需要更多的间隔期，因为它们的免疫系统和食道是更"脆弱和敏感的"，它们"不能很好地适应机械化填喂"。在填喂期间，鹅需要每天喂三次，相比需要喂两次的鸭子而言，需要更多的人力和更

49

多的饲料。养鹅的农场一般规模更小，通常使用人工喂养的方式，对于生产商来说成本更高，对于消费者来说零售价更高。

　　露杰的国际出口主管居伊·德·圣-洛朗（Guy de Saint-Laurent）解释道，这种转变的另一个原因是"鹅能产生的所有收入都集中在肝脏上。卖鹅肉非常困难。消费者都不怎么喜欢鹅肉。卖鸭肉是更容易的"。他预计，法国用鹅制成的鹅肝产量会进一步下降。不过，鹅还是被吹嘘为更精致的（并且是稍微有点儿贵，但并非承受不起的）。现在法国销售的大部分用鹅制成的鹅肝都产自匈牙利。[71]

　　鸭子不仅在数量上超过了鹅，而且在 20 世纪 60 年代和 70 年代，研究者还开发出一种专门用于制作鹅肝的特殊杂交鸭——骡鸭（mulard，有时也拼写为"moulard"，可翻译为"mule duck"），它是公番鸭（Muscovy duck）和母北京鸭（Peking duck）杂交而成的无繁殖能力的产物。农场主们对我说道，他们认为相比其他品种的鸭子，骡鸭的"适应力更强""更能抵抗疾病"，并且"更不容易情绪化"。它们可以"更为可靠地连续"产出肝脏，也有"更为坚韧的食管"，因此"对于家禽和喂食者来说"，填喂"是更为容易的"。[72]鹅肝生产只用公骡鸭；人们认为，母鸭的肝脏"纹理过多"。[73]如今，有些生产商会饲养和填喂番鸭，但是，法国和其他地方绝大多数（高达 80%到 85%）用于制作鹅肝的鸭子都是骡鸭。

　　骡鸭无繁殖能力这一点已经对控制该产业的社会组织产生了重要的影响。卵子受精是通过人工授精方式进行的，因为这两类鸭子是无法交配的。人工授精的相关成本使其只有在更大的整合规模基础上才切实可行。而且，这意味着蛋和幼鸭的生产是可以集中控制的。饲养骡鸭的农场主们，无论是手工的还是工业化的，都必须从供应商那里买刚孵化的鸭子而不是自己来交配繁殖。

在产业链的另一端，主厨的做法和消费者的口味同时发生了
变化。有一些人谴责这种改变，为鹅肝的口感和滋味变差而惋
惜，但是其他人却对有机会烹饪骡鸭肝表示感谢。一般而言，鹅
肝要放在陶罐（terrine）或布（torchon）里用小火烹饪，并且冷吃。
正如一位罐头制造商所说的："鹅的油脂更多。所以，用它不像用
鸭子那么有利，因为它融化得更多。它没有那么稳定。好看，但
会排出更多的脂肪。"

相比之下，骡鸭的鸭肝既可以冷做，也可以热做。斯特拉斯
堡的一位米其林餐厅主厨埃米尔·荣格（Emil Jung）将这种骡鸭
描述为"用途广泛的"，"是肝脏不会收缩的鸭子"。在法国和其他
地方的餐厅里，消费者对用不会收缩的骡鸭鸭肝制作的热鹅肝菜
肴的偏好有所增加。主厨们创造了以其为特色的新菜肴，从带有
水果装饰的香煎鹅肝片到作为海鲜或牛排的配料，以及放进油酥
面团烘烤。有几位主厨对我说，它是比陶罐鹅肝"更简单的"食
品，后者需要花费几天时间来准备。有些人还将骡鸭鸭肝的这种
"用途广泛"延伸到了甜点领域，比如鹅肝棒棒糖、甜甜圈、焦糖奶
油和冰淇淋。[74]

许多法国生产商、主厨和业余美食家都注意到了这两种产品
之间的味道差异。当我问及更喜欢哪一种时，著名的新式烹饪主
厨米歇尔·格拉德（Michel Guérard）回答道：

> 出于不同的原因，这两种我都喜欢。对于我来说，这两
> 种是非常不同的味道。就用鹅制成的鹅肝来说，其口感细
> 腻。而用鸭子制成的，味道更具有乡野气息、更香，更有感官
> 刺激性。如果要把它们比作葡萄酒的话，我会将鸭的肝脏比
> 作勃艮第，鹅的肝脏比作波尔多。

在巴黎食品博览会上，一名购物者在评价用鹅制成的鹅肝以及对其他人偏爱用鸭子制成的进行合理解释时，同时结合了两者的成本和象征性区别，说道：

> 我认为用鹅制成的鹅肝更好吃。味道没那么重、更柔和。用鸭子制成的，味道更重、更刺激，会令那些没怎么学会鉴赏的人喜欢。他们仍将这种制品视为节庆品，而且用鸭子制成的鹅肝比用鹅制成的便宜。

基于以下几个原因，这些在动物种类和品种上的转变对鹅肝的法国性影响很大。首先，就价格而言，它们让一种先前昂贵且颇负盛名的食品变得更便宜了，使其"大众化了"。其次，它们证明了有关"鹅肝是什么"的文化意义和理解是灵活可变的。[75]而通过关于风味、口感和鉴赏力的品位判断，这种灵活性创造了新的审美区分模式。

工业化鹅肝的组织工作

上一部分阐明了鹅肝是由什么制成的，接下来的部分将会探究它是如何转变的，以及谁牵涉其中。20世纪70年代见证了机械化饲养方法的发明和迅速采用，该方法使用液压泵或气压泵取代之前的一个漏斗、一个钻子和重力相结合的方式（参见图2.3）。这些机器根据填喂法各个阶段的喂养情况调整喂给每只家禽的饲料量（从几汤匙逐渐增加到大约一杯玉米浆的四分之三[76]）。每天两次，填喂者沿着畜棚里的鸭子过道推动机器（大约有一台洗衣机那么大，放在一个轮式平台上）。在几家农场里，我看到一个填喂者抓住一只鸭子的后脑勺，打开它的嘴，将管子插入其食

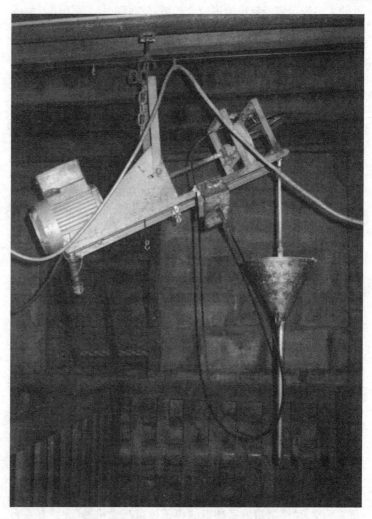

图 2.3　带有漏斗、管子和钻子的手工填喂机器

道,然后按下一个按钮,机器就会将预定量的玉米浆分配到家禽的嗉囊里。

随着转变为使用这些机器,该产业开始在 12—15 天的填喂期间把鸭子关在单独的笼子里。在填喂期间,鸭子会被并排放在单独的特定大小的金属笼子里,其高度是距地面齐腰高,放在光线昏暗、通风良好的长谷仓式畜棚里。它们无法翻身或完全展开翅膀。它们的头下面有一个饲料槽,里面有持续流动的水,畜棚里的温度比外面的夏天温度要低得多。有几位填喂者分别对我说,更冷的空气和更暗的光线可以让家禽保持平静。在距地面有一定高度的笼子里养鸭子具有双重目的:一方面让它们的排泄物掉到笼子下面;另一方面在机器沿着每条过道移动时,让鸭子 52 在喂食者的胳膊可及的范围内(参见图 2.4)。

使用这种喂养机器和单独笼子结合的方式将喂养每只鸭子的时间减少到了仅仅几秒钟,而不是手工生产商所需要的 30—60 秒,因为手工填喂者在每次喂食时都必须称量食物,在一个较 53 大的圈养地里抓住每只鸭子,并把它带到喂食的位置。[77] 在这个被反对者和从业者称为工业化的系统中,一个人通常每天可以喂养两次 800—1 000 只鸭子,相比之下,几代人之前或在更小型的、"手工"生产场所,人们只能喂养 20 只左右的家禽。在法国其 54 他地方的农场(其中许多都是和将总部安置在西南部的公司签订合同的)里,有时会让几名填喂者一次喂养两千只家禽。[78]

这些做法很快就成了生产商为其供应商制定的标准的一部分。至 2007 年,法国鹅肝生产中有大约 90% 都是这么做的。热尔(Gers)地区的一位农场主以传统的供需矛盾来为这种几乎普遍存在的情况做出了解释。"总之,"他说,"这并非一种主动选择。在此之前,每个人都像我的邻居(一名手工填喂者)那样做。

图 2.4　工业化填喂机器，可以碾碎并分配饲料

为了谋生，不得不优化，解决方法就是单独的笼子。需求暴涨，那么生产也会暴涨。"当我请他说明为什么他自己选择以这种方式养鸭子，而不是用更古老的、传统的方法时，他回答道："我们决定以这种方式来填喂这么多的鸭子，是因为这样一来，负责饲养工作的我的妻子就可以在这里领一份工资，而不必去其他地方找工作了。"加入工业化供应链的决定是围绕着家庭生计问题而做出的，这个决定需要在机器和组织方式上投入资本。

这些工业逻辑让少数制造者——其中一些是以公司形式运转，还有些是以生产商所有的合作性组织的形式运转——控制了整条供应链的生产，该供应链以饲养者合同和饲养员（*éleveurs*）网络为开始，这些饲养员负责接收和饲养初生的幼鸭。其中最大的品牌露杰和全国大约 800 名农场主签订了饲养家禽的合同。另有些签订了填喂合同，遵守制造者制订的喂养和安置条件的标准化规定。还有些人在做捕杀和宰杀的工作。之后会在集中地点进行加工和打包，通常是在几家大型工厂式公司总部之一，这些公司会将最终成品配送给批发商和零售商店。我采访过一些在这一供应链内工作的填喂者，其中几乎没人能准确说出鸭子离开他们的农场之后会怎么样——不只是不知道它们在哪里被加工，会被包装成什么品牌，还不知道可以在什么商店里找到它们。

有评论者对这种转变是否会对产品质量和鹅肝生产商的生活产生消极影响提出了质疑。《鹅肝：一种热爱》的合著者米切尔·戴维斯（Mitchell Davis）对我说道，在他于法国为自己的书进行实地考察期间，他发现机械化"不只影响了质量，而且影响了经济体制，因为饲养家禽的方式，它已经变成了一个政治议题。我在那里遇到的很多更小型的农场主都觉得，他们好像被排挤出了该行业，因为他们无法与大型生产商竞争"。安托万·科米蒂也指出，有些法国消费者在"工业化"与"手工"鹅肝之间划下了明显的道德界限。另一方面，有些主厨和业内人士认为这些改变是有益的，如今的整体生产质量更高了。安德烈·达更（André Daguin）是一位著名的主厨和餐饮经营者，他也许是和加斯科涅地区（Gascony）的鹅肝推销关系最为密切的人，坐在餐桌旁的他叙述了鹅肝在"彼时"和"此时"的区别：

> 在我 10 岁的时候，我的母亲常常买整只鹅和鸭子。在厨房里，我们把它们剖开。每十只里面，我们能得到两三个特别好的肝脏，两三个中等的，还有两三个特别糟糕的！现在有 80% 以上都是优质的。那是因为动物更健康了。患病的或不健康的动物无法产出好的肥肝。

就他来看，机械化喂养是一种积极的转变，而非一种阻碍。家禽"更健康了"，是因为有了更多关于填喂过程的知识，也有了对这一过程谨慎且一贯的监督。

也许不出所料的是，机械化填喂操作并不是向游客宣传的。尽管这类操作遍布乡村，但是却隐藏在众目睽睽之下。我拜访的这些生产商都是通过中间人安排的，作为外人，有时是作为美国人，我经常受到怀疑。甚至在我第一次参观其中一家农场时，是我暂住之地的邻居陪同我的。在走向那间没有标志的畜棚时，一位留着金色短发、面颊通红，穿着工作服的女性同我们打了招呼。我的陪同者解释了我们出现在那里的原因，介绍说我是"一个对鹅肝感兴趣的美国人"。她马上回答道，"我不想惹麻烦"（je ne veux pas d'une problème）。我的陪同者安慰她说，"不，不。她是喜欢吃鹅肝"，然后又对我说，"你看吧，对于对鹅肝感兴

56

趣的美国人,这还有一个人有所怀疑。这并不算典型。"结果证明,在我对这类经营场所进行考察的整个过程中,典型的是对我出现的上述回应。

第二年,在另一个场合里,露杰的居伊·德·圣-洛朗提出,带我的记者同行马克·卡罗和我去他所谓的"典型的鹅肝农场",以此作为我们参观他公司的一部分,他的公司总部位于萨拉(Sarlat)镇。即便已经参观过许多农场了,但出于对他将要带我们去看的地方的兴趣,我们还是同意了。第二天,我们开车15分钟,去了城镇外那家位于半山腰的风景如画的农场。正在开车的居伊解释道,他这行非常需要更好地"展示",而不是仅仅"告诉"人们填喂法并不像他们所认为的那样对家禽有害,他需要更努力地"颠覆这种消极的宣传"。他带我们去的农场每次饲养大约1 200只鹅,在我们到达那里的时候,大部分鹅都在外面的田间,在树下悠闲地漫步。填喂畜棚里有180只鹅,分成了三组,养在金属栏围着的圈里。

农场的经营者出来迎接了我们,他是一位穿着布满灰尘的工作服和破旧靴子的老年男性。他带着我们在农场周围参观,指了指开阔的空地和正在啄地的鹅群。然后,我们大胆地进入畜棚,他在竖起的围栏边装配了一个三脚凳,用以展示填喂过程。他用的是一台已经用了30年的机器,看起来要报废了。在他喂一只鹅的时候,也就是揉捏着它的脖子,把湿润的玉米粒塞进它的嗉囊时,机器摇晃着,嘎嘎作响。他邀请我过去,在他喂鹅的时候把手放在鹅的脖子上,感受一下玉米粒到了什么位置。

马克评论道,就喂养这么多家禽来说,这一过程似乎太慢了。经营者的回应是指了指角落里另一台更新的气动机器,说他在日常填喂时使用的是那台机器。我们所看到的仅仅是给游客看的演示。在提出了几个更有针对性的问题之后，我们发现露杰是将这家农场作为它的"展示农场"之一，这位农场主实际上并不是露杰的供应商。对于这种不符，居伊辩解道，露杰的供应商都太远了，无法在短时间内完成参观（而且也不能向我们提供可参观的农场的信息或联系方式）。隐藏在众目睽睽之下。

57　　　　事实证明，使用单独笼子的工业化喂养操作在政治上引起了激烈的争论。1999 年，欧洲理事会（Council of Europe）——促进泛欧洲的法律标准一体化的组织——对一项在法国逐步停止使用这类操作的提议表示支持。（该提议提出，在 2005 年后不再购买新的笼子，在 2010 年后不再使用。[79]）然而，让·施韦贝尔坚称"众所周知的是"，这是"建议"，而非"义务"，该行业可以"自愿"接受。CIFOG 和法国政府部门就 5 年的延时进行谈判，他们认为对于以这种生产类型为生的农场主来说，这个时间安排太紧张了。这一延期——目前这些单独的笼子将于 2015 年 12 月停止使用——无疑将影响该行业的操作方式，如果确实停止使用的话。与此同时，我注意到在 2006 年和 2007 年，我参观过的农场并没有积极地逐步停止使用这些笼子，我从农场主和活动人士那里听到的暗示都是仍旧在安装新的笼子。截至 2015 年 12 月，单独的笼子仍旧在使用中。

消费和价格

法国是盛产鹅肝之地。尽管其他国家也生产和消费鹅肝，[80]但是到 2005 年为止，世界上鹅肝生产的 80% 和鹅肝消费的 90% 都出现在法国。[81] 2006 年，鹅肝是年度价值为 19 亿欧元（大约 25 亿美元）的产业，事实证明，它在经济上对乡村地区和国家出口市场而言是至关重要的，其中后者的净收入大约是每年 4 000 万欧元（大约占总收入的 2%）。[82]

　　民意调查公司特恩斯（TNS Sofres）于 2008 年 12 月对法国消费者所做的一项调查发现，调查对象中有 80%在当年至少吃过一次鹅肝，要不然就是多次。相对而言，鹅肝是便宜的，并没有比其他特色食品贵多少。在食品杂货店或连锁商店里，一小罐重 60—80 克（2—3 盎司）的工业化生产的鹅肝慕斯或鹅肝块的价格是 3—5 欧元（大约 5—9 美元）。手工生产的鹅肝和整块鹅肝会有溢价，从一罐 120 克（4.2 盎司）的 18 欧元（22—26 美元）到 450 克（15.9 盎司）的 64 欧元（74—78 美元）不等。在 2006 年的萨隆风味食品博览会（Salon Saveurs food expo）上，一大块带有 PGI 标签（其标签上有一个戴着贝雷帽的老年男性形象）、经加工处理的真空密封手工鸭肝的定价为 22 欧元（约 35 美元）。在餐厅菜单上，一份鹅肝前菜通常比第二贵的菜贵不了几欧元。价格和可选产品的范围——从鹅肝慕斯和鹅肝块到半熟的（冷的、半烹调的肝脏）以及全熟的或新鲜的肝脏，更不用说鹅肝还以各种方式被融合进了其他产品中——对于大多数法国消费者而言都是可接受的。除此以外，对于鸭子其他部分，如鸭胸肉、鸭肩肉和鸭腿肉的需求也在增长。

　　这些价格和产品代表了该产业相对较新的情况。它们标志着一种扩展开来的传统，也指向一个关于商品化和市场增长的共同故事。就鹅肝来说，这却恰恰导致了某些受雇于鹅肝产业的人对该产业理解不足。在整条产业供应链上工作的人，我采访过或交谈过许多，他们都对自己岗位之外或与他们最接近的那些岗位的情况缺乏全面了解。例如，填喂者不确定家禽离开他们的畜棚之后所发生的事情，零售商经常只是模糊地认识到那些发生在该产业中的转变。但是，仅靠对供应链的经济投资并不能创造和维持一种食物的民族象征地位。政治上的正当性也是重要的。

政 治 正 当 性

根据起源传说，随着时间的推移，因为受到越来越多的消费者喜爱，市场为了满足其需求而逐渐增长，鹅肝"自然而然地"发展成了一种法国传统。然而，这种叙述忽略了政策决定对于巩固鹅肝在法国美食民族主义想象中的地位的不可或缺性。美食民族主义的概念——民族情感和食物生产是如何相互依赖和强化的——必然会引来国家的介入。

随着鹅肝产业在 20 世纪下半叶的发展，质量监管上的努力却严重滞后。直到 1993 年，也就是签署《马斯特里赫特条约》(Treaty of Maastricht)之后欧盟正式成立的那一年，法国农业法才首次为鹅肝的不同种类和制备过程规定分级和分类标准。在那之前，市场基本上不受监管，给消费者的产品很可能是，并且通常都是失实的。[83] 1993 年的标准于《法兰西共和国官方公报》(*Official Journal of the French Republic*)上发表。[84] CIFOG 的主席让·施韦贝尔解释称，虽然他们需要花些时间才能让贴标签的做法发挥作用，但是，这让消费者"能更好地明白，并且理解他们正在购买的产品的信息"，也让生产者能就他们的集体利益建立起共同观念。CIFOG 直到 20 世纪 90 年代初才建立起来，就一个代表名义上具有历史价值的产品的全国贸易协会来说，它出现的时间非常晚。[85]

在整个欧洲，动物农业措施都受到欧盟健康与消费者保护总司(Directorate General for Health and Consumers)下属动物健康和福利委员会(Commission on Animal Health and Welfare)的

监督。[86]所有成员国的饲养业和屠宰设施都必须满足欧盟的卫生和善待动物标准。[87]1998年,欧盟动物健康和动物福利科学委员会(Scientific Committee on Animal Health and Animal Welfare)发表了关于鹅肝生产的报告,事实证明,该报告在有关鹅肝的道德地位的争论中是一份重要文件。93页的报告结论是,"按照当前的做法,强制喂食对家禽的健康与安全而言是有害的",动物权利组织经常引用这一结论作为一项不可辩驳的证据,来证明鹅肝生产在本质上是残忍的和应该被禁止的。然而,如果进一步解读的话,该报告谴责的并不是鹅肝本身,而是使用单独的笼子和喂食过程的工业化。它承认的是需要限制"可避免的伤害",并提出了几个改善生产条件的建议。它还准许在"当前做法"内进行有限生产,并建议对福利标准、疼痛和压力指标以及不包含填喂在内的替代方法进行"持续的科学研究"。

在该报告公布之后的那一年,CIFOG和法国政府收到了欧盟新的"原产地名称"(designation of origin,以下简称"DO")食品标签计划授予的"西南部的鸭制鹅肝"(canard à foie gras du Sud-Ouest)这一"受保护地理标志"(Protected Geographical Indication,以下简称"PGI")标签。[88]该PGI标签允许西南部任何规模的生产商申请在其包装上使用表明产区的特殊标记。它将鹅肝列入了一个备受推崇的泛欧洲计划中,该计划的创立在某种程度上是为了保护整个欧洲大陆的美食"多样性"。来自法国其他区域以及欧洲其他地区的生产商仍旧可以称他们的产品为"鹅肝";只是不能标记为"西南部的鸭制鹅肝"。大约与此同时,法国民意调查和社会观察人士对于全球化和欧洲化对民族身份的威胁的担忧加剧了。[89]

然而,对于鹅肝作为一种传统的地位而言,这一标签包含了三个不解之谜，其中每一个都与印象和现实形成了对比。首先，对申请使用"西南部的鸭制鹅肝"标签提出反对的并不是动物权利组织或其他的全国性机构，而是法国西南部的小型手工鹅肝生产商。根据法国人类学家伊莎贝尔·特舒埃雷斯所进行的研究，这些生产商指责称，这种申请在生产经营规模方面没有特异性，缺乏针对由此生产的产品的质量标准。许多人都担心他们会陷入经济困境。[90]其次，西南部地区是法国国内唯一可以宣称鹅肝生产是历史传统的地区；阿尔萨斯生产的鹅肝并没有相应的说法。最后，这种申请及认可对鹅肝原料基础的改变意义重大——"canard"指的是鸭子。正如前面所提及的，鸭子直到 20 世纪末才超过鹅，成为使用的主要家禽。但是官方保护针对的是鸭子。

在 21 世纪的最初 10 年，国际上对鹅肝生产的指责加剧了。法国的团体"停止填喂法"开始受到越来越多的媒体关注，并且从国际动物权利组织那里获得了资源。2002 年，红衣主教约瑟夫·拉辛格（Joseph Ratzinger），也就是未来的教皇本笃十六世（Benedict ⅩⅥ）在一次关于工业化肥育鹅的采访中声称："在我看来，这种将生灵贬低为商品的做法，实际上是和《圣经》中所描述的共存关系相矛盾的。"[91]英国的反对者以售卖鹅肝的百货商店和餐厅为目标，进行抵制和肆意破坏。有几位知名人士成了直言不讳的反对者。2008 年，查尔斯王子发出了一封信，要求他的厨师们不再为英国王室行宫购买鹅肝。荷兰王室发布了类似的声明。在以色列的动物权利活动人士的施压下，以色列作为一个有鹅肝生产商的国家，其最高法院于 2003 年禁止了鹅肝生产。[92]在美国，多个地方的立法者考虑并通过了城市和州的生产和销售禁令。

欧洲各地也有禁止生产鹅肝的法律，世界各地的鹅肝反对者都将这些法律视为证明这种做法不合乎道德的证据。如今,欧洲的鹅肝生产仅限于法国、西班牙、比利时、匈牙利和保加利亚。德国、意大利、卢森堡、波兰、芬兰、挪威和几个奥地利的省也有禁止为了获取肥肝而强制喂养鸭子和鹅的法律。2008年,奥地利动物权利组织"四爪"(Four Paws)在奥地利和德国发起了一场反对产自匈牙利(该国的农民游说团体力量相对较弱)的鹅肝和家禽产品的媒体宣传运动,并成功地抵制了这些产品。[93]荷兰、瑞士、瑞典和大不列颠及北爱尔兰联合王国并没有明确禁止这种做法,而是把一般的动物福利法律解释为适用于填喂法。然而,这些国家中的大部分一开始就不生产鹅肝。这些法律的通过是在不会造成不利经济影响的情况下平息了活动人士的诉求。

与此同时,那些国家不可能禁止零售和消费,这对法国工业的坚挺至关重要。[94]由于欧盟相互认可的监管原则,在任何一个欧盟成员国合法销售的食品必须(除了少数有限的例外,而且其中大部分都是围绕着与卫生相关的公共安全方面的)在所有成员国合法销售。鹅肝在一些国家仍旧可以合法生产,其中主要是在法国。对于欧洲其他地方的反对者来说,法国的鹅肝生产是成问题的。活动人士团体已经向欧盟提出禁止鹅肝生产,但到目前为止尚未成功。欧盟虽然已经对鹅肝生产的具体做法表达了担忧(自1998年的报告开始),但是完全没有采取直接取缔的行动。2001年,在回应一名欧洲议会(European Parliament)议员的质疑时,委员会强调"应该注意的是",委员们制定的"指令(the Directive)和提出的建议无法预见到禁止强制喂食的禁令"。[95]但是,大概情况并非总是如此。

正是在这种跨国背景下,法国国民议会和参议院于2005年投票通过了一项修正案,将鹅肝作为法国的官方文化和美食遗产的一部分加以保护。该修正案指出，鹅肝"完全满足体现与风土之间联系的标准""而这种风土就是法国食品模式的独创性特征"。国民议会为以376票对150票通过的这一修正案提出了一个附加解释，"鹅肝是我们的美食和文化的象征性要素"。参议员为该法律草案作证的证词表明，这一声明是先发制人，要在这一问题上先于"布鲁塞尔的任何举措"（布鲁塞尔是欧盟的总部所在地）。某位参议员表示担忧，认为"从法律上宣传鹅肝"似乎有些多余，鹅肝并不需要法国政府的公开支持，而另一位参议员对此回应道，"正是因为填喂法是有争议的，所以必须将其写入法律；否则，布鲁塞尔的善良之神会来禁止一切属于我们的风土之物。"

这些领导人物没有承认法国的鹅肝生产已经转变为一种高度机械化、价值数十亿欧元的产业这一经验主义现实，他们在回应的是许多人认为在欧洲一体化政治和更广泛的全球事务中，法国民族文化的作用正在被削弱和变得脆弱这一观点。他们的话表明，他们希望能够先发制人地保护作为一种文化象征和一种商品的鹅肝能免受谴责。因此，将其纳入法国文化遗产法律中的目的是向法国和国际上的拥护者传达一个令人兴奋的信息，即文化行为、爱国行为和市场行为是一体的。

美食民族主义困境

关于鹅肝的争议被适时地固定在了有关法国民族身份的社会框架内。在许多不同的市场上，国家间的边界和界限似乎逐渐过时了，在这样一个世界中，这种食物成了一种有力的美食民族主义象征。鹅肝目前的地位表明，在文化归属感具体化，以及逐渐抱有，而且是强烈抱有某些观念的问题上，存在着紧张关系。[96]

我们也会发现,不只是某个单独的机构或组织有权描述如今的鹅肝是什么。借用人类学家克洛德·列维-斯特劳斯(Claude Lévi-Strauss)的话来说就是这使这种食品特别"值得思考",[97]因为它具有造成忧虑和引起争议的性质。无论是被珍视还是被蔑视,鹅肝都是一种多义的象征:它充满了叙事、意象、品位和意义,这些都是广泛地供公众使用的,也是被人们认为有用的。[98]鹅肝产业既是一种特定的历史轨迹的产物,也是这一历史轨迹的推动者。

然而,这类观念也需要支持;传统必须被不断地重新评估。国有化保护需要的不仅仅是存在于制度内。它们在每天的经历、谈话和感受中都是至关重要的。如果我们将围绕着特定食品的市场营销活动视为美食民族主义的证明,我们会发现人们试图过滤掉怀旧之情,透过现代镜头来保护某些口味:新的"传统"食品在某种程度上是基于现代的生产和分销技术,在推销时与它们不是什么直接相关的。[99]正如我们将在下一个章节看到的,这种对鹅肝的支持已经以各种方式显露出来了,从农家庭院到旅游活动,再到政府办公室。将鹅肝阐释为一种难以忘怀和濒危的资源的意愿取决于其文化代理人。尽管它的意义越来越模棱两可,但这些代理人的成果证明了民族主义对象的力量和灵活性,这类对象和正宗性、传统及独立自主——还有市场相关。当与民族观念联系起来时,这种道德情感是具有影响力的。

对过去的纪念和缅怀可能会经历变幻莫测的过程。[100]在将这类争论扩展到囊括某些食品或文化产品时,保护传承物的概念就成了一种战斗口号,用于培养处在新的全球关系中的某些地点、人群或产业的独特价值观。[101]对于象征着有价值过去的食品的制度化支持也向支持者们传达了一个信息,即法律和政策是很有用的,甚至是必需的辩护工具。我们看到国家参与者和私有利益相关者在共同努力地推动这一进程。他们避开批评者的指责，反而依赖于源自民族道德主权被侵犯的象征性政治。

64   关于过去的描述影响着并且反映着我们思考未来的方式。法国历史学家皮埃尔·诺拉（Pierre Nora）写道，针对法兰西民族的信仰体系来说，"记忆在消失时才变得珍贵"（"On ne parle tante de mémoire que parce que qu'il n'y en a plus"）。[102] 我的推定是鹅肝之所以具有标志性意义，当其时，至少在某种程度上是因为它和法国社会中其他不断变化的意义体系相一致。该产业发展为一项公私合营的事业、零售价的降低、PGI 标签的使用和2005 年的声明，都发生在历史上的偶然时刻。对于法国议会来说，正式将像鹅肝这种两极分化的食品纳入其国有资产范围内，等同于将对其道德地位的质疑视为对法国文化的抨击。鹅肝的起源传说，它与发现、家庭、地点和文化经典之间的历史联系，在公众叙述中是至关重要的。这是因为起源传说强调的是以组织脱节和超国家脱节为代价的民族内部的一致性和相似性。

长久以来，法国人一直致力于欧洲政治统一这一想法，某些法国政治人物要在很大程度上为过去和现在的欧洲总体规划负责。然而，民族自利的情绪也深深地贯穿于过去半个世纪的政治修辞中，随着法国的极端保守主义政治党派国民阵线（Le Front National）的支持率上升，这种情绪再次显露出来。[103] 有数项民意调查显示，许多法国人在支持欧洲共同体的同时，也对其结构和制度的发展有所怀疑。就算受到最近全球经济危机余波的影响，许多人还是认为一体化的欧洲能够提供有竞争力的市场，可以在国际关系中发出有影响力和起调节作用的声音，还可以拥有共同的自由主义价值观体系。但是，创造一个欧洲消费者或一个单独的欧洲身份的想法仍旧有很长的路要走。[104] 此外，虽然食品和烹饪对于支撑起法国作为美食先驱的历史身份是非常重要的，但是，这个国家再也不能宣称自己是无可争辩的国际美食领袖了。在这一文化领域的竞争已经变得越来越紧张了。

　　因此，作为对当代欧洲市场和体制的挑战，鹅肝至关重要。美食民族主义促进其从地区性的、小规模的和季节性生产的食品转变为了和民族身份的地缘政治有关的价值数十亿欧元的产业。65 与"正宗性"相较，填喂法这一传统的陈旧老化和细枝末节已经变得没有当今强调它作为民族文化财产的价值重要了。在这种定位下，对于鹅肝生产和消费的显而易见的真实威胁已经变得等同于对法国传承物和主权的挑战了。而且，鹅肝已经成为一种对法国身份和文化将会消失的恐惧的投射，这至少在某种程度上是因为它在道德上存在争议，且在其他方面遭到了中伤。在某些观察人士看来，法国的行动可以被解读为纡尊降贵，不愿意以外交方式来解决反对者们的担忧。与此同时，对于法国来说，正面迎击那些担忧意味着毁掉一个它一直努力发展并正当化为民族文化所有物的产业。对于法国人来说，保护鹅肝是捍卫法国理念的一种微小却有重大意义的方式。

第三章
公众中的美食民族主义

　　当一位波尔多市米其林餐厅主厨积极地回复了我发去的邮件，同意接受有关鹅肝的采访时，我非常兴奋，在我第一次去法国的考察之旅中，他是唯一有所回应的主厨。自 1968 年以来，让-皮埃尔·希拉达基斯(Jean-Pierre Xiradakis)一直是图皮纳(La Tupina，在巴斯克语中意味着"锅")的主厨和所有者。这家餐厅专营"[他的]母亲和祖母的菜肴——用来自该地区的优良产品进行简单、纯正的地方烹饪"。他也是法国美食专家：编写了一本有关波尔多的美食传承的书、几本烹饪食谱和一本有关地方葡萄酒厂的指南(还有一本谋杀悬疑小说)。1985 年(正如前一章所讨论的，当时法国的鹅肝生产正在变得工业化)，希拉达基斯主厨组织了一个地方性的主厨协会，以"捍卫西南部的美食传统"，并复兴濒危的"优质"食品。鹅肝是最先被纳入保护的食品之一。且不说他的主动邀请，他的工作和诸多著作就使我深信他会热情友好。

　　我于周一上午 11 点半到达图皮纳，在午餐服务开始之前。在那天早上稍早些时候的通话中，希拉达基斯听起来友好却严肃。我被带着穿过餐厅的餐室，到了楼上他那空荡荡的办公室。这个房间又小又窄，但是有一扇开着的窗户，新鲜的空气和楼下

城市历史街区的交通噪声会传进来。一个很大的木制办公桌上
铺满了书。成堆的文件占据了地板上的大部分空间。墙上挂着
一幅很大的用画框裱起来的切·格瓦拉的肖像,上面有摄影师阿
尔伯特·科达(Albert Korda)的签名以及给主厨的私人留言。
在隔壁房间里,有几个穿着时髦的年轻女性正在用电脑工作,在
她们的旁边是高高的、塞得满满的书架。

　　主厨来了,在和我握过手之后坐在了他的办公桌后面。他是
一位戴着金丝边眼镜的中年男性,鬓边的头发已经泛白了,穿着
一件系扣的男士衬衫,而不是厨师服。不夸张地说,我们的对话
很不自然。他对我所提出问题的回答简短而生硬,他似乎被我的
问题激怒了。他解释道,增肥的原理是在模仿家禽的习性;就地
理上而言,鹅肝生产分布在西南部和阿尔萨斯;最近 20 年来,他
一直是从附近的合作方那里购得鹅肝的。近年来,图皮纳的消费
者对鹅肝的需求一直在增加,并且已经延续到了冬季节假日
之外。

　　当我提出围绕着美国鹅肝的争议时,希拉达基斯从恼怒变成
了愤愤不平。"在美国,"他断言,"填喂法的原理被视为一种犯
罪,而对于我们来说,这是 20 世纪的一种古老传统。"之后,他指
出,相对于其他社会问题而言,人们太过于关注有关鹅肝的动物
权利活动了。"你可以在美国分析人们的行为——暴力、种族主
义、无家可归——缺乏限制的问题,"他说道,"他们会去寻找要禁
止的东西,但其中的某些是我们传统的一部分。这看起来是荒唐
的。他们表现出对鸭子的关心,却似乎没表现出对人们的关心。"
我反驳回去,说实际上在法国也有很多人反对鹅肝。他毫不犹豫
地回答道,"是的,但并非只有美国有傻瓜。每个国家都有蠢货。"

　　在经过了几分钟这种赌气的回答之后,希拉达基斯邀请我同

67

他一起吃午餐。我接受了。我们走下楼去，他和餐厅经理说起关于一张桌子的事情。我被带到了主餐厅角落的一张摆设精美的桌子旁，而主厨则到后室去了几分钟。桌子上方的墙上有一幅画作，画上是一片带有笑脸的鹅肝放在一片生菜上，落款为：D. 罗莎（D. Rosa），1988 年。服务员端上来一罐水、一盘熟食、一支雪茄和一个雪茄切刀，还有两杯白葡萄酒。没有菜单。

在接下来的一个小时里，我受到了考验。坐下来之后，希拉达基斯让看起来紧张的服务员端几个菜出来，不久之后就来了——一大片烤焦但流汁的鹅肝、一盘炒牛肚，以及看起来像汉堡但实际上是由凝固的鸡血制成的小馅饼。主厨满怀期待地把每个盘子都递给我。在看到我取了每道菜的一部分放到我的餐盘上并吃下去时，他笑了。然后，他开始谈话，以一种非常热情洋溢的方式真正地谈话。他问我对食品的兴趣是怎么开始的、我的家庭情况、我对鹅肝感兴趣的原因，以及我想要用我的学位做什么。我再次拿出我的录音机，他讲述了自己去纽约市参加鹅肝生产商和主厨聚会的经历，该聚会是由美食供应商达达尼昂的艾丽安·达更组织的，她是安德烈·达更的女儿，安德烈·达更是波尔多南部城市欧什的一位受人尊敬的主厨。他谈及自己对纽约市的联合广场农贸市场（Union Square Greenmarket）及美国牛肉质量的赞赏。在他面前吃这些菜，似乎抵消了我这个对鹅肝感兴趣的美国人会引起的任何怀疑。

在吃这些食物的时候，我正在做的是"边界工作"①，起作用

---

① "边界工作"（boundary work），在科学研究中，边界工作包括在知识领域之间建立、拥护、反对或加强边界、限界或其他分界线的实例。社会学家托马斯·吉恩（Thomas Gieryn）在研究科学和非科学之间的界限问题时最先提出这一重要概念。——译者注

的条件是标示出局内人和局外人——哪些人能被信任,哪些人不能。[1]此处的边界就是美食民族主义的边界,因为它将民族归属感、自豪感与烹饪和食物的实质性、象征性现实联系在了一起。在本章中,我提出美食民族主义要求的不仅是宏观层面的政治和商业利益,还有微观层面的集体认同,这种认同是通过文化脚本形成的,取决于实际的和具体的消费。在这个特定的实例中,通过吃这些特色菜这一可见行为,我被认定为是"没什么危害的",至少暂时是。就此而言,这些食物是拥有其自己生命的社会客体——反映的是制作和利用它们的人的兴趣、态度和情感。[2]法国的鹅肝故事是一个关于民族味道的社会建构的故事,也是一个关于人们的亲身经历、情感经验和他们在食品的象征性政治活动中的既得利益的故事。

整个19世纪,法国政府一直把在美食上的投入视为一种民族主义努力,将地方上的菜品整合在一起,转变为一个大菜系,使其成为法国的国内和国际自豪感的最大来源之一。经过培养的品尝力会变成表现民族身份的一种工具。[3]我认为,在当代法国,鹅肝也同样被用于表达身份。正如前一章所阐释的,这里的困难是尽管鹅肝已经通过大量生产和消费而变得"普及了",但其特殊性取决于它的可见性和重要性,意见领袖和更广泛的公众选定它也证实了这点。换句话说,它还需要在实质上容纳"公众中"的各种社会用途的文化意义。此外,这些情感是与希望它根本不存在的国际社会运动相对立的。要重申本书的主要前提之一,鹅肝不只是美食政治争论的产物;事实证明,就其本身而言,它也是独立的制造者。

在本章中,我利用民族志视角来探究美食民族主义情感是如何贯穿于那些颂扬鹅肝生产的法国地区的社会生活、景观和当地经济中的。通过深入那些从事鹅肝生产的人中间，我试图弄清他们的故事、动机和挑战。我强调的是生产者和消费者与这种食品的情感关系，我还会分析鹅肝作为一种在道德上不被认可的现代化且具有争议性的产业所引发的紧张局势。

有几个重要的问题引导着我的探究：微观层面上的生产和消费实践是如何与更宏观层面上的身份认同政治——尤其是在鹅肝"传统"被归类为传承物的地区——相联系起来的？要是这种被颂扬的传承物是一种不和谐的传承物会怎么样呢？参与鹅肝生产的人是如何体会怀旧的浪漫主义情感和工业上的经验主义现实之间的不和谐的呢？

为了探究这些问题，我于 2006 年和 2007 年在全法国进行了实地考察。[4]当一开始进行这项研究时，我并没有预料到鹅肝会无处不在。鹅肝商店是城市街景的一部分，鹅肝出现在大部分餐厅的菜单上以及杂志、电视和公告牌的广告上。我在西南部的 12 家鹅肝农场和 6 家生产厂花费了几小时到 5 天不等的时间。这些企业的规模从两三个人的家庭经营到作为垂直一体化生产链一部分的农场经营，再到雇用几百名现场工人的工厂。我还在旅游办公室、零售商店、露天市场、业余爱好者建立的鹅肝博物馆（有稍加改造的穿着旧式服装的百货商店人体模型）、专业人士开办的食品博览会和人们的家里花了些时间。我和那些被卷入鹅肝社会生活的人们交谈：旅游业雇员、游客和消费者、餐馆老板、主厨、研究者、反对鹅肝的活动人士以及地方政府官员。[5]我还收集了法国的新闻和杂志文章、产业报告和协会简报、生产商的销售目录和广告、旅游手册、面向孩子和成年人的通俗读物、餐厅菜单和法国反鹅肝社会运动的资料。从那以后，我一直和提供信息者保持着联系，关注着法国和其他欧洲媒体报道的最新动态，在面对国际争议时，这些动态引发了相似的对鹅肝价值的政治反思。

在前一章中，我们看到了国家政策和新的资本投入是如何支持该产业，并使鹅肝被纳入民族遗产相关的法律中。但是，这一法律究竟在保护什么呢？该法律的通过凸显出地方食品文化和21世纪的制度（规定市场条款，调节国家主权问题）之间的相互影响。本章节将指出有关鹅肝的争议是如何跨越国家边界和民族主义边界的。重要的是，任何群体归类为"正宗"或"传承"的东西都是一个变化中的对象。在整个欧洲都有一些食品被某些社群贴上文化传统的标签。正如前面所描述的，许多都是根据欧盟的 DO 计划被作为一种民族知识财产来加以保护的，该计划认可了食品生产和特定地点及社群之间的历史关联。[6]"风土"已经成了一个具有全球影响力的流行词。这些食品的文化、商业和政治都与集体身份的转变及问题存在着错综复杂的联系。

被标记为和宣传为民族传承物的食品让人们——通常是从地理上、社会上和政治上来划分——可以经味觉途径参与到一种国家的理念中。在世界各地，许多出于这种原因而成形的食品都发源于农民食品文化。其中有些已经在创建国家的过程中成了关键的文化象征。例如，就墨西哥来说，玉米——最初是和前西班牙社会与农民，而非殖民精英联系在一起的——在墨西哥本国的美食发展中至关重要。[7]如今，墨西哥正在努力借助世界贸易组织（World Trade Organization，以下简称"世贸组织"）的《与贸易有关的知识产权协议》（TRIPS Agreement）来将仙人掌（nopales）和辣椒（chiles）等认定为官方的地理标志（geographical indication，以下简称"GI"）产品。（龙舌兰酒是第一个在欧洲以外被登记为GI产品的。[8]）而作为一种民族主义情感的表达，英国统治下的加

71

纳精英们从消费欧洲食品转为了消费非洲食品。[9]

一个名为"慢食运动"（Slow Food Movement）的著名国际组织将一些食品宣布并归类为"濒危的"，该组织将自己及其成员企业宣传为工业化"速食"和在全球消失的旧式烹饪传统的替代物。举例来说，20 世纪 90 年代，慢食运动组织将科罗纳塔肥猪肉（*lardo di Colonnata*）——一种腌制肥猪肉，是一个出产大理石的意大利小山村的特色菜——列为其"濒危食品"运动的首批产品之一，由此将一个贫穷的采石场工人的午餐改造为了一种具有异域风味的美食产品（科罗纳塔这个城镇扮演起东道主的新角色，迎接着大量涌入的国际美食游客）。[10]重要的是，某些食品的生产方式也影响着身份认同。在墨西哥，人们认为手工制作的玉米饼比工业化制作的更为正宗。科罗纳塔肥猪肉既被视为濒危的，也被视为珍贵的，因为城镇中人认为在潮湿的地窖里用当地产的大理石盆来腌制肥肉是获得纯正味道的唯一方式，然而，这一制作过程却不符合现代欧洲食品生产的卫生和环境政策。

这些案例（以及其他的案例）清楚地表明"传承"是关联式的，这意味着人们既和它利害相关，也需要为了在更大范围内获得成功而为其"投入"。如今，精心制作的鹅肝是法国的传承和遗产的关键组成部分，其涉及许多不同人群和群体的劳动、利益、灵活性和认可。它意味着手工制作的历史。[11]因为是一个关联式的过程，所以，传承物既是社会性的，也是情境性的，是通过旨在展现特定生活方式的对象和市场来表达的。目前，它关注的是社会身份正当化的问题。正如前一章所详细阐释的，这有助于使鹅肝的民族亲缘关系取代阶层差异。[12]鹅肝生产和生产者对大众的民族自我想象至关重要，而非仅仅对国内精英的民族自我想象有影响。

　　在该产业大部分的华丽辞藻中，也就是那些努力将鹅肝的象征性和某些合适的文化历史内容联系起来的叙述中，有大约90%反映当今法国鹅肝生产真实情况的内容被积极地掩盖掉了。鹅肝的起源传说赞美了农民祖母的适应力和乡村诱人的地域风味。它们还利用并助推着法国美食长期以来在世界历史上的标志性价值和公认的优越性。[13]人们所讲述的和兜售的故事，与创造出有关大规模生产和传统、快餐和慢食以及全球化贸易和地方生产之间二元对立的叙述相符合。然而，对这些叙述进行经验主义推敲，就会发现它们对于那些和鹅肝的未来休戚相关的人来说具有相当大的影响。

　　在某些拥护鹅肝的地方，作为一个交谈话题，鹅肝会引出身份认同受到威胁之感，有时还会引发狭隘爱国主义自豪感行为。例如，有一位潜在的提供信息者是一位学者，她的研究结合了人类学、市场营销和食品研究，她对我们的中间人说道，只要我"喜欢吃鹅肝"，她就会见我。当我问她为什么提出这样的要求时，她回答道："因为你是美国人。有些美国人反对鹅肝生产。因为我不想见不喜欢鹅肝的人，所以我不想招惹那样的人。这是民族团结的问题。我认为我并不是个极端的民族主义者，但是在这种背景下，我捍卫民族主义。"她的回答令我惊诧，因为我们也许会认为在所有人中，学者相比大部分人而言会拥有更远的批判性距离。但是就她来说，和其他人一样，鹅肝激发出了以民族为基础的防御姿态。

　　这使得鹅肝的故事成了一个明显的美食民族主义案例。围绕着鹅肝生产和消费的争议对当代"民族美食遗产"的形成提出了质疑，正如在法国和其他地方所显示的那样。如今，鹅肝产业在某种程度上面对着新的道德质疑，也就是动物福利和权利问

73

题,其中包括对折磨和虐待的直接指控。反过来,这些想法又和法国人关于 21 世纪全球化利弊的观念交织在一起。这具有重大意义,因为在所有的欧洲国家中,在面对具有侵犯性的政治政策和具有强大影响力的跨国企业时,法国领导人在利用保护"文化"的观念方面是尤为成功的。[14] 正如散布恐惧者所哀叹的那样,将法国社会美国化的时机成熟了吗? 麦当劳化? 同质化? 然而,与此同时,这些担忧通常未能考虑到法国作为移民目的地和欧盟主要成员所面对的新的多元化。

在农场：鹅肝工匠的（再）创造

达纳(Darnat)是一个小型手工鹅肝农场,位于拉罗什-沙莱(La Roche-Chalais)外的山中,而拉罗什-沙莱是法国西南部多尔多涅地区的一个大约 3 000 人的乡村。这家农场位于一条没有什么标记的乡村道路上,这条路只在车道尽头有个小标志。那是在 2006 年 7 月 14 日巴士底日的上午。前天晚上和这天早上的早些时候,我一直在形影不离地跟随着达纳的所有者——多米妮克·乔马德和米歇尔·乔马德(Dominique and Michèl Jaumard),看他们填喂圈里的鸭子(参见图 3.1)。现在,在已经成年的儿子朱利安(Julien)的协助下,他们将要在那间铺满瓷砖的小型屠宰场里加工 4 只鸭子。这些选定的鸭子经过前一晚的处理,也就是用一把小剪子剪掉每只鸭子头上的毛以作为标记之后,会被认定为"可供使用的"。米歇尔曾告诉我,如果过量喂食超过了肝脏可供使用的时间,那就会产出质量差的肥肝。在他们开始前,多米妮克递给我一个蓝色的塑料围裙,问我是否可以观看,并警告我不要晕过去了："别失去知觉了! (Ne tombe pas

图 3.1 在达纳的填喂

surles pommes!)"（我没有。）三个人充满干劲儿地在房间里走来
走去,除了告诉我他们所做之事的细节外,很少说话——用电击
的方式让鸭子昏迷,给它们放血,把它们浸入沸水里以更容易地
把毛拔掉,用循环真空泵和喷灯拔掉纤羽,把它们挂起来冷却(参
见图 3.2)。沸水让房间蒙上了水汽,空气中有一股难闻的酸臭
味。他们熟练地处理鸭子,实事求是地讲述,既不会美化他们正
在做的事情,也不会为他们自己所做之事找借口。这就是他们的
日常工作。

　　之后,在夹在屠宰场和小厨房之间的"冷室"里,米歇尔和多
米妮克开始宰割 4 只鸭子,站在那里看的时候,我确实起了寒
战。米歇尔带着塑料手套,磨了磨刀,接着慢慢地、小心翼翼地将
第一只鸭子的"外衣"——皮和肥肉,连同鸭胸和鸭腿作为单独的

74

图 3.2　在屠宰场切开鸭子的颈动脉

一块切掉。然后，他从皮上切下鸭胸肉，把脂肪块堆成一小堆，把鸭腿平整地放在瓷盘里，朱利安会把这些放到冷藏库里。朱利安对我解释道，每只鸭子的每个部分都会以某种方式加以使用。有些肉和肝脏会真空密封起来或经高压灭菌后装入罐子，在他们的小型现场商店里或多米妮克每周去的露天市场上售卖。之前拔掉的羽毛会经烘干后卖（每只鸭子 7 美分）给一个批发商，这位批发商会把羽毛卖给枕头和被褥制造商。畜体会用塑料包裹起来，放到步入式冷藏库里。朱利安解释道："这可以用来做汤、烧烤、做肉酱。每个部分都是有用的。肠子和诸如此类的东西，实际上还有鸭血都可以给我们养狗的朋友。这对于狗来说是美味的食物。它们会好好吃。"[15]

　　有些肉和内脏会储存起来，就像此刻放在冷藏库里的鸭腿那样,以备米歇尔为他们那间有 20 个座位的农场旅店(ferme auberge)餐厅的顾客烹饪午餐时使用。[16]农场旅店的供应中至少有 75% 是来自他们自己的农场。(这家人还有一个蔬菜园、一些下蛋的母鸡和一个小型咖啡烘焙机。)菜单上的价格是固定的,有三种"前菜—主菜—甜点"的选择,其中大部分都包含鸭子。米歇尔是厨师,多米妮克是服务员,他们一般会根据预约来规划工作。朱利安从就读的酒店管理学校回家时也会帮忙,他正在上高中的妹妹阿娜依丝(Anaïs)也是。那天,他们有一个 7 人份的午餐预约。接下来,我跟随这家人去了他们的一个朋友家里,参加下午的巴士底日庆祝会。那之后,大约在日落时分,会再填喂一次畜棚里的鸭子。

我问米歇尔他们是如何学会这一切的。"一点点地"(Petit a petit),他回答道。多米妮克是在巴黎城郊长大的,之前是一名教师,她说自己是通过观察米歇尔才学会的。和我接触过的大部分农场主不同,鹅肝并不是在这个家族中传下来的。他们租了几年附近的土地,自学了这门手艺,然后才在 20 世纪 90 年代初买下了这家农场并将之翻新。"一开始,我们浪费了很多禽体的肉。我们并不知道如何充分地利用它们,就像我们现在在做的那样,"她一边对我说着,一边切掉一些白色脂肪。她指了指心脏和肺。"这就是肥肝,"多米妮克边说着,边剖开畜体,摘下肝脏,把它放在我们面前的金属台面上。

我在法国西南部的几家农场了解到了有关手工鹅肝生产商(他们大约占全国产量的 10%)的工作、生活和态度的第一手资料,达纳是其中之一。其中的大多数(但并非全部)都是传承了几代人的、为家族所有的企业。他们中的许多人养肥鹅或肥鸭已经有 20 多年了,他们详细地向我讲述了是如何从父母和祖父母那

76

里学会饲养和填喂家禽的。有些养鹅，有些养鸭子，有些既养鹅又养鸭子。他们在露天市场、餐厅、农场或附近小城镇的零售商店、全国各城市举行的地域风味食品博览会上售卖产品，还日渐开始在网上售卖。通常，许多（但并非全部）手工鹅肝农场都是自己饲养、填喂、屠宰和加工家禽的。有些农场在欧盟的国家标签计划中获得了 PGI 认证。有些农场属于生产商合作企业。还有少数农场是由一名家庭成员来给全国各地的老客户送货。不止一个人对我说，他们偶尔会把一小部分贴有"罐头食品"标签的产品寄送给其他国家的朋友，包括美国人。我还和两名罐头制造商相处过一段时间，他们的业务包括购买、加工和售卖用所在社区的填喂者饲养和喂养的鸭子和鹅制成的产品。

"手工工匠"一般是用于描述有技能的手艺人的术语，这类手艺人用他/她的双手来生产消费品，比如陶器、珠宝和家具。其典型特征与非现代化、非技术性、非大型、非快速有关。[17]当与食物、烹饪联系在一起使用时，它会让人想起富有经验的人使用历史悠久的技术，以手工方式制作小批量食品的形象。在整个法国，乡村和省份的名字标示出手工制作的食品是独特的地方特产（无论它们实际上是否是以小规模生产的）。[18]于是，手工工匠就成了某种传统主义、地方自豪感的旗手。[19]我认为他们也成了当代美食民族主义身份的制造者，这种身份建立在对"国家并没有必要放弃小范围利益"这一观念的依赖上。至 21 世纪初，为食品标榜上与地名、身份、土地和风土相关的内容——以国家的土壤和人民为根据——已经变成了一项合情合理的政治事业。[20]

对于生产鹅肝，就饲养和喂养的家禽数量而言，手工填喂者的经营规模较小。他们主要使用旧式技术和工具，包括更慢的、手工喂养的方式，这类方式利用的是重力和一个位于漏斗内连接着金属管的可转动的钻子。他们用勺子舀整粒玉米来喂家禽,这些玉米已经浸在水里软化了。[21]我参观过的几家手工化农场所使用的机器都是工业化填喂中使用的混合气动机器的变体。(有一个填喂者解释称,使用这种机器是为了"更精确的校准,这样对鹅更好"。)用手工方式饲养家禽的填喂期比工业化生产的 12 天要长,喂食者会以较短的时间间隔来增加饲料量。在手工填喂的过程中,家禽成群地被关在围栏里或笼子里,而不是像前一章描述的那样关在单独的笼子里。我看到过几个不同的填喂者亲自进入低矮的围栏里,坐在凳子上,把家禽夹在他们的腿间,在喂食的同时按摩它们的脖子,或者是坐在饲养笼子旁边,一只只地把家禽拉过来。

有几个手工填喂者称他们的工作为手艺,描述了他们的技艺和习得的触觉、听觉、味觉与嗅觉技能的细微差别。例如,某天晚上,我观看一个名叫吉勒斯(Gilles)的填喂者,在他所拥有的那家多代传承的家庭农场里填喂鹅。他非常熟练地在各个围栏间来回走动,一边跨过鹅群间的分隔板,一边低声地对鹅说道,"轻轻地,轻轻地"(doucement, doucement),当他坐到凳子上的时候会把进料斗移动到其所在位置。他一边展示,一边解释如何按摩每只家禽的腹部,以确切地了解在喂养前的肝脏有多大。和我在达纳看到的类似,他从褪了色的、蓝色工作服上衣的胸袋里拿出一把小剪子,剪掉第二天早上要送到屠宰场的鹅脑门上的毛。

运用这种亲自动手的技艺使小型生产商得以将他们的操作和工业同行的区别开来。这些生产商认为他们的产品是"优质的",他们的动物得到了善待,他们的农场有着独特的味道。而对于消费者来说,手工鹅肝的价钱更高也就合情合理了。一位生产商提出了如下差异："我们生产的每个产品都是不同的。每只鸭子都有一点儿不同，所以肝脏和肝脏之间的味道可能也会有所不同。"这使他们能够通过以"传统的方式"和"正确的方式"生产鹅肝来证实自己的职业操守。他们也揭示了传统技术和现代商业需求交涉时的复杂现实情况。例如，在巴黎的一个食品博览会上，有 19 个不同规模的鹅肝生产商参加，其中有个手工生产商展示了一张巨幅海报，上面有农场周围连绵起伏的山丘的照片，还有句标语"正宗之旅"（Escapades d'authenticité）。其他分发给参加博览会者的手册上有她家那个古老农场的照片和原产地证书，其中解释道，她决定"尽可能地透明化，以保证"其产品的"正宗品质"，还指出其产品得到了"夸立苏德"（Qualisud，一个拥有 60 年历史的法国组织，核查和认证"优质的"农业活动）的认证。

我采访过或密切关注过的大部分手工生产商都详细解释了各种因素——包括他们的土地、微气候，他们的饲育方式，他们使用的饲料类型以及家禽本身的生活和身体状况——是如何影响其产品的品质和味道的。有几个人还谈及了诸如群体记忆和家族历史这样的无形内容。大多数人都对他们自己在鹅肝生意中的商业动机轻描淡写。然而，这些动机对成功的生意至关重要。例如，一位罐头制造商向我说起了她家族天生的做生意"才干"，给我看了一些她祖先经营的餐厅、罐头食品厂和去集市的旧黑白照片，并且说道："我们家一直在做风土产品。"

怀旧和浪漫主义渗透在对手工鹅肝生产是什么和不是什么的思考中，这一点毋庸置疑。[22]经营农场会有很多收获，但持续的资金流并不总是其中之一。然而，手工鹅肝生产商并没有主张回归到往昔。完全没有。过去那些日子的现实情况是更无望的，和孩子们的故事书及刻画法国乡村的纯真善良的电影所描绘的田园场景相比,要艰难得多。[23] 实际上,正如我所目睹的,这些生产商正在重新构建 21 世纪的手工工匠身份。他们正在更新自己的期望,寻求新的市场机会,并且避开偏狭的政治观念。现代生活所带来的现代便利也是重要的。许多人都修复和翻新了他们的家园。他们发邮件、上网、使用手机并且观看卫星电视。他们的生产设备必须满足欧盟制定的健康卫生标准,许多人开始使用社交媒体来宣传他们的产品线。而贯穿于他们工作中的是,他们始终坚持将有关鹅肝地域风味的文化主张与宣传"正宗的"人和地方联系在一起。

围绕着这种以地域为基础的产品所展开的文化工作巧妙地反映在了一份报告中,该报告是法比奥·帕拉萨索利(Fabio Parasecoli)于 2008 年就任食品和社会研究协会(Association for the Study of Food and Society)主席时发表的。"地方产品,"他说道,"反映了它们的历史性和发展性,总是在传统和革新、文化价值和经济潜力之间拉扯。"对于这一明智的观点,我们也许还可以用正在转变中的地方环境的重要性作为补充。在 20 世纪 80 年代及以后,小型鹅肝生产商对国家资助的工业化和进口自东欧的廉价鹅肝的大量涌入感到担忧。这种担忧确实应验了,许多人都被夺去了或者卖掉了他们的企业。基层组织维持品质和市场份额的努力——比如主厨希拉达基斯开创于 1985 年的地方主厨协会——在一定程度上(但还远远不够)帮助缓解了这种趋势。例如,在多尔多涅的一个市镇(commune),有人告诉我说几十年前这里曾经有 45 家运营中的鹅肝农场,而到 2007 年只剩下了 3 家,包括我参观的那家拥有"全程化"设施的农场。

然而,那些存留到 21 世纪初的农场从他们的实践和产品中发现了新的利益。这是对现代化和全球化的更广泛回应的重要部分，尤其是对那些深切担忧地方和民族食品文化命运的人而言。[24] 在 20 世纪和 21 世纪之交的法国，全球化被普遍地视为来自国家边界之外的威胁——有一种印象是法国的土地、主权和身份认同都岌岌可危。作家、艺术家和文化评论家，以及表示支持的政治家都对他们眼中的美国公司的入侵提出了尖锐的质疑。20 世纪 90 年代，用于保护法国电影、电视和音乐市场的"文化例外"政策被写入国家法律，该政策限制外国媒体出现在屏幕和广播上。权威人士和立法者经常将这些政策视为国家的权利，甚至是本分，他们要保护和宣传本国的文化遗产，并阻止无法挽回的损失。[25]

食品和烹饪都是敏感的话题。仅提一个例子，法国反对全球化力量的评论家们经常提及农民联合会（Confédération Paysanne），这是法国最大的农民联盟之一，由一个名叫乔斯·博韦（José Bové）的人领导。[26] 博韦在 1999 年因开着拖拉机冲进一家麦当劳餐厅而声名大噪。当时，世贸组织决定对欧洲禁止美国产的激素牛肉一事进行处罚，并支持美国对欧洲（主要是法国）的食品进行制裁，其中包括第戎芥末酱（Dijon mustard）、洛克福奶酪（Roquefort cheese）和鹅肝。这一行为，以及自那以后博韦收到的铺天盖地的公众支持将农业和文化问题与对全球化象征的粗暴性破坏并置在了一起。[27]

其他将法国食品作为传承物来保护的宣传策略在国家层面上产生了影响。1989 年，法国文化部建立了全国烹饪艺术委员会（Conseil National des Arts Culinaires），其宗旨是保护法国美食和新举措，比如，在公立学校为孩子们开设"品鉴教育"课程，以此来培养一种民族品尝力。法国公民也见证了一种名副其实的"传承产业"[28] 的成长，该产业是由地区和当地政府配合国家倡议而组织起来的,目的在于宣传那些颂扬法国历史和文化的实际遗址、仪式、民俗博物馆、艺术和食品。[29]通过诸如"红色标签" 81
(Label Rouge)和欧盟的"手工"食品原产地名称计划这样的国家标签计划,法国所授予的产地名称数量是欧洲最多的之一,并且仍旧在增加,其中,前者是由法国国家原产地和质量研究所
(French National Institute of Origin and Quality)授予用传统和无害于环境的方式来生产优质、上等食品的保证人的[30],而后者的食品范围包括奶酪、肉类、蔬菜、水果和橄榄油(更不用说葡萄酒了)。[31]法国城市资助和主办的美食博览会推出了这些食品。例如,巴黎的萨隆风味食品博览会是一年举办两次的为期三天的活动,能够接待 2.5 万名游客和 250—300 家来自法国及少数来自意大利和西班牙的中小型地域风味食品生产商。

对这些食品的需求正在增加。一项 1998 年欧洲晴雨表
(Eurobarometer)的调查发现,有 30% 的欧洲人认为可识别的原产地——根据国家或地区——是一个重要的食品购买标准,有 76% 的欧洲人声称他们会半定期地购买"根据传统方式"生产的食品。2014 年,欧洲人表示"质量"是最重要的购买因素,有 53% 的人打算参看标签上的原产地信息而付出更多的钱。[32]根据 CIFOG 的报告,手工鹅肝的销量,尤其是整块鹅肝(装在金属罐或玻璃罐,再或者新鲜出售的整块鹅肝)的销量自 20 世纪 90 年代以来一直在猛涨。这种趋势反映了法国和其他地方的特色手工食品生产的动态。[33]

这些食品的生产商及其支持者越来越多地宣传与理想化的乡村往昔相关的价值和主张,比如手工制作、品质、正宗性、可持续性、社群、地方经济、工艺、自然性和技能,他们以此作为应对全球化和工业化的农业综合企业所创造出的社会失范和无地

方性的对策。有种反映在消费者信念中的想法是传承物具有与生俱来的价值。2004年，一项由克里斯蒂·希尔兹-阿尔格莱斯（Christy Shields-Argèles）所做的调查比较了法国人和美国人对饮食习惯的自我理解，结果发现在她的法国调查对象中，这些价值表示的不仅是"良好的饮食"，而且是支撑民族美食的逻辑。[34]类似的是，上文提及的那场博览会的一名60多岁的巴黎男性参观者对我说道："某些产品得关注产地，比如鹅肝。相距二三十千米的两家企业所做的鹅肝可能尝起来完全不同。这和在世界各地的味道都相同的麦当劳不同。就此而言，它［手工鹅肝］是一种非常棒的产品。"[35]另一位受访者对我说道："在法国，并不是为了养活自己才吃东西的。它是文化。完全是与众不同的。"[36]

行家和生产商声称能够轻易地区分开手工制作的和工业化生产的鹅肝。我之所以被邀请前往达纳，是因为几周前，其所有者的儿子告知了我一些东西。他是一所酒店管理学校的硕士研究生，该校的校长邀请我参加他们的"鹅肝日"，当时来自世界上最大的鹅肝公司露杰的代表正在向学校的学生们介绍他们的公司。我此行的目的是看看露杰如何将自己推销给酒店业的学生们，并以此为"切入点"，从该公司本身收集一些数据。

那天晚上，在该公司的落座晚宴介绍环节，坐在我右边的学生介绍说自己叫朱利安，并且说道："你坐在我旁边真是个有趣的巧合，我的父母拥有一家鹅肝农场！"就在那时，学生服务员端上了第一道菜——由三种不同的鹅肝制品组成的前菜。有一个盘子放在我们每个人的面前，一个露杰的代表解释了吃这道菜的顺序：鹅肝酱、整块鹅肝和香槟味鹅肝。朱利安（用英语）问我是否了解它们的类型。还没等我回答，他就指着我的盘子说道："先吃这个差一些的，第二个吃看起来不太好的整鹅肝，第三个吃香槟味的。"我问他说的"差一些的"是什么意思，他开始说道：

> 它只包含30%的鹅肝，还有大量其他的原料。太咸了。它的余味是有点儿酸和苦的——就是这个词，对吧？Bitter？Amer？第二个也是差一些的。看看它。它整个都是鹅肝，但是你可以看到不同的颜色，它是用不同的肝脏拼凑在一起的，而这些肝脏并不是来自同一只鸭子。我估计它还说得过去，但在我看来，没那么好。第三个好一些，但是肝脏的品质也不是很好。浸泡在香槟酒里较好，因为肝脏的味道不会非常强烈。如果用优质的肝脏来做这种类型的鹅肝，那就是浪费。所以它还可以。不过，它完全是工业产品。于我而言，这是很大、很大的不同。他们的肝脏是在12天内长成的。我的父母要花费三到四周，并且只会用玉米粒来喂养。我不知道喂给这些鸭子的是什么。

83

然后，他邀请我去参观他们的农场，"看看真正的鹅肝制作过程"。

在我的实地考察中，围绕着"名副其实性"的语言一再出现。它指明了正宗性的道德效价，这种效价使手工鹅肝被"重新发掘"，成为一种独具特色的和值得国家层面关注的产品。除了强调品质之外，对于"名副其实的"鹅肝而言，重要的是在特定景观中的社会根源感，以及和卷入其制作过程的人之间的关系。以政府为基础的宣传活动、旅行指南和美食网站都将这些人赞扬为法国传承物"名副其实的"和"正宗的"管理人。[37]然而，和其他有专门爱好者的特色产品——如巧克力或奶酪——不同，鹅肝生产还被指责为一种残酷和折磨的实践。它是国际动物福利游说团体讨厌的东西（bête noir）。无论是手工制作的还是工业化生产的，都不重要。他们想让它消失。该产业和该国如果想要鹅肝生产和消费持续下去的话，这就是他们必须面对的问题。

探访鸭子：一种新型乡村旅游景观

鹅肝的反对者固执地声称，亲自看到填喂过程的话，即便是最铁石心肠的食肉者也会反感和憎恶的。然而，最近几十年来在法国西南部建立起来的旅游业就是致力于实现这一目的的。作为这个世界的闯入者，我发现，在以一种道德等级的方式来为食品偏好排序的社会实践中存在着紧张关系，比如可能被其他人视为难吃的、恶心的或不合乎道德的，而这种关系使围绕着鹅肝的美食民族主义在日常实践中的表现变得温和了。将鹅肝精心打造为具有民族价值的同时也处于危险中的主要方式之一是通过具有风土气息的旅游业架构，该架构致力于将表示支持的外行人和手工生产的实际地点及文化空间联系起来。从俯瞰的角度来看（一语双关①），传承事业的关系性质在这一架构内变得清晰了。它稳固了一系列特定的社会联系和归属感主张，同时也掩盖了大部分生产中令人眼花缭乱的真实情况。

总体而言，旅游业创出对地点的社会期待。美食旅游在以下几个方面提高了食品和农业实践的地位：使它们更为人所知和更受欢迎了，使它们和乐趣、欲望关联了起来，使参与者牵涉共同的文化品位和象征性意义体系中，使它们和它们的生产地点联系在了一起（也就是把资源带到了生产地点）。[38]当代的美食旅游

---

① 此处原文为"from a bird's-eye view"，"bird"即对应家禽。——译者注

业举措创造出一种独特的乡村、农业法国的图景，并将这种图景盛放到了人们的餐盘上。正是消费和饮食激发了一种"正宗的"法国的体验。它揭露出了美食是如何被有意识地用于标榜历史的永恒连续感的，甚至在剔除了当代现实的情况下也是如此。旅游业无疑是这些地点和实践改变的源头，也正是因此，它们一开始就具有吸引力。

　　乡村旅游业在法国有着悠久的历史。[39] 重要的是，和将自然宣传为原始荒野的美国环境学话语形成对比的是，法国关于自然的愿景和渴望是基于社会角度的乡村生活观念的，这些观念将农民视为文化专家和乡村景观可持续性发展的代言人。[40] 从 20 世纪 80 年代和 90 年代开始，法国的乡村地区出现了新一轮兴趣浪潮，该浪潮兴起于希望了解法国乡村生活和传统菜肴起源的法国城市居民和其他欧洲人间。[41] 在最近一篇关于地点在现代法国风土"食品图景"中的重要性的文章中，人类学家艾米·楚贝克（Amy Trubek）引用了一位做多尔多涅相关图书的小型地方出版商的采访，该出版商对她说道："过去 30 年来，对风土的强调一直在增加，它主要是一种怀旧的形式；人们正在以寻根的方式作为应对他们节奏越来越快的都市生活的良方。"[42]

　　所有类型的鹅肝生产商都会充分利用——在象征意义上和经济意义上——这种渴望农业景观和怀旧传统的文化力量，以及这种关于共同智慧的故事。[43] 然而，原产地是一个棘手的问题。学者们一直在指责旅游业过分简化了复杂的文化历史，并为了让实际地点对游客来说看起来更正宗而摆布这些地点。[44] 尽管为了寻找正宗性而旅行至小城镇也许会将人们带到新的地点，并且带给他们新的体验，但是这不会带他们回到过去。传承物作为一种历史悠久但实际上相对较新的文化生产形式被推销给了游客，它

85

致力于为濒于衰落的地方注入"第二次生命"。[45]这些"正宗者"必须买通这个新领域里的一些角色：粮食种植者、企业家、城镇居民、社群成员、生态管理人、文化主办人。他们必须在个人渴望和市场逻辑之间交涉，以证明传承实际上是一个波澜起伏的文化过程。它不仅是通过这些实践来解释是什么，而是怎么解释、由谁解释和为谁解释。

我在法国西南部所观察到的和美食旅游相关的内容是一种新旧结合的混合体。除了鹅肝之外，这些省还被宣传为充满了如阿马尼亚克酒和黑松露这样的美味佳肴，包括阿基坦（Aquitaine）和南部比利牛斯（Midi-Pyrénées），以及佩里戈尔、朗德（Landes）、加斯科涅、热尔和多尔多涅。它们也是史前洞穴、古老的教堂、震撼人心的景象和庭园、大量的葡萄园、诸如登山和骑行这类户外活动以及一般而言的好天气的所在地。相比在城市里度假而言，去那里休假的花费相对较低；相比在他们家乡的商店所能买到的产品而言，他们能以更低廉的价格买到更优质的产品。

法国西南部各省和各市镇有着支持旅游业的强烈动机。当地的商业议事会和农业议事会将旅游业归为经济发展的一个重要部分，尤其是在那些历史悠久的农业地区，其在经济上不像其他地区那么繁荣。[46]这些城镇中有许多都参加了"欢迎来农场"（Bienvenue à la Ferme）这一由农业议事会主导的全国品牌网，其中有6 000多名农民成员，遍布法国各地，正如该项目所称的，他们是"可持续发展和可靠农业的大使"。

在西南部地区，开车、乘公共汽车和搭上火车在破旧的车站之间穿梭，让我有了很多机会，可以观察这一地区的美食产品，并思考在这一社会图景中还有什么是被忽视的。专业人士为像露杰和瓦莱特（Valette）这样的大型公司设计的广告牌排列在主干

道的两旁,为"产自佩里戈尔的鹅肝"做宣传。小型鹅肝农场及其   86
附属商店的指示牌星星点点地遍布于乡村地区较为狭窄的、蜿蜒
曲折的小路上。有些指示牌被钉在木桩上,是手工绘制的,这样
可以激发出乡村魅力。还有些是笑脸鸭子的卡通形象,或者戴着
蝴蝶结,或者正在演奏乐器。有时,路边大楼的侧壁会有用油漆
写的某个生产商的名字。

    我拍下了一家手工化农场的指示牌的照片,牌子上描绘了一
只正在演奏萨克斯的鸭子,这是在邀请人们去参观农场的"小型
鹅肝博物馆",还有"欢迎来农场"活动的标志(参见图 3.3)。后
来,在看了好几次这张照片之后,我才注意到这个指示牌是直接
安插在一个又旧又暗淡的带有手写标记的鸭形木制指示牌上的。

图 3.3 科尔多农场(Ferme du Courdou)及其小型鹅肝
博物馆的农场指示牌,位于路边

这种新旧并置既表现了农场的历史根基，也表明了其与现代的密切关联。它还展现了旅游业重新调整手工鹅肝农场的方式，即利用过去来应对当下的新方式。

87　　重要的是，引人注目、自我宣传和热情友好的鹅肝农场都是手工化农场，在法国，这类农场仅占鹅肝产量的10%左右。我前往工业化生产商那里参观时都不得不通过门卫来安排。手工化农场提供了一个关于鹅肝生产情况的美化形式。这些农场尽管仍旧有很多家禽——以及牵涉它们生死的一切——但这里既没有工业化经营的数量，也没有使用鹅肝的反对者强烈谴责的单独笼子。而实际上，这些农场主也在努力想出如何为了未来定位自己，而不是为了过去。他们工作的价值和乐趣在于他们和彼此、和消费者之间的交流，还在于他们的家庭、乡村或城镇及国家的积极叙述。大部分人都不会嫉妒工业化生产商所占有的市场份额。其中有些还是他们的邻居和朋友。反之，他们会将自己描述为服务于不同的市场，他们的产品更为注重品质。就经济上而言，鹅肝生产有助于一些人留在他们的土地上，还有助于另一些人翻新他们的祖产并养活他们的家人。

在这些通常风景如画的小型农场里，人们会遇见这里的农场主，购买新鲜的或者用金属罐、玻璃罐装的鸭子或鹅制品，有时还会在农场旅店的餐厅里就餐，或者在便宜的食宿旅馆（chambre d'hôtes）客房里过夜，再或者在院落里露营。在这些地区，旅游信息办公室会在许多城镇的历史中心分发附近手工鹅肝农场的广告传单。这些传单诚邀游客们能顺便参观一下，欣赏田园风光，"品尝"农场的产品，也许还可以买点儿东西。在这类交易中，游客购买的不仅仅是肉类。他或她购买的还是拥有象征价值的一种联系和一个故事。[47]

　　如果游客们来的时机正好的话，他们常常还会被热情地招待观看填喂、屠宰和/或宰割。许多生产商都会提供这种观看，并且对其表示欢迎。[48]许多人会遵循常规的脚本，解释鹅肝的起源传说，并且简短地演示填喂过程。就此而言，有一位生产商所表达的观点与我从其他人那里听到的类似："对于来观看整个过程的人来说，真的是一项很好的教育。尤其是对年龄较大的人而言，看看每只家禽所受到的照顾，就证明了[手工鹅肝]价格更高的合理性。"在这里，照顾是一个重要的概念。正如人类学家黛博拉·希斯（Deborah Heath）和安妮·梅内利（Anne Meneley）所说的那样，"关怀伦理"将手工鹅肝这个复杂问题中的人类和动物的安康视为逐渐互相了解的"共同生产者"，"细心的"对待也是一种尊敬传统的标志。[49]类似的是，科尔多农场（也就是图 3.3 所描绘的农场）的所有者解释道："按照我这种方法做的人已经不多了。"她说不想要改变自己的做法，因为"我想要保持传统。这对鸭子来说也是更好的"。

88

　　据我在这些农场参观时所观察到的而言，观看鹅肝生产并没有令法国游客反感。相反，它似乎发挥着截然不同的作用。仅举一例，我准备了一次到佩里戈尔的小型农场的参观，是和三对年龄较大的法国中产阶级夫妇一起，他们正在这一地区度假，这三对夫妇分别来自巴黎、阿尔萨斯和兰斯，都是我所居住的宾馆的客人。对于能观察他们的反应，我感到兴奋不已。他们六人中仅有两人，也就是年龄最大的那对夫妇之前观看过鹅肝生产。第二天，我记录下了我们参观附近的格泽利农场（Ferme de la Gezelie）的全程，该农场饲养、填喂、屠宰、加工，并销售鸭子和鹅制品。我们一起在一间房间里观看了工人们填喂鸭子和鹅的过程，然后在另一间房间里观看了宰割几只冷冻鸭子的畜体（图 3.4

和图 3.5）。农场在那天早上稍早些时候使用过的拔毛机恰好放在附近，以待清洗。这六个人问了在场的农场所有者和三名工人一些具体问题，他们一直附和着说"多有趣啊"，边说着边跨过鸭子的粪便和四溅的鲜血。

图 3.4　2006 年 6 月，在萨拉附近的格泽利农场，以填喂法饲养的鹅

体格魁梧、头发斑白的农场主人穿着一件沾着污渍的工作服，当时，他建议在砾石庭院另一边古色古香的单间石屋内试吃一下（参见图 3.6）。我很好奇，刚刚目睹了"肮脏的"生产场景的三对夫妇会做出什么反应。他带领大家进入房间，房间里到处都是桌子，桌子上堆满了金属罐装的鹅肝。似乎没有人对品尝他打开的金属罐里的整块鹅肝和鸭肝慕斯有所顾虑。接着，每对夫妇中都有一人拿起了一个篮子。正如我在考察笔记中所写的那样：

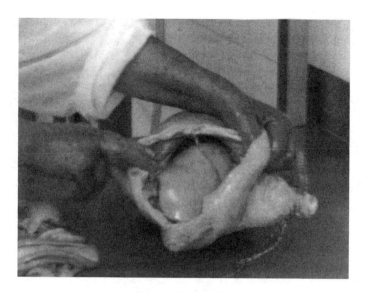

图 3.5　这就是鹅肝

图 3.6　格泽利农场的试吃间

"即便他们刚才直接目睹了可能会让很多人反感的事情，也就是填喂、开膛和宰割的过程，但是，他们还是像在玩具店里的孩子一样走近桌子，填满了他们的篮子。我认为他们中任何一人所花的钱都不会少于100欧元。"

90　　　　可能会有人认为，通过热情招待游客，这些农场自己敞开了大门，使人们视其为鲜活的博物馆展览。根据社会学家伊丽莎白·巴勒姆(Elizabeth Barham)所说，这么做会让地域风味面临"迪士尼化"的风险：将这些农场变成了准主题公园，由此产生一种停滞的文化感，会使游客而非当地人受益。在这一评论中，生产商发挥的作用不只是传承的供应商，而是支柱。[50]实际上，就像艺术或历史博物馆的馆长选择和规划他们要展示的物品，并且推荐以附加文本来解释说明那样，这些生产商的生活和生计也都物化了。他们遵照特定的脚本，为游客们表演。而且，这些农场的易于进入性以及手工生产商在露天市场、美食博览会和法国媒体中的声名鹊起，都掩盖了它们和那些供应全国大部分地区的生产商(它们当然没有那么引人注目)之间在资源、劳动力和市场份额上极大的分配不均。

91　　　　尽管存在这些问题，但是对诸如有关传承的农业旅游的鼓励，以及像地理原产地标签计划和质量认证这样的举措，都有可能有助于有意义的乡村发展。[51]它可以为这种有疑问的产品争取到表示赞同的支持者。尤其是因为鹅肝市场已经延伸到了局部区域之外，认可和名望已经变得越来越有意义了。通过允许甚至鼓励旁观者来观看他们的日常工作，手工鹅肝生产商在这个高度重视"正宗性"却又难以约束的市场上培养起了特定的道德论据。[52]他们利用"关怀"将自我推销和对间接指责的回应结合了起来。反过来，这些文化情感使生产商的身份认同在法国西南部的现代图景中获得了新的意义。

在这方面,有几个地方是整个城镇都把鹅肝当作吸引游客的游览点。萨拉-拉-卡内达(Sarlat-la-Canéda)是佩里戈尔一处保存完好的中世纪城镇,它是一个受欢迎的夏季旅游目的地,也是UNESCO世界遗产名录候选者和名副其实的鹅肝主题乐园。每年都有成千上万名游客以萨拉为出发点,去参观这一地区的文化和自然遗产景区。这里的旅游办公室比附近城镇的大得多,并且提供有当地导游陪伴的多区域游览观光。城镇的中心是一片步行区,鹅卵石街道从中世纪的大教堂辐散开来。游客可以在如迷宫般的修缮一新的石砌建筑群间漫步,在广场上的露天咖啡桌旁坐下喝点儿葡萄酒。这些建筑物中的许多商店都摆满了鸭子和鹅制品,还有以鸭子为主题的儿童玩具、烹饪书、陶瓷雕像、日用品和厨房用具、钥匙链、纪念明信片和其他小装饰品。(正如我稍后将要讨论的,许多的商店实际上都是房地产公司。)城镇中心的每家餐厅,包括一家披萨店在内,都在为鹅肝菜肴打广告。唯一缺少的就是穿家禽表演服的人。

然而,萨拉是一个对照鲜明的例子。在周边地区,大约有50个手工鹅肝罐头制造商和200家手工鹅肝农场。该城镇也是世界上最大的鹅肝生产商露杰总部的所在地,它于1875年将其总部迁移到了这里。露杰的工厂和办公室现在位于距该城镇历史中心几英里远的一个工业园区内,不允许游客进入。据我在萨拉期间所观察到的,在该城镇的中心广场上,游客常常会和由露杰捐赠的一尊三只鹅铜像合影(参见图3.7)。因此,我们可以把去这些地方的游客理解为正在参与他们自己的文化展演,因为他们正在现代工业的存在和阴影下颂扬着"传统"。

92

图 3.7   由露杰捐赠的铜像和拍照道具，位于萨拉的中心广场上

肥美集市

在热尔附近地区的地方官员同样认可对手工鹅肝的需求，并且为展示手工鹅肝设立了特别的集市。在深秋和冬季期间，这些"肥美集市"（*marchés au gras*，或者用英文来说就是"fat markets"）每周会在七个城镇中的每一个轮流举行一天。不会将两个城镇安排在同一天。这些并不是惯常的农民集市，因为这里唯一售卖的就是生的鸭子和鹅，以及新鲜的整块肝脏——没有蔬菜、面包或奶酪。每件商品都是按重量售卖的，所有摊贩都是按照市场运营者设定的价格售卖的。这里对餐厅主厨、游客和当地人都具有吸引力。

萨马唐（Samatan，人口数量为 2 000 人）的镇长，同时也是热尔地区省议会(Conseil Général)的议员,对我说萨马唐主办的周一肥美集市上有 30—35 家来自加龙(Garonne)、热尔和上比利牛斯(Hautes-Pyrénées)的小型生产商,他们每周能卖出 20 吨肉和 2—3 吨肝脏。他称其为"优质、传统的集市",并且说它

> 就经济上而言,对萨马唐来说是好事情,对热尔来说也是。它对于这一地区的小型生产商是有利的。肥肝和生产肥肝对这里的人们来说是非常重要的。仅仅在热尔,我们就有 300 个生产商。这些产品将更多的游客带到了这一地区,来体验我们的高品质生活,来看制作出来的品质和传统。

显然,这一评论就某种程度上而言是对我这个外行人说的,但是它也提示了一个关键点——手工鹅肝在商业上是可行的,它在很大程度上一定是关于幸福的工人和幸福的鸭子的。

在某年 11 月于日蒙镇(town of Gimont,人口数量为 2 900人)开办的肥美集市上,我看到有大约 200 人在上午 10 点左右聚集在一座大型的、没有供暖设施的市政大楼门外。尽管天气很冷,但有一种欢庆的氛围。在通往里屋的过道外面和上方悬挂着巨幅海报,海报上是一个微笑着的女人,她正抱着一只活鸭子,提着一个篮子,上面还写着:"就让星期天的早上成为吉蒙的一个'肥美清晨'(fat morning)吧!"(参见图 3.8)[53]人们聊着天,吃着从附近面包店买到的面包卷,有几个人试图通过蹦蹦跳跳来取暖。大部分人都带着耐用的购物袋。有两个女人在卖纸杯装的热咖啡。就在敞开的双扇门内,有一条绳子将买主和摊贩分隔开了,摊贩们正在把他们的商品摆放到折叠桌上,并且以握手礼和贴面礼(法国传统的脸颊吻)问候彼此。在房间的左边,三个穿着

94 非常干净的白色屠夫夹克，带着纸帽子的男人站在一个凸起的区域，拿着锋利的剁肉刀等着切下家禽的头、翅膀和脚掌。有几个人开玩笑地冲着负责吹响 10 点钟开始哨子的人喊提前几分钟，"让我们马上进去吧！"

图 3.8　悬挂在市场外的日蒙肥美集市的标志

我和《芝加哥论坛报》的记者马克·卡罗一起去的那里，他正在写自己的那本有关鹅肝的书。马克和我向市场经理做了自我介绍，这位经理允许我们在开始售卖前进来和摊贩们聊一聊。我们沿着桌子走，桌旁的男人和女人正在熟练地摆放他们装着肝脏和家禽的白色塑料箱，并且把家禽的头挂在桌子边沿。白色餐巾纸缠绕在其脖子周围，上面有用记号笔写着的每只家禽的重量（千克）：7.6、7.5、6.7。那天在售的家禽大约有 1 000 只（虽然没有全部卖完,但大部分都卖出去了)。畜体是每千克 2.20 欧元,肝脏是每千克 35 欧元。

我们和一位年龄较大的女性聊了聊,她自豪地掀开一个塑料箱的盖子,向我们展示了"昨天的肝脏"。她对我们说,她生产鹅肝已经超过 30 年了,她凌晨 3 点半起来喂她的鸭子,然后差不多开车 2 小时到这个集市。她每周去 3 个集市售卖,值得高兴的是她有稳定的客源。其他售卖者则来自周边地区,有几个远至比利牛斯山。另一位摊贩——戴着贝雷帽的老年男性——对我说道,这个集市为"这里的每个人"提供了"一桩好生意"。

差 5 分钟到 10 点时,摊贩们都回到了他们的摊位上(参见图 3.9)。经理走过来,找到马克和我,告诉我们必须站在一旁。他开玩笑说,我们可能会被踩伤。之后,他走到大楼前面,在 10 点

95

图 3.9　日蒙镇的肥美集市摊贩为开哨声做好了准备

整的时候吹响了他的哨子，解开了绳子。手上拿着购物袋的人们朝着桌子飞奔而去。活跃的购买活动持续了仅仅一个多小时。顾客们拿着他们的家禽去剁肉的人那里，然后回到里屋称重，同时在那里把钱付给收银员。孩子们在房间里互相追逐，在桌子间穿来穿去，试图在剁肉人摊位旁的大磅秤上给自己称重。摊贩们会在集市结束之后收到付给他们的钱，其中要减去摊位费。

我和几名顾客就他们的采购简短地交谈了一下。我发现大多数人都是在迅速查看了不同的摊位之后，买了几份的肝脏或一些畜体。有位男性买了 7 份肝脏"做储备"，他和一小群朋友来自阿维尼翁（大约 4 小时路程），每年来两次这个周日集市。对于他们来说，这是充满乐趣的事情。一位中年女性向我展示了她挑选的"日常使用的"5 只鹅。她住在距这里 9 千米远的地方，3 年前"出于好奇"而第一次来了这个集市；"因为这里的品质"，她每年会来这里回购 3 次。至 11 点半，摊位上几乎都没什么剩下的了，摊贩们已经在收拾他们的东西了。

在 20 世纪和 21 世纪之交，这些肥美集市是引人注目的场所，是将鹅肝"传统"展现为创建关系手段的方式之一。就像它们所效仿的旧时农民集市一样，这些肥美集市包含消费者和"幸福的"鹅肝生产商之间积极的面对面交谈和相遇。它们为游客提供了一段具有吸引力的远离日常生活的休息期，在这里，人们完全沉浸于讨论和购买肥肝鸭和肥肝鹅的具体活动中。然而，这些市场实际上是一种现代现象，是由想要吸引游客和他们的钱包到周围地区来的乡镇协会主办的。根据我对两位不同的当地政府官员（包括前文引述过的萨马唐镇长）的采访，支撑这些举措的主要目标是让法国人熟悉从事鹅肝生产的男男女女，从而增加消费，并向他们"证明"鹅肝的民族文化价值。它们是法国人为了法国人而筹办的。

鹅肝周末

对于那些对传承感兴趣的游客来说，最近发展起来的另一个机会被称为"鹅肝周末"。这是由西南部地区政府支持的游客协会组织和筹办的，游客可以在一家运营中的手工鹅肝农场住一两个晚上。（"周末"并不是字面意思。）在住宿期间的主要活动是向农场所有者学习屠宰和烹制要带回家的肥肝鸭或肥肝鹅。农场主和当地的游客协会签约，成为潜在的主办人，客人们会被"分派"到空闲农场。在住宿结束时，每位客人会得到一个宣告他们是"鹅肝行家"的证书。关于这种体验的想法是相对较新的，20世纪90年代中期才开始出现，然而它很快就变得大受欢迎。

我于2007年11月参加了在热尔的一家农场举行的"鹅肝周末"活动，该农场已经主办这种活动两年了，并且出租可供四人使用的民宿客房。该农场的女业主米丽娅姆（Myriam）和她十几岁的儿子及75岁的父亲在这里生活，她的父亲是有一只菜花耳①的前拳击手。然而，米丽娅姆并不符合鹅肝祖母的形象。她是一位四十出头的苗条女性，戴着鼻钉，染成红褐色的头发扎成了卷曲的马尾。他们那间桃红色农舍的某些部分可以追溯至19世纪初，当时他们的家族首次获得了该片土地。她和两家游客协会——法国旅舍（Gîtes de France）和热尔休闲旅馆（Loisir Accueil Gers）——签署了合约，于10月至第二年4月间主办"周末"活动。在夏季期间，她忙于整修农舍，并且把房间租给前来参加该

97

---

① 菜花耳（cauliflower ear），因外伤而引起的耳朵变形。——译者注

地区音乐节和阿尔尼马克酒节的欧洲旅客。这家人和客人都坐在长木桌旁的长凳上吃饭，喝以当地葡萄制成的葡萄酒，酒会用大陶瓷罐装着端上来。

米丽娅姆是一个填喂者或者说喂食者，但她自己不饲养家禽。她说，这不同于曾经使用的方式，在过去，该地区所有的农场都是亲自做所有的事情。正如她解释的，现在变得更为专业化了，甚至对她自己这样的手工生产商来说也是。她每年填喂 6 次，每次填喂 48 只鸭子，她的父亲在 1976 年发明了一种凸起的公共笼子设备，建造于主屋旁边的一栋建筑物内。该设备是用可移动的线夹将要喂的家禽暂时固定在某处。共有 8 个围栏，每个能养 3 只到 7 只鸭子，这些围栏被抬高到了臀部的高度，以金属格栅为底。米丽娅姆就像她的母亲和祖父母那样，填喂巴巴利鸭①而非骡鸭。（她说她是这一地区最后一批这么做的人之一。）她会喂鸭子 16 天，然后带它们到附近一个朋友的屠宰场，因为她没有相关的权利许可，接着她会把鸭子带回给肉贩，准备售卖。她主要在农场商店里售卖她的产品，卖给她的顾客以及隔壁城镇的一家餐厅。她的男朋友也"做"鹅肝，并且会在她的商店里卖一些他的产品。她并没有得到 PGI 认证，因为这种认证"需要做太多的准备工作了"，而且她的产品并没有广泛销售，她觉得这种额外开支没什么必要。她的父亲照管着农场剩下的大部分事务，包括在别处的属于他们的几千只鸡，开车接送他的外孙去摩托车越野赛的练习和比赛（因为，他眨了眨眼解释道，许多其他的男孩子都是由他们的祖母或外祖母接送的）。

98　　　当时我们有四个人参加了活动：我自己、马克·卡罗、我的

---

① 巴巴利鸭（Barbary duck），即公番鸭。——译者注

法国同事和人类学家伊莎贝尔·特舒埃雷斯,以及一个50多岁的身材魁梧的男人,他叫丹尼(Dany),是一名狂热的业余厨师,来自蒙彼利埃(Montpelier),最近刚刚从固特异轮胎公司(Goodyear Tires)退休。只会说一点儿英语的丹尼报名参加这个活动,是"想要知道更多有关鹅肝的事情",他"喜欢烹饪和吃鹅肝"。他之前从未观看过填喂过程。我们得知,马克和我是第一批来参观农场的美国人(这也许就解释了米丽娅姆的父亲见到我们时表现出的某些古怪神情)。另一方面,丹尼正是这种体验的预期目标。这一点也明显地体现在我们的厨房能力上。一到达埃斯卡拉(Escala),我们就穿上了工作服,米丽娅姆指导我们如何分解一只鸭子,将肉块和肝脏块放到玻璃罐里,在高压灭菌器中煮上一晚。米丽娅姆展示了她迅捷精准的刀工,在马克和我试图模仿她的时候还耐心地迁就着我们(参见图3.10)。而另一方面,丹尼像个熟练的专业人士那样处理着他的鸭子。"你之前干过这个吗?"马克问道。"没有,"丹尼用英语回答道,"我是第一次。"

　　除了烹饪、食用和观看她填喂鸭子之外,我们一群人还在米丽娅姆的安排下参观了两家附近的农场——另一家手工化农场(科尔多农场,其指示牌可见于图3.3)和一家附近的工业化填喂公司(该公司根本没有指示牌)。在每家农场,我们都问了关于生产方法的问题,讨论了有关对填喂法的反对。后来挤进车里的时候,马克询问在参观过程中一直相对安静的丹尼是如何看待这一切的。这位热爱食品的法国业余厨师之前从没观看过填喂过程,而就在这两天,他在三个不同的地点目睹了这一过程。丹尼耸了耸肩。"我看到的填喂之前和填喂之后的动物,"他用生硬的英语慢慢地说道,"并没有什么区别。它们看起来大同小异。喂之后的动物看起来和喂之前的一样。因此,对于我来说,这并不是个

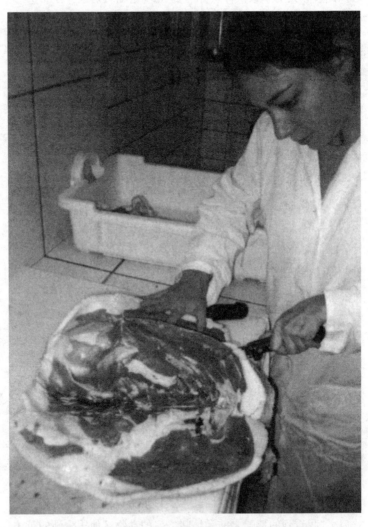

图 3.10　在热尔一家农舍的"鹅肝周末"活动上宰杀
一只鸭子，2007 年 11 月

问题。人们无权禁止填喂法。这是保持传统。"这样一来就排除
了其他考虑。对于丹尼和其他人来说，将鹅肝视为一种有价值和
濒危资源的意愿取决于早就存在的、基于身份认同的亲缘关系。
这显然证明了文化工作与培养对鹅肝的民族偏好之间的关系。

在时间、地点和空间方面的象征边界

当一种食品被视为一种民族象征时，对其生产和消费的威胁
就会被视为对民族身份的侮辱，甚至是对这个民族国家本身的威
胁。它成了一种具有象征意义的界限标志。在制度上对鹅肝的
宣传和保护，使我们发现当人们认为历史悠久且具有珍贵价值的
实践(也就是旧有的身份认同)处于某种危险中时，"创造出来的"
传统有时会得到强化。就此而言，它们反映的是一种截然不同的
食品道德政治，它根植于更广泛的对 21 世纪法国文化和身份认
同的变化的担忧中。换句话说，鹅肝是一种既能影响又能响应政
治议题的资源。

通过在这一地区的实地考察，我注意到了围绕着有关空间和
地点的主张而出现的紧张关系，两者都是含糊不清和激烈的，如
随意却尖锐的评论。这是在将欧元作为通用货币付诸实施仅仅
几年后，而全球性的金融危机还没有到来之前发生的。我采访过
或接触过很长一段时间的人中，有许多都在不同程度上意识到了
三种同时出现的趋势：英国人和其他北欧人在乡村购买地产和
农舍，欧洲和美国动物权利游说团体的力量日益壮大，以及阿尔
及利亚和北非移民涌入法国城市。这些趋势是引人注目的，当我
问及我所在的社群时也经常有人提及。

第一种趋势集中于乡村。在多尔多涅地区的首府佩里格

100

(Périgueux)和鹅肝主题乐园萨拉-拉-卡内达的城镇中心，我特别注意到有许多店面实际上是房地产公司。在他们的橱窗中，绝大部分待售房屋的描述都是用英语和法语写的。房源主要集中在乡村，而非城镇，还列出了房产金额和周围的配套便利设施，比如果树和游泳池。对于英国买家来说，这些房子是相对便宜的，因为英镑仍旧比欧元坚挺。很有可能，那些选择搬迁到这一区域的人会对法国人有关美食传统的观念产生共鸣。但是我与之交谈的某些业内人士有点儿担心，因为鹅肝生产在英国是违法的，英国的动物福利团体在反对鹅肝方面尤为活跃，他们在游说欧盟考虑彻底禁止鹅肝。

在和法国的本地人驱车绕着乡村而行时，我问了有关这一趋势的问题，得到了不同的回答。有几个人清楚地表明担心"法国人"失去对土地的所有权。一位一辈子都住在这片区域的 80 岁女性抱怨说，她觉得社区意识正在减弱："他们全都买下了，也就是那些旧房子，然后加以整修。接着，他们会在冬季来这里居住，那时的英格兰太冷了。这里也冷，但没那么冷。太糟糕了，因为他们不与人来往，不加入我们的俱乐部。他们待在家里。"然而，她那 50 岁的女儿反驳道："幸好他们买下了那些房子，因为那些房子都是空着的，而且破败不堪。"

另有一次，蒂维耶镇（拥有这一地区的三家鹅肝博物馆之一）的镇长和他的妻子带我去吃午饭。他们选择的餐厅在邻近的圣让镇（town of St. Jean），当地人口为 200 人。坐到位于露台上的桌子旁时，我意识到我们周围的大部分进餐者正在说的都是英语。雅库夫人和雅库先生（Mme. and Mr. Jaccou）听着他们的对话，试图弄清他们是英国人还是荷兰人。雅库夫人指着纸餐垫给我看，上面登着一家当地房地产公司的房源，是用英语写的。"现在这片地区有大约 30% 的居民是英国人！"她健谈地对我说道。
"就某些方面而言，这是好事，因为它给这里带来了收入，而且有
些美丽的老房子得到了整修。"

雅库夫人之后停了下来，更为仔细地看了看餐垫，并且问她
的丈夫，"米歇尔，嗯……这不是你祖父母家吗？"他查看了一下照
片，确认就是他们的农舍，不过已经焕然一新了。"他们那里原来
没有游泳池，"他说道。"他们曾经是贫穷的农民。""这是多么可
笑啊！"雅库夫人评论道，接着她很快转变了话题。因此，无论久
居者的评价是积极的还是消极的，英国涉足这一地区的房产都是
值得注意的。它为建筑业提供了就业机会，但与此同时对仍旧居
住在祖产里的法国人来说，它增加了土地所有权和便利设施的
成本。

反映社会和人口变化的不只是物理空间。法国大大小小的
鹅肝生产商都意识到了有些社会运动将他们的工作视为虐待和
伤害动物。14 个欧洲国家（其中许多一开始都没有生产商）有记
录在案的鹅肝生产禁令，动物权利活动人士已经成功地向欧盟提
出申请，要求实施关于养鸭笼子的新规定。[54] 反对鹅肝的团
体——"停止填喂法"的负责人安托万·科米蒂对我说，他认为法
国政府使鹅肝成为官方文化遗产的一部分，"是因为在舆论演变
的背景下，随着越来越多的人为了饲养动物的福利发声，他们对
像我们这样的运动感到焦虑"。

当我问及人们有关禁令和各种指责时，他们对鹅肝政治化的
了解程度各不相同，主要是（但并非总是）与他们的结构规模有关
（小型农场对比大型生产商）。实际上，许多人复述的都是错误的
信息，比如，"整个美国都禁止鹅肝，不是吗？""芝加哥市长禁止了
鹅肝！"有些人认真思考了反鹅肝运动在欧洲流行的可能性，他们

102

自己也许会站在历史上的错误一边。一位一辈子都从事手工生产的人表达了这种担忧，他说道，"已经开始了，"又补充道，"碧姬·芭杜（Brigitte Bardot）！"这指的是那位成为动物权利活动人士的著名女演员，以她的名字命名的基金会在法国和英国发起了反鹅肝运动。"在法国，是的。很不幸，但这是可能发生的。"

各种规模的生产商除了强调他们在保持传统方面的重要作用外，还经常通过强调鹅肝的自然性和他们对动物福利的承诺来回应对其做法残忍的指责。当我问科尔多农场的所有者是否可以观看填喂时，她显然回答的是一个完全不同的问题（暗示她为任何质疑做好了准备）："它并不是一种痼疾。它是一种自然过程。"当我问一位工业化填喂者是否可以拍几张鸭子的照片时，他显然紧张了起来。他警告说，只要我承诺"不会用这些照片做坏事"就可以。他"非常谨慎"，因为几年前，有人来农场说他们对填喂法充满了好奇，并拍了照片。后来，他在动物权利网站上发现了这些照片，而且他的父亲还收到了恐吓邮件。我采访的几名手工生产商似乎对那些说他们是虐待者或坏人的断言感到目瞪口呆，不止一个人解释说一名"好的喂食者"必须赢得家禽的信任。

许多人试图将反对鹅肝的讨论置于更广阔的世界政治经济背景中加以理解。美国经常担任美食民族主义怪物的角色，这与全球对乔治·W.布什任职期间的美国政策的看法日益恶化有关，尤其是在欧洲盟友中。[55] 例如，在我详述了我的研究之后，图卢兹的一名旅游办公室员工立刻热情地表示了欢迎。他还没有听说芝加哥的鹅肝禁令，因而询问道，这种情况是否是因为对法国的抵制或对禽流感的恐惧。相似的是，一位手工生产商说道，她认为鹅肝在美国遭受攻击，"是因为它是一种非常具有法国特色的食品。所以，如果他们想要惩罚法国人，他们就会封锁鹅肝，

而且问心无愧,因为他们在其背后构筑起了动物福利的逻辑"。 103

　　就此而言,关键是事实上,鹅肝在加利福尼亚州进入美国政治舞台恰好就是在法国军队从伊拉克撤退和美国众议院自助餐厅开始售卖"自由炸薯条"之时。尽管美国的动物权利活动人士几乎没有明确地建立起这种联系,但是我的法国调查对象都认为这是美国反鹅肝行动的驱动力量(对于美国人来说,鹅肝等同于法国,而对法国人来说也是这样)。在上比利牛斯地区,一位长期受雇于手工鹅肝生产商的员工坦率地说:"我认为就是因为伊拉克战争。在美国出现了对法国产品的制裁。"在巴黎的萨隆风味食品博览会上,有一位从事国际葡萄酒销售工作的消费者,自称为政治右翼,他说了类似的话:"当人们关注传统时,他们关注的是食品。我们在电视上看到美国人打开法国葡萄酒的瓶子,把酒倒在大街上。这是联系在一起的——战争、法国葡萄酒、鹅肝!"[56]这些评论让人想起著名的人类学家西德尼·泰罗所说的,"一个入侵者或闯入者的概念有助于从象征意义上将社会集团化——可以说,它通过将一种特定的身份概括为一个外敌而创造出了一种民族美食"。[57]

　　某些坚定的鹅肝支持者的目标并不仅仅是美国和欧盟。鹅肝是极端民族主义团体的所指对象,在法国,他们试图围绕着自己所认为的合法公民身份来划定鲜明的界限。长期以来,法国一直是一个以自由、平等、博爱(*liberté*,*égalité*,*fraternité*)为自豪的国家,但是那时候却正在努力解决如何让大约 400 万到 500 万的穆斯林居民,也就是这片大陆上人口最多的居民融入国家生活的问题。(就很多方面而言,现在仍旧是这样。)例如,在失业、语言政策和女性戴头巾或面纱方面的冲突在公共领域迅速扩散,包括 2005 年 11 月在巴黎市郊(*banlieues*)和其他城市区域的骚乱。[58]这对文化市场和有关品位的象征性政治都有影响。6月一个温暖的下午，在西南部较大的城市之一图卢兹，我凭着直觉追索，走遍了整个历史悠久的市中心，调查了很多餐厅。这些餐厅中的绝大多数都不是咖啡馆或酒吧，而是有两种类型：一种是提供"传统的"法国菜，如豆焖肉(cassoulet)，这道菜是用大量的肉和豆子炖煮的，一般是在冬天吃；还有一种是售卖烤肉串和扦烤肉，这是中东和北非人的特产。在我看来，这与该地区正在流行的美食类型(以及为了吃这种美食而住或参观这里的人)形成了鲜明的对照。

拉贝瑞是法国最大的鹅肝生产商之一，目前占大约20%的市场份额，该公司于2006年末成了极端民族主义者的目标。拉贝瑞于1946年成立于朗德省，它是20世纪80年代末期第一个在法国电视上做广告的鹅肝品牌。它的鹅肝获得了PGI认证，其广告声称"纯粹的地域风味"和"古老或老式做法的鹅肝"，这些都是在试图将其产品定位为正宗和传统的法国产品。自2004年以来，该公司还成了阿弗斯卡(ALFESCA)的子公司，阿弗斯卡是一家法国—冰岛的农产品公司，为全欧洲的销售商生产、配送和供应特色食品和高档食品，主要是熏鱼制品。

在2006年末，拉贝瑞成了网络风暴的中心，当时来自"身份阵营"(Bloc Identitaire)、"法国民族主义论坛"(Forum Nationaliste Français)和其他几个右翼政治组织的法国民族主义者谴责该公司为其生产的某些鹅肝产品贴上清真食物的标签(意味着这些产品适合穆斯林食用)，并以此做市场营销。[59]他们的主要抱怨是，拉贝瑞向法国的清真寺支付使用清真标签所需的认证费用，是在资助伊斯兰崇拜。说得更直白些，这是在法国向这些组织明确认定为不属于法国人的人推销鹅肝。恐伊斯兰的网站和在线留言板都号召抵制和抗议拉贝瑞产品的销售商。有一个网站的"行动呼吁"声称，买清真食品要"承担支持伊斯兰恐怖主义的风险"，一家法国公司将其产品营销为清真食品是"完全不可原谅的"。[60]地方媒体和国家广播电台正好在冬季假日（一般是鹅肝生产商和批发商最忙的时候）前报道了这件事。2006年12月，这些组织在巴黎的一家拉贝瑞商店前发起了一场"美食行动"抗议，分发传单，拍摄他们自己抗议"将我们的美食伊斯兰化"的影片。[61]

　　几周内，在其他几次广泛宣传的抗议和抵制威胁之后，拉贝瑞放弃了使用清真食品标签，但只是暂时的。第二年，他们又恢复了使用，再次受到极端民族主义者的谴责。后来，法国的穆斯林社群成员指责拉贝瑞经受不住右翼媒体的压力，因为该公司的网站、宣传材料和网上商店（建立于2007年）都不再展示清真鹅肝标签的图片了，即便在零售商店仍旧可以买到这样的产品。一个颇受欢迎的密切关注穆斯林消费者市场趋势的博客谴责称，拉贝瑞试图左右逢源，既要保护其"庞大的穆斯林社群市场"，又要在某种程度上不损害作为一家生产法国产品的法国公司的形象。[62]相似的是，一个极端民族主义网站指责拉贝瑞想要"穆斯林的钱"，却不想让任何人知道。[63]自那以后，拉贝瑞依旧时不时地成为法国社交媒体上反伊斯兰声音和阴谋论者的靶子。[64]

　　此处的清真案例至关重要，因为它包含了多层美食政治意义。它表明食用鹅肝已经成了一种非常重要的展现法国性的方式，以至于当被认定为外人的人这么做时会引发实质上的反对。对这些极端的声音来说，除了炫耀性地将葡萄酒和猪肉熟食店作为团结的身份象征外，它还是关于界定谁是和谁不是法国人的问题。"这就是出售我们身份的方式!!"（Voilà comment on vend notre identité)2013年，一个政治网站上的某位发帖人就拉贝瑞专门为

105

了抚慰穆斯林（他们不能饮酒）而终止使用阿马尼亚克酒（出产于法国西南部的一种白兰地酒）作为鹅肝调味剂的虚伪声明发出疾呼。[65]然而，并非所有人都认同这种排外观念。在全国性超市和连锁商店，比如家乐福，一直都能买到清真鹅肝。[66]另外 6 家大型法国鹅肝公司在法国销售和出口的某些产品也获得了清真认证。（其中，迪拜、科威特、卡塔尔和阿拉伯联合酋长国是正在增长中的市场。）新闻报道称，过去几年里，在法国穆斯林，尤其是向上层社会流动的穆斯林中，清真鹅肝的消费量正在增加。引用来自穆斯林社群的领袖的话来说，这种增加应归因于一种象征性融合的愿望，食用鹅肝这种民族食品被视为能够做到这一点的方式。[67]

结　　论

　　即便在欧盟层面的政治混乱以及由全球经济危机和推行的紧缩政策所带来的不确定的未来等问题迫在眉睫之际，保护鹅肝仍旧是重中之重。在面对国际谴责的情况下，使鹅肝在法国美食民族主义想象中成功地制度化依赖于大量集中且协调一致的文化工作。就我所见，这项工作中的绝大部分内容都聚焦于围绕这一特定食品来建立情绪化观点，也就是构建叙事，这些叙事源自"想象的共同体"[imagined community，由本尼迪克·安德森（Benedict Anderson）所定义]这一概念和文化机遇及市场限制。本章特别想要解释的是，鹅肝在法国的持续——也是正在变化中的——价值不仅取决于其当前的文化效用，还取决于那些声称鹅肝为他们所有的人的道德身份。美食民族主义可以是防御性的，也可以被纳入致力于维护国家忠诚和支持社会排斥的政治计划中。

　　在整个欧洲,关于鹅肝的争论依旧占据着头条,由此一再地证明了这一食品的濒危状态。2007 年 12 月,瑞士有一个自称为"戴面具的鸭子"(The Masked Ducks)的活动人士团体声称,对为了谴责鹅肝而向一家美食商店泼油漆一事负责。2008 年,"动物自由阵线"(Animal Liberation Front)故意破坏一家英格兰的二星米其林餐厅,因为该餐厅的菜单上有鹅肝。动物权利组织一再向英国和其他地方的主厨和零售商店提出请愿,甚至威胁。

　　2011 年 7 月,在德国科隆,食品博览会(Anuga)的官员们决定不准许鹅肝生产商——无论是手工制作的还是商业化的——在即将到来的 10 月展示和售卖他们的产品,这一博览会是一年举办两次的食品贸易集市,被认为是欧洲最重要的食品展之一。由此导致了一场冲突,一家国际权威通讯社将其描述为"高层外交口水战","愤怒的信件"在柏林和巴黎之间飞来飞去。[68]在德国,鹅肝的生产是遭法律禁止的(自 1993 年以来就是),但是,因为欧盟贸易法律的共同承认条款,所以分销、推销和消费并不是,也不可能被禁止。科隆食品博览会对鹅肝的"禁令"是在活动组织者受到了来自动物权利组织的压力下才做出的。扎根于奥地利的组织"四爪"的鹅肝运动负责人称这一决定"对于所有的动物保护主义者来说都是一场重大的成功",并且在一篇新闻稿里说道〔从该组织的网站到《家禽生产新闻》(Poultry Production News),各处均有报道过〕:"现在我们可以取消围绕着这一展览而策划的抗议活动了。"实际上,早在两年前,动物福利团体就曾在食品集市上造成过"安全问题";一位科隆食品博览会的发言人说自那以后一直在讨论将鹅肝排除在外的想法,他们"没预料到外交上的反应"。[69]

　　但是,外交反应就是他们得到的结果。法国农业部部长布鲁

107

诺·勒梅尔（Bruno Le Maire）写了一封公开信给他的德国同级，称这一决定是"难以接受的"，要求她撤销决定，并且宣布他可能会拒绝参加该集市的开幕式。"遵守现行欧盟法律的产品应该都可以进入，"他写道，"如果认可了这种排斥，我不知道我要怎么参加开幕式。"[70]德国的部长回应称这一问题由集市组织者来决定。科隆食品博览会的发言人说："我们决定不接纳大多数国家禁止的东西……这一产品是备受指责的对象；动物权利组织和其他人谴责它和动物伤害有关，而且消费者对于他们所吃的东西越来越关注了。"[71]

这一声明成了公开的代表性金句。政府官员间的政治公函飞来飞去。从女演员转变为动物权利活动人士的碧姬·芭杜给德国的部长写了一封公开信，请求她和展会组织者抵挡住法国方面的压力。法国参议院的一名议员夸张地将其称为"彻头彻尾的歧视性措施"，并且写道："这就像在法国禁止德国香肠一样。"法国的对外贸易部部长称科隆食品博览会的决定"只是传闻"（暗示其中的政治暗流），并且恳求德国驻法国大使赖因哈德·施查费斯（Reinhard Schäfers）去让集市组织者"遵守欧洲法律"。[72]"停止填喂法"的安托万·科米蒂（最近当选了 L214 的主席，这是一家更广泛的动物权利团体）也给施查费斯写了信，说该团体听到这个"值得尊重的"决定感到"非常开心"，并且"对法国当局的反应感到失望，尤其是农业部部长，他毫不犹豫地就罔顾事实，决定支持法国农用工业巨头"。[73]

最终，两方达成了某些人所谓的和解，但实际上更像是陷入僵持。就在这次贸易展会开幕前，科隆食品博览会的组织者做出了让步，同意让鹅肝生产商参加。然而，他们坚称"鹅肝"这个词不能出现在展会的官方目录上。公开争论几乎就结束了，那些想要就这一问题发声的人已经提出了他们的观点。与 7 月数以千计的网站、博客和新闻通讯社报道了这一最初的故事相比，在仅仅 3 个月后，只有极少的媒体报道了这一结果。事实证明正是这一冲突本身具有新闻价值。

这些公开斥责所引发的担忧似乎更多是关于民族自豪感和尊严，而非市场份额（不过当然，后者在这种突出的事件中也是至关重要的）或个人对以畜产品为食物的道德信念感的。这种由特定产品的道德价值所引发的争论是为了区分、质疑或强化有分歧的文化品位。它们所提供的意象和想法，有助于对当今世界上什么样的价值观和谁的价值观是合理的等问题进行集体反思。同样地，美食民族主义者的态度使国家有正当理由从法律上来保护美食传统，以其作为显著的身份标志，即便其他人会厌恶那些传统。然而，确实是当代的推销活动误导了人们对 21 世纪法国鹅肝工业真实情况的看法，本章节表明法国人一直钟情于鹅肝的动力不仅来自"创造出来的"传统，还来自生产者和消费者自己显而易见的和发自肺腑的表演。

显然，法国远非一个守旧的社会。然而，无论是学者、国际商务系学生还是其他和我交谈过的人，即便他们的观念模式强烈倾向于创建统一的欧洲这一世界性承诺，但他们都一再对我说，他们对某些地方禁止鹅肝有所怀疑，甚至恐惧，担心某一天在法国可能也会这样。对于该行业的从业人员而言，这些质疑令他们尤为脊背发凉。即便法国人适应了如今的全球力量并且还从中有所获益，他们也不一定准备好了接受所有的后果。法国并不是唯一没有准备好接受鹅肝禁令的不良影响的地方。正如我们将在下个章节看到的，其他地方的禁令也可能产生意想不到的美食政治影响，尽管是出于完全不同的原因。

第四章
禁止鹅肝

　　道格·索恩(Doug Sohn)于 20 世纪 70 年代在伊利诺伊州芝加哥的西北部市郊长大。他在纽约市上的大学,在这里,他接触到了一系列美食,远比他的家庭或他在市郊的成长环境所能提供的多得多。在回到芝加哥,做了几年他自嘲为"不尽如人意的"零工之后,道格毅然决定转行,在一家当地的烹饪学校攻读了课程。之后,他辗转于该市不同种类的烹饪工作之间,从流水线厨师到公司餐厅,再到承办酒席的餐饮服务,在去欧洲旅行之前还在一家小型郊区出版社担任了 5 年的美食图书编辑。20 世纪 90 年代末期,在做了这份工作几年之后,道格的一位同事描述了他在上周末吃过的难吃的热狗。他们制订了一个计划。每周一次,他们和另两名同事一起在午休时间前往该地区不同的热狗餐厅,"并不是为了最好吃的食物,只是为了不同的体验"。之后,他们会互相补写一些"有趣的短评"。两年来,他们品尝了 50 多家不同餐馆的热狗。道格回忆道,大约在中途的时候,一个想法开始萌生了。2001 年 1 月,用一笔小型商业贷款和他父亲建议的名字,热道格的香肠超市和包装肉商场(Hot Doug's Sausage Superstore and Encased Meat Emporium,以下简称为"热道格")在芝加哥北部的罗斯科村(Roscoe Village)开张了。

一开始有些艰难。道格负债累累,好几个月都付不起自己的
那份工资。他的生意主要是靠处于一所大型高中附近的地理位
置才得以维持。菜单包括不同的热狗以及带有各种酱汁和配料
的特色香肠,其中有些是以名人的名字来命名的(比如名为"埃尔
维斯"①的一种"风味极佳的"熏制香肠和名为"詹妮弗·加纳"的
一种"非常辣的"热狗)。他每周轮换特色菜,每周五和周六用鸭
油炸法式薯条。[1]《芝加哥读者》(Chicago Reader)写了一篇"不错
的短文",而在《芝加哥太阳时报》(Chicago Sun-Times)餐饮版对
热道格进行了赞不绝口的评论后,一切"确实蒸蒸日上了"。热道
格收获了一批追随者。接着,2004年,隔壁大楼的一场火灾给热
道格带来了无法挽回的浓烟和水渍损失。8个月后,热道格在1
英里外的一个新地点重新开张了。重开的那天,有成群的人到
场。消息传播开来。即便是在一个附近连其他商业企业都没有
的偏僻地点,热道格也成了流行文化热点,以及上班族、赶时髦的
人、家庭和外地居民的午餐目的地。道格戴着黑色塑料边框的眼
镜,脸上带着热情的笑容,坐在柜台边点单。他通常是唯一做这
事儿的人,以保证和每位顾客都有点儿面对面的时间。星期六要
等两小时,整个街区都排着长长的队伍。当我在2007年和他坐
在联排房屋前谈话时,道格对我说,他发现他的狂热粉丝群"不可
思议地令人感到荣幸和敬畏"。[2]

2007年,道格·索恩成为芝加哥市唯一因售卖鹅肝而被传
唤和罚款250美元的人,这导致他在芝加哥内外声名鹊起。芝加
哥市议会在一年前禁止餐厅销售鹅肝,成了第一个这么做的美国

111

112

---

①　此处的埃尔维斯(Elvis)即猫王(1935—1977),美国摇滚乐歌手、演
员;下文中的詹妮弗·加纳(Jennifer Garner,1972—)是美国女演员、制作
人。——译者注

图 4.1　道格·索恩在热道格的柜台工作（由热道格有限公司提供）

图 4.2　在一个典型的星期六，热道格的排队队伍
（由热道格有限公司提供）

主要城市。该禁令于2008年被撤销。在其短暂的有效期内，有19家餐厅（包括热道格在内）因售卖鹅肝而收到市政府的勒令停止通知函。但道格是唯一收到实际罚单的人。

在鹅肝成为芝加哥美食界的避雷针之前，道格会定期提供以鹅肝为主的调制品：

> 我会使用不同的原材料，像是松露酱、山羊奶酪和鹅肝，摆弄一下。当时，我们开始做熏制野鸡香肠，我会在上面放油煎鹅肝块和一点儿芥末酱。就这样，我们供应了很多。

在该禁令于2006年4月通过和当年8月实施期间，热道格更为频繁地推出鹅肝，因此在那段期间收到了市政府的两封警告信。道格解释道："真正的目的只是想表现出神气活现和有点儿挑衅，嘲笑这一禁令的荒唐之处。"在禁令生效的前一天，他把鹅肝放到了三种不同的特色菜中。其后，他把一种鹅肝热狗加到了特色菜单上，以提出这一禁令的市议员的名字命名为"乔·摩尔"（The Joe Moore）。[3]他说道：

113

> 那获得了一点点关注。但是什么都没发生。我们卖出了很多。我们没有收到任何抗议，只有少量呼吁。我们注册了"美国在线"（AOL.com）或那些网站中的某一个。我就是从这里收到大部分邮件的。我最喜欢的一封邮件以"亲爱的无赖"（Dear Asswipe）为开头，并且称我母亲为婊子。好吧，那样好像能让我改变心意似的。

道格认为警告信和违反禁令的罚款是因为某些人监视着他

图 4.3　热道格的鹅肝热狗(由热道格有限公司提供)

的网站,并且一再向市政府投诉。这是常见的反鹅肝活动人士的
策略。在那个特别的星期五,道格在早上 7 点公布了周末的特色
114　菜。在距餐厅的午餐营业还有几小时的时候,市督察员来了,没
收了 30 磅的鹅肝香肠,并给他开了罚款单。

　　没几个小时,秘密就泄露了。凑巧的是,《芝加哥论坛报》的
一名记者那天正好来热道格吃午餐,于是偶然听到了所发生的事
情。新闻采访车开始出现在外面。据道格所说:

　　　　我对听电话的人说是的,我们接到罚款单了。但是,我
　　们的门外已经排好队了,所以不行。不可以采访。我要在这
　　里做生意。我需要谋生。我表明了我的观点。我这么做是
　　要表现得神气活现。这并不是我生意的核心。我认为证明
　　这种荒谬行为的正当性并不是很重要的问题。

　　然而，对于许多人来说，这张罚款单是具有新闻价值的，其所包含的多重象征意义是值得注意的。一方面，热道格实际上是第一家也是唯一因违法售卖鹅肝而被开出罚款单的餐厅。另一方面，"乔·摩尔"这道特色菜是人们对该市的禁令表示嗤之以鼻的一种方式。对于那些了解这种配菜和美食烹饪之间更为典型联系的人来说，热道格供应鹅肝热狗本身就是在插科打诨。这些美食家理解道格用鹅肝来装点美国最平民化的食物之一这种半开玩笑似的嬉闹。[4]高品位和低品位之间的模棱两可助长了这张罚款单的新闻价值。在芝加哥"禁止鹅肝"期间唯一被罚款的企业是一家悠然、时髦的热狗店，而非高档餐厅，尽管道格远非该市唯一藐视这一禁令的餐厅老板。道格自己对我说，他认为这种反常是因为动物权利活动人士"专门选定"他为目标。即便热道格菜单上的商品价格比该市其他热狗店的都更贵，但是 7 美元的鹅肝热狗对于大多数人来说仍旧是可接受的。没有其他机会吃鹅肝的人只要想吃就能试一下。道格认为这一事实有助于该禁令的支持者说明"它可能影响任何人"。

　　热道格的罚款单得到了芝加哥和全国各地的美食家、动物权利组织及新闻媒体的极大关注，现在它被嵌在塑料框的腰槽内，放在餐厅收银台旁边的工作台面上。《国际先驱论坛报》(*International Herald Tribune*)和美国有线新闻网（CNN）的滚动新闻条上都报道了这一事件。道格并没有就罚款提出异议，即便人们希望他这么做。他对我说道："我当时就在想我不管了。如果是 10 000 美元，那我会据理力争。但是 250 美元？我让我的律师进来，付罚款，说谢谢，然后离开。"道格还对我说，除非禁令被推翻，否则他不会让鹅肝重回菜单。几年后，也就是该禁令被撤销之后，我同他交谈时，鹅肝热狗已经重回菜单了（用了不同的名字)，并且卖得很好。道格对我说，能对芝加哥历史有所贡献，他"有种不同寻常的自豪感"。[5]

热道格的罚款单标志着芝加哥鹅肝美食政治的巅峰。从2005年市议会卫生委员会第一次起草禁令到2008年禁令被撤销期间，其支持者盛赞它抓住了当今世界上一个重要的道德伦理问题——减轻了对那些要成为食物的被饲养动物的虐待。作为一种人道的做法，以及使这座城市变成更友善、更富于同情心的居住、工作及生活之地的一步，这项条令得到了立法者和一般公众的支持。但是，在芝加哥市，同时也是为了芝加哥市而努力将鹅肝树立为一个重要的公共问题也招致了恶意批评。在市议会的会议厅那坚固的墙壁内、在许多餐厅外的人行道以及网上，都出现了关于该禁令在法律上和道德上的地位的争论。恰好在该禁令通过之后的2006年，伊利诺伊餐厅协会（Illinois Restaurant Association）对该市提起起诉，而时任市长理查德·M. 戴利（Richard M. Daley）也宣称这是市议会曾经通过的"最愚蠢的法律"。正如热道格的鹅肝热狗案例所说明的，对于一些芝加哥人来说，它变成了一件当地的怪事，颠覆成了某种儿戏。

该条令的基本目的是在该市建立反对鹅肝的法律规范，并且给予城市官员禁止餐厅销售鹅肝的权力。然而绝大部分芝加哥人都没吃过鹅肝，甚至都不知道这道菜肴。但是，政府行为也提供了新的动员理由，并产生了未曾预料到的影响。在地方媒体开始报道该条令成为现实的可能性之后，活动人士想要引起公众对鹅肝的警觉的努力（依据的是前年加利福尼亚决定禁止鹅肝生产和销售期间所收集的信息）实际上削弱了他们的目标。随着鹅肝获得了新的恶名，在芝加哥的文化和美食景观中，基于人们不同的价值观导向，鹅肝产生了新的重大意义。

起初，芝加哥所使用的主要参照标准涉及的是鹅肝生产方法中的道德性。这种叙述侧重于对鸭子的同情和一种公开的道德观念，即美国作为一个 21 世纪的社会，需要对食用动物更好，而且要好得多。在芝加哥和全国的其他地方，使用"集中型动物喂养操作"（concentrated animal feeding operations，以下简称"CAFO"）来饲养的牲畜所处的环境条件很差，在当时日益成为食品政治方面的热门话题。这在很大程度上是由于不断发展的地方食品运动，如埃里克·施洛瑟［Eric Schlosser，著有《快餐国家》（Fast Food Nation）］和迈克尔·波伦［Michael Pollan，著有《杂食者的困境》（The Omnivore's Dilemma）］这样的作家，以及如 HSUS 这样的动物活动人士团体的工作。就各种意义上而言，这些改革者和批评者一直在努力地影响和重塑人们关于食品体系的价值观。重要的是，做出道德意义上的明智且高尚的消费选择这一行为倡导的是赋予消费者权利——使食物成为一种"处理"政治事务的个人化方式。[6] 从这一角度来看，鹅肝就是我们食品体系中的动物所遭受的不人道和极端恶劣的农业实践的缩影。芝加哥被冠上了农场动物保护领域的无畏先驱之名。严格意义上的道德响应不只是要使鹅肝成为一个不受欢迎的消费选择：是要使它成为非法的。只是提倡节制是不够的。

但是关于鹅肝的道德地位的争论很快就变为关于司法权的争论，由此带来了关于城市是否有权禁止销售某种食品以及鹅肝"问题"的相对重要性是否需要政府介入等问题。伊利诺伊餐厅协会于禁令生效当天对芝加哥市的起诉称该市的法律干扰了州际贸易，因为在芝加哥餐厅售卖的鹅肝是在另一个州合法生产的。其他的利益相关者很快就表示了支持。在芝加哥，有很多重要的声音，无论是和美食相关的还是其他的，都不喜欢市议会禁

止任何食品的想法，因为这种禁令是基于某个团体的道德原则，
而非基于公共卫生或安全。在芝加哥和其他地方，鹅肝成了用于
谴责该市赋予自己自由管制食品权（人们认为会引申到消费者的
个人自由）的流行语。

重要性问题也成了影响人们对该禁令的回应的一个常见问
题。并不是所有人都认为动物权利活动人士和相关的立法者正
在指责的是正确的目标，甚至连那些认为 CAFO 和"工厂化农
场"无疑是贬义术语的人也是如此。可以说，与养活了很大一群
人的工业食品体系中所存在问题的广度和深度相比，鹅肝是非常
微不足道的。当然，我们都知道"走红"的问题并不一定产生于完
全客观的条件；最值得关注的事业也不一定会成为公众注目的中
心。[7]但是，在这一案例中，芝加哥和其他地方的人发现，有大量的
时间、金钱和情感力量被投入到了与绝大多数美国人从未体验过
的事物相关的斗争中。

而且，随着越来越多为鹅肝生产辩白的论据和证据及对活动
人士的劝告的质疑涌现，关于真实性的问题开始使事情变得更为
复杂了。鹅肝生产真的像活动人士所声称的那么残忍吗？或者
说，我们应该听从农业和美食专家所说的情况并非如此的话吗？
后者中的许多人，如厨师和美食记者，也渴望着基于道德的食品
体系改革，然而，他们认为鹅肝是一种特殊的、具有"手工"特色的
食材，而且有着丰富的烹饪历史，这些使它成了在道德上可接受
的选择。手工的概念强调亲自动手的工艺，其中，细心、技能和知
识被带入到了物质对象的实际制造过程中。支持鹅肝的美国人
强调，它的手工生产方法显然将其与大规模、大批量的工业化肉
类生产区分开了（至少在美国确实是这样）。例如，在加利福尼亚
州于 2012 年实施鹅肝禁令之前，这里的一位厨师对一位记者说

道:"和大多数鹅肝支持者一样,我不会端上产自工业化农场的牛肉或用抗生素和激素的牛肉。为什么我要因为一道开胃菜而毁掉我的整个道德观呢?"[8]

我这几年在芝加哥进行实地考察过程中发现,鹅肝尽管对于许多人来说并非一个问题,却触动了一些有影响力之人真正的神经。我发现,在对鹅肝的法律和道德规范的社会兴趣日益增加的过程中,有几个相互交织且充满紧张感的主题:市政府对消费者的权限,作为美食专家的主厨的自主权,道德和社会责任感的性质,个人选择在市场竞争中占据首位这一基于市场的观念,鹅肝作为一个社会问题在芝加哥和美国食品体系中的相对重要性。对芝加哥而言,鹅肝成为一个不稳定和引人争论的象征,与人们如何理解这些主题及推进这些主题的团体的身份有很大的关系。尽管芝加哥的禁令在通过时的最初规划是关于人道地对待鸭子的,但它在2008年5月被撤销时却是以有关城市的声望和对优先事项的争论为依据的。

而且,两方阵营的参与者都大量依赖植根于美国公民社会话语中的明确的文化规范,将这一问题定位为应该被视作道德意义上的当务之急:相信与怀疑、同情与选择、自由与限制。本章提出鹅肝之所以成为不同寻常的、突出的和引人注目的,是因为人们对某些显然不属于美国文化传统的内容,乃至具有民族特色的食物传统融入主流美国口味这类美食"大熔炉"的故事情节缺乏明显的关注,这与第二章和第三章中详述的法国人全国性的"关怀伦理"[9]截然不同。在芝加哥餐厅禁止鹅肝这种鲜为人知的奢侈食品的条令以失败而告终,围绕这一失败所发生的各种事件为我们提供了一个典型的例子,说明了时机和偶然性是如何影响某个城市的食品政治在文化上的演变的。

118

芝加哥"禁止鹅肝"简史

提出和通过

在 20 世纪初期，芝加哥是厄普顿·辛克莱（Upton Sinclair）揭露肉类加工业丑闻的作品《屠宰场》（*The Jungle*）的背景，而在卡尔·桑德堡（Carl Sandburg）的诗歌《芝加哥》中，它得到了"世界屠猪城"的绰号。当时，出自芝加哥市的牲畜围栏和屠宰场的肉在美国人的肉类消费中大约占 80%。如今，作为世界上最大的期货交易所，芝加哥的商品交易所（Mercantile Exchange）每年都会商讨数百万牛和猪的销售合同。无论是过去还是现在，这里都带有如此浓厚的牲畜气息，看起来这座城市不太可能成为美国禁止鹅肝销售的第一个地方，鹅肝这种食物一般和美味佳肴及高档餐厅有关。然而，芝加哥发挥了先驱的作用，展现了当美食政治刺激到一个城市的想象力时会发生什么事情。

芝加哥是第一个，也是到目前为止唯一禁止餐厅销售鹅肝的美国城市。[10]该食材第一次引发争议是在 2005 年 3 月，当时《芝加哥论坛报》发表了由记者马克·卡罗所写的头版文章，标题为《肝脏还是共存》（"Liver or Let Live"）。[11]这篇文章聚焦于备受推崇的（同时也是著名的暴躁的）芝加哥主厨查理·特罗特决定停止在以其名字命名的餐厅里供应鹅肝一事。特罗特是芝加哥正在蓬勃发展的餐饮业的支柱，是全国公认的有远见卓识的美食家。[12]他是芝加哥市第一批拥护有机生产和本地产食材的人之一，正是他将"主厨的餐桌"这一概念——宾客可以一边在餐厅厨房内或旁边用餐，一边观看厨师工作——引入了全国的高档餐厅。[13]特罗特的履历包括烹饪书、美国公共电视网（PBS）的电视节目、米其林星级认证，以及来自诸如詹姆斯·比尔德基金会（James Beard Foundation）这类知名烹饪机构所授予的多个主厨和餐厅奖项。许多其他芝加哥著名的主厨都曾在他的厨房里干过一段时间。特罗特对马克·卡罗说，他参观了一些鹅肝农场，所看到的一切令他反感。[14] 他还说，他认为是否供应鹅肝应该由主厨来决定，他"并不是在试图鼓动"别人。

在进行报道的过程中（该篇报道后来获得了詹姆斯·比尔德食品写作奖提名），马克征求了芝加哥市其他几位地位高的主厨的意见。大部分人都觉得特罗特在他的餐厅里做或不做什么都是他自己的事情。他们会继续供应鹅肝。他们中有几个人说，他们觉得特罗特的决定有点儿出人意料，因为他的餐厅在某种程度上是以菜单上的大量特色菜和手工制作的肉类而闻名的，在出版于 2002 年的《查理·特罗特的肉类和野味烹饪书》（*Charlie Trotter's Meat and Game Cookbook*）中就包含了 14 个鹅肝食谱，还有特罗特在一家鹅肝农场前抱着毛茸茸的黄色幼鸭笑着的照片。

但是，另一家备受赞誉的高档餐厅特鲁（TRU）的主厨兼所有者瑞克·查蒙托与这些更为客观的回答背道而驰。查蒙托之前为特罗特工作过，因此两人非常了解彼此（但并不是要好的朋友）。他声称这一决定"有点儿虚伪"，因为"被饲养的动物就是要被屠宰的"，特罗特仍旧供应很多其他种类的肉。马克将这一评论转达给了特罗特，由此特罗特打响了"响彻整个烹饪界的一枪"。特罗特质疑查蒙托的才智，说他"并不是街区里最有头脑的家伙"，他的表态是"一种愚蠢的评论"。接着，他说出了侮辱性的话，"也许我们应该拿瑞克的肝脏来小小地享受一下。它必然是足够肥的"。[15]

120

马克偶然卷入了一场持续发酵的声誉战中，无意间点燃了这些备受赞誉的芝加哥主厨的导火线。这篇文章和鹅肝迅速成为整个城市的热门话题。在那之前，除了一些经过法国技术培训的主厨和一小部分在高档餐厅吃过的人之外，鹅肝并没有真正地进入大多数人的脑海里。可是，许多人发现这一问题是非常激烈的，因为双方的观点都言之有理。我们不应该为了满足有关美食口感的奇想而残忍地对待动物。然而，就算人们认为食品工业使动物备受折磨，但是鹅肝也只是巨大冰山的一角。那个星期，口水战及其主题成了纽约市《美食与美酒杂志》（*Food & Wine Magazine*）的一场活动的"聚会话题"。我认识的几位主厨对我说，他们在全国各地的朋友们都打电话来问"芝加哥怎么了？"当人们得知几星期前在特罗特的餐厅里举办的特别活动上其实供应了鹅肝时，烹饪界进一步沸腾起来。（特罗特说，他在思想认识上是始终如一的，他不会试图将自己的观点强加给这一活动的客座主厨们。）[16]

尽管马克的文章中引述了特罗特认为立法者不应该卷入其中的观点，但是一位名叫乔·摩尔的芝加哥市议员还是开始着手处理这一问题了。[17] 两个星期后，摩尔——以拥护平民主义事业而闻名，当时这项事业还名不见经传——将禁止在芝加哥餐厅销售鹅肝的条令提交市议会卫生委员会讨论。[18] 摩尔对马克说，是他所写的文章让他意识到了这一问题，让他提出了这一法令。在公开声明中，摩尔宣称抵制鹅肝的自发性努力是"远远不够的"，他想要"让这道菜变得既不受欢迎，也买不到"。

这让芝加哥地区的动物权利活动人士措手不及。在这之前，鹅肝一直是他们运动的核心。摩尔没有和当地团体联系，去获取有关鹅肝生产的信息，而在卫生委员会的会议之前，他们也没有和他接触。后来，一位当地的领导人物对我说："我们没有选择战斗。是战斗选择了我们。"另一位在加入鹅肝斗争前，曾经参与过旨在改善林肯公园动物园(Lincoln Park Zoo)大象生活条件运动的活动人士对我说，他们"需要一个"关于鹅肝生产的"速成课"。

但是这一博弈还在继续。"怜悯动物"(Mercy for Animals)和"动物保护联盟"(Animal Defense League)这两个团体联系了扎根于圣迭戈(San Diego)的APRL，该团体于两年前在加利福尼亚州登上了头条。全国性的团体，也就是HSUS、PETA和扎根于纽约州的"农场庇护所"(Farm Sanctuary)，都注意到了这个良机，认为该条令将农场动物福利提到了主要的城市政治议程上。HSUS在《芝加哥论坛报》和《芝加哥太阳时报》上买了广告位，宣称鹅肝是"残忍的美食"。"农场庇护所"雇用了一个扎根于芝加哥的游说公司，为搜集资源而与当地活动人士签订了合同，开发了一个网站(http://www.nofoiegras.org)，并且开始联系主厨们签署不供应鹅肝的公共请愿。他们还在《纽约时报》上刊登了整版广告，想要增强意识和鼓励读者"对鹅肝说不！"，并且为反鹅肝运动捐钱。PETA(当时号称有100多万成员)群发电子邮件，开始从全国各地的支持者那里募集资金。

市议会卫生委员会在7月和10月举办了两次关于所提出条令的听证会。作为一项城市政策事务，通常会为议题的支持者和反对者分别举行听证会。双方也许都会出席，但是只有一方会被给予发言机会。在7月的第一次听证会上，只有禁令的支持者作证。其中有几位是动物权利领袖，包括APRL和"农场庇护所"的负责人，他们受到摩尔的邀请从自己的家乡赶来。有几位表示支持的芝加哥主厨也作证了。虽然在条令的文本中提及了名字，但是查理·特罗特显然缺席了。后来，他表示对自己的名字被列

122

入文本中感到"震惊"，他并不想要为反鹅肝运动做些什么。[19]

接着，在 10 月，让该禁令的反对者意外的是，委员会再次邀请禁令的支持者在听证会的开头和结尾发言。其中包括兽医霍利·奇弗，她曾在 7 月的听证会和加利福尼亚的听证会上作证，还有著名的活动人士洛蕾塔·斯威特[Loretta Swit，最著名的是在电视剧《陆军野战医院》(*M * A * S * H*)中扮演"烈焰红唇"玛格丽特·霍利亨少校]。斯威特在证词中将鹅肝农场的鸭子待遇与阿布格拉布监狱①中被关押和受折磨的囚犯待遇相提并论，这尤为吸引市议员和出席的女性。摩尔还播放了由 PETA 制作并由罗杰·摩尔爵士②担任解说的视频，内容是关于鹅肝生产的恐怖之处的。有几封反对该禁令的信件被采纳为证据，但是并未宣读。

作证结束后，并没给委员会讨论该议题或核查所呈交证据的时间，乔·摩尔立刻就要求主席，也就是资深议员爱德·史密斯(Ed Smith)"提议委员会向全体议员建议通过这一条令"。史密斯同意了。动议和投票花了还不到 30 秒，委员会就以 7 比 0 票通过，将该法案提交给了全体议员，其后在房间内的一侧爆发了掌声。

支持者和反对者都不知道该法案什么时候会出现在市议会的月度议程上。在此期间，关于该市卷入鹅肝问题的新闻报道、评论文章和网络讨论仍旧很激烈。动物权利组织召集其支持者

---

① 阿布格拉布监狱(Abu Ghraib prison)，位于伊拉克，始建于 20 世纪 70 年代，是萨达姆时期关押平民的监狱，因曾折磨和杀害很多关押其中的无辜平民而被视为"死亡与摧残"的象征。——译者注

② 罗杰·摩尔(Roger Moore，1927—2017)，英国男演员，1973—1985 年期间主演了 7 部 007 系列电影，2003 年获封英国爵士爵位。——译者注

一起通过打电话或发邮件给市议员办公室的方式来支持这项潜在的条令。每位市议员都收到了 PETA 的视频。摩尔未能成功地让该法案出现在 12 月的议程上，当月，一些活动人士出现在市议会的会议室外举行集会。芝加哥的餐厅意识到该禁令可能真的会付诸实施，有几家餐厅开始以促销鹅肝来作为回应。例如，有家餐厅在《芝加哥休息时间》（*TimeOut Chicago*）上刊登了他们的"再见，鹅肝和香烟"的特价商品广告，将鹅肝与城市最新通过的（但还没有实施）餐厅和酒吧的禁烟令结合在了一起。进餐者可以"加倍享受有争议的嗜好"，在餐厅有供热系统的露台上抽一根优质的欧洲香烟，配上一道鹅肝开胃菜。

123

接着，在市议会于 2006 年 4 月召开的会议上，鹅肝条令作为末尾附录被纳入一个综合议案中。乔·摩尔事先没有告诉记者，他打算在那次会议上争取推动投票，就像在去年 12 月所做的那样。卫生委员会主席史密斯议员宣布，他所在的委员会全体一致地通过了这一措施。条令的文本写在两页上，内容如下："市政法第 4-8-10 节定义的所有食品供给机构都应该禁止销售鹅肝"，该禁令是必要的，"因为要确保作为我们餐厅食品来源的动物得到合乎道德的对待"。

综合议案是市政法规中常规且庞杂的部分。其中包括多个法令和法案，而且都已经由本市的各种委员会通过，并会经由市议员以点名表决的方式进行投票。对综合议案投反对票就意味着对整个月的市政工作投反对票。在 3 小时的会议结束时，该议案以 49 比 0 票通过。[20]关于鹅肝并没有进行正式的讨论。有些市议员后来承认，他们并没有发现鹅肝禁令也在其中。不管怎样，作为芝加哥市政法的第 7-39 章的修正案，在全市范围内的餐厅里都将禁止售卖鹅肝。公共卫生局（向市长汇报工作，一般负责食品安全)会执行这一禁令,准备在几个月后开始。监督工作将由市民来做,他们可拨打非紧急监督热线来举报违规的餐厅。第一次违反时,该餐厅会收到一封警告信。第二次时,餐厅会被罚款 250 美元到 500 美元。

遵守和违抗

当然,芝加哥的大部分餐厅一开始并不供应鹅肝。芝加哥美食圈以热狗、意大利牛肉三明治和深盘披萨更为闻名,而不是高档餐饮。那时,乔·摩尔自己所在的罗杰斯公园选区并没有售卖鹅肝的餐厅(这一事实已经成了批评者指责他的论据)。但是,芝加哥也是一个在美食方面不断获得新赞誉的城市。这里的厨师和餐厅老板作为引领风尚者在美国餐饮界开辟了重要的市场,吸引了有才能的新厨师、投资者和旅游消费。在 21 世纪,餐厅是美国城市重振"文化之都"声望的显要因素。[21]城市规划者和媒体都宣传着繁华的商业区和街区,其中餐厅是重要的组成部分。如查理·特罗特、特鲁和阿莉妮(Alinea,这是一家前卫的餐厅,以现代主义美食的烹饪风格为特色,已经获得了米其林三星)这样的高档餐厅正在获得赞不绝口的国际口碑。如瑞克·贝里斯(Rick Bayless)和保罗·卡汉(Paul Kahan)这样的主厨已经成了媒体宠儿,因为他们的餐厅备受赞誉,而且还大力支持芝加哥市日益壮大的地方美食运动。芝加哥正在变成一个美食家之城。

在 4 月到 8 月的禁令生效期间,芝加哥餐厅圈经历了《芝加哥论坛报》的餐饮评论家所说的"鹅肝反弹"。[22]正如文化社会学家尼可拉·贝塞尔(Nicola Beisel)所说的,艺术群体(和美食群体有很多共同点)经常会被法律行为所激怒,这些法律行为有审查制度的影子或者看起来是专断的。[23]实际上,这一禁令并没能抑制鹅肝需求，反而促生了新的市场行为。从未听说过这种食品的人现在被引发了好奇心，想要尝试一下。许多餐厅推出了价格合理的"告别鹅肝"特色菜，激发了人们对这道即将被禁止的菜肴的食欲。业余烹饪学校开设了如何做鹅肝的课程。新闻文章和寄给编辑的信件中频繁地提及鹅肝，关于鹅肝的道德性和通过这样一项禁令的合理性的争论雨后春笋般地涌现于网上留言板和网上文章的评论区。

在鹅肝成为一个热门和有争议性的话题之前，在芝加哥市那些供应鹅肝的餐厅中，一些主厨看过动物权利团体提出的证据后，主动将它从菜单上拿掉了。有些人这么做是为了遵守法律，还有些人是为了避免活动人士的抗议或骚扰。其他人则是听从他们的公司所有者的指示才这么做的。少数人的厨房里仍旧有鹅肝。其中某些人还把鹅肝保留在了他们的菜单上。其中有几个人因而变得声名狼藉。

在此期间，芝加哥市和周边地区的一些主厨结成了一个小型的短暂团体，叫作"芝加哥主厨的选择"（the Chicago Chefs for Choice），是伊利诺伊餐厅协会的分会，它开始主办鹅肝晚宴（参见图4.4）。该团体有两个明确的目标：首先是要表达他们对芝加哥市的"道德警察"角色的反对，其次是要募集资金来支持从法律上挑战该禁令。更广泛意义上而言，他们的目标是拒绝给予城市官员和动物权利活动人士在食品和烹饪方面的文化权威。为了做到这些，他们的领袖和追随者有意地使用了"选择"这一措辞。

尽管成员较少且组织结构不明确，但是该团体还是成功地使这一议题成了城市的优先事项。其最活跃的成员及联合创始人迪迪埃·迪朗（Didier Durand）和迈克尔·聪托恩（Michael

A Very Special Thanks To...
Chicago Chefs & Friends:
Chef Allen Sternweiler – Allen's – The New American Café, Chicago, IL
Chef Dean Zanella – 312 Chicago, Chicago, IL
Chef Shawn McClain – Spring/Custom House/Green Zebra, Chicago, IL
Chef Paul Kahan – Blackbird/Avec, Chicago, IL
Chef William Koval – Culinaire International, Dallas, TX
Chef Hubert Seifert – Spagio, Columbus, OH
Chef Jean-Francois Suteau – Adolphus Hotel, Dallas, TX
Chef Chris Perkey – Sierra Room, Grand Rapids, MI
Chef Chris Desens – Racquet Club Ladue, Ladue, MO
Giles Schnierle – Great American Cheese Collection, Chicago, IL
Didier Durand – Cyrano's Bistrot/Cafe Simone, Chicago, IL
Chef Michael Tsonton – Copperblue, Chicago IL
Chef Ambarish Lulay –The Dining Room at Kendall College, Chicago, IL

Contributors:
Heritage Wine Cellars, Ltd.
Southern Wine & Spirits
Vintage Wines
Maverick Wine Co.
Chicago Wine Merchants
Pinnacle Wines
Pasture to Plate, Inc
Hotel Allegro

Contributors:
Illinois Restaurant Association
Gabby's Bakery – Franklin Park, IL
Chef John Hogan, Keefer's – Chicago, IL
European Imports, LTD – Chicago, IL
Distinctive Wines & Spirits
Louis Glunz Wines
Hudson Valley Foie Gras, LLC– NY
3X Printing – Niles, IL

A Festival of Foie Gras

Allen's – The New American Café & Friends
will be hosting
"A Festival of Foie Gras"
Tuesday, July 11th from 7:00pm - 10:00pm.
at

Allen

The event will take place at **Allen's – The New American Café**
located at 217 W. Huron, Chicago, IL.

For $150/person, guests will have the opportunity to enjoy a variety of foie gras
preparations, beverages included. Net proceeds from this event will be donated
to the Chicago Chefs For Choice, a chapter of the Illinois Restaurant Association,
Freedom of Choice Fund.

Table reservations are available for 6, 8 or 10 guests. Make your reservations today
by calling Allen's – The New American Café at 312-587-9600.
(Credit cards and checks accepted in advance, or at the door. No refunds.)
Donations Accepted.

图 4.4 "主厨的选择"的活动传单

Tsonton)都是各自餐厅的独立主厨兼老板。迪朗是一名出身于法国西南部的古怪主厨，有着戏剧天赋，他将这一禁令解释为一种人身侮辱。在这段时期内，他的餐厅曾经两次遭到破坏，包括在第二次卫生委员会听证会的前一晚。聪托恩是一个有着超凡魅力且固执的艺术学校毕业生，而后转行当了厨师，在其他人的餐厅里工作了数年之后，他最近在海军码头（Navy Pier）附近开了自己的高档餐厅。有几名并不是该团体成员的主厨对我说，就原则上而言，他们支持这一团体，但是他们要么没有时间投入其中，要么被他们的老板明确告知不能加入。[24]

在该禁令生效的那天，有些从未销售过鹅肝的餐厅把鹅肝添加到了他们的菜单上，仅仅在那一天销售，《纽约时报》称其为"一种难以置信的非暴力抵抗示威"。[25]芝加哥地标"哈利·凯瑞"（Harry Caray）餐厅供应的是"告别鹅肝"特色菜，"康妮的披萨"（Connie's Pizz）供应的是深盘鹅肝披萨，而位于南区的"BJ 的市场和面包烘房"（BJ's Market and Bakery）供应的则是黑人料理风格①的鹅肝。关键点并不是在更为"民主的"环境中供应这种昂贵的食品，而是从象征意义上回应市议会禁止这一食材的行为。

市政府并没有回应当天的抵制策略。[26]在那天上午的新闻发布会上，时任市长理查德·戴利被问及是否吃了些鹅肝时，他回答说没有。然而，有谣言说他在午餐时于一家市中心的餐厅里吃了鹅肝，那家餐厅只在那天堂而皇之地供应鹅肝。同样也是在那天，伊利诺伊餐厅协会在库克县法院（Cook County Court）提起

126

---

①　黑人料理风格（soul food-style），"soul food"也可译为"灵魂料理"，是非洲裔居民的传统菜式，也是美国南方料理的重要组成部分。——译者注

起诉，称芝加哥市议会逾越了伊利诺伊州宪法所赋予的"地方自治"权。[27]后来，这一诉讼经修改，添加了一项联邦州际贸易条款索赔，因为鹅肝在其他州可以合法生产。地方法院支持芝加哥市，认为这一条令并没有违反宪法的州际贸易条款，因为它并没有歧视地方上或州内的交易，也没有影响鹅肝的生产或定价，只是针对销售而已。伊利诺伊餐厅协会提出上诉，但是该上诉一直悬而未决，并于2008年被驳回，又过了两个星期之后，市议会决定撤销这一禁令。

在一开始的表现之后，绝大多数芝加哥餐厅都不再为就餐者供应，或者至少是不明显地供应鹅肝了。市郊的主厨可以相安无事地售卖鹅肝，他们对我说在此期间，鹅肝类菜肴的订单增加了两到三倍。不过还是有少数城市范围内的主厨和餐厅依旧供应鹅肝，其中有些比其他人更为明目张胆。相对较轻的经济惩罚对他们几乎没什么威慑力。吃鹅肝这一新构建起来的"犯罪行为"很快就进入了一部分芝加哥人的大众意识中。条令之所以这么写就是因为它需要市民担当该市的眼睛和耳朵。[28]餐厅的主顾需要看见和认出鹅肝，足够反对到举报的地步，知道该给谁打电话，然后坚持到底。但是仅有少数人将鹅肝视为严重的社会问题，其他人则选择以富有想象力的（对某些人而言是半开玩笑的）方式回应。这为我们提供了思考法律上的象征性力量如何引发回应，以及有争议性的口味如何创造出特定类型的消费者和如何从争议中营利的途径。它让我们看到当某个消费品基于某个群体的道德信念而变成被指责的对象时，某些人会如何回应。[29]

在由烹饪书、媒体、美食家和网络讨论区组成的松散网络中，该条令的文本成了一个灵活的和激烈的解读主题。商人们通过研究法律措辞"所有食品供给机构……都应该禁止销售鹅肝"，发

现了在法律基础上证明供应鹅肝的正当性的方法。首先,什么是
"食品供给机构"? 从字面上解读就意味着,"福克斯＆奥贝尔"
(Fox & Obel)这个位于芝加哥市中心的美食杂货店不能售卖鹅
肝,因为它有沙拉台和几张桌子,顾客可以坐在那里吃午餐。但
是,"宾尼的酒库"(Binny's Wine Depot)可以售卖,也确实售卖
了。美食产品的商业分销商并不像餐厅那样受到这一条令的限
制,他们不会被举报给市政官员。有几家地下快闪夜总会并不是
严格意义上的"食品供给机构",它们在美术馆和工业阁楼举办了
以鹅肝为主题的晚宴。有时,促成这些晚宴的主厨们之前几乎没
有或从来没有做过鹅肝料理,但是正如某人对我说的,他们是想
要"做出表态"。实际上,在我出席的一场快闪晚宴——在美食社
交网络上被宣传为"Foix Grax"①晚宴上,厨房里出现了几次"壮
观的"失败。

　　其次,"销售"某物意味着什么? 此处,有些主厨遵循的是字
面意思而非法律本质。有几个人对我说,他们将鹅肝从菜单中拿
掉了,但仍旧会端上几块作为试吃菜或开胃菜。有些人把鹅肝加
到了放在其他菜肴上的无名酱料中。有些餐厅开始在就餐者点
一份 16 美元的面包片或一份特定的 20 美元沙拉时,免费向其供
应鹅肝。一家名为"宾 36"(Bin36)的市中心餐厅因利用这种法
律漏洞而被市法院传唤。该餐厅的所有者在市法院上成功地对
这次传唤提出了质疑,他说从确切意义上而言,他们并没有销售
被禁止的物品。其后,这一策略成了其他餐厅的好把戏。

　　最后,就其本身而言,什么是"鹅肝"? 为了规避这一禁令,某
些主厨为它重新命名或开始使用密语来称呼它。在一家餐厅里,

----

　　①　此处化用了"Foie Gras"(鹅肝)一词。——译者注

有经验的就餐者会点"特色龙虾"。有些菜单没那么有创造性，供应的是"肝脏慕斯"或者"特级鸭肝陶罐"。在迈克尔·聪托恩的餐厅里，菜单上列有一道开胃菜，叫作"这根本不再是鹅肝①，摩尔"，这里指的是市议员乔·摩尔在该法令中所扮演的先锋角色。当然，还有热道格主打的"乔·摩尔特色菜"。结果表明，并非所有的密语都好用。我采访的一位主厨叙述道，某天下午他接到了一个令人困惑的电话，一位来电话的女性反复问他那天晚上是否有美洲越橘。他跟她解释说现在不是美洲越橘的时节，后来才意识到她正在试图问的是鹅肝。他翻了翻白眼，问我道，"美洲越橘？真的吗？谁想出来的?"

"芝加哥主厨的选择"也于 2006 年冬季至 2007 年在他们的餐厅里举办了一系列"地下"鹅肝晚宴。晚宴是在餐厅关门的晚上举行的。人们用一个新造的词——"鸭吧"（duckeasy）——来称呼这些活动，听起来就像禁酒令期间充斥芝加哥夜生活的地下酒吧（speakeasy），这展现的是社会学家戴维·玛札（David Matza）和格拉沙姆·赛克斯（Gresham Sykes）所称的"地下价值观"（subterranean values）——某些在其他方面"受人尊敬"的人明知道某种特定行为是不正当或"错误的"，但却为寻求刺激而公然组织这些活动。[30] 这些晚宴将来自不同餐厅的一小部分主厨和以违规为乐并能负担起一盘 100 美元的菜肴的顾客汇聚到了一起。

这些晚宴也不完全是"地下的"。抗议者知道，新闻媒体知道，甚至警察都知道。其中有几场是为唐·戈登（Don Gordon）所举办的募集资金活动，在即将到来的市议员选举中，他是乔·

① 原文为"It Isn't Foie Gras Any Moore"，"Moore"即乔·摩尔的姓氏，与"more"读音相近，或许表达了主厨对其的示威。——译者注

摩尔的主要对手。（在势均力敌的选举中，他本来稳操胜券，但最后还是摩尔胜出了；鹅肝禁令在这次角逐中发挥了很大的作用。）动物权利活动人士对此提出了抗议，这些活动人士在寒冷的冬日夜晚举着标牌、荧光屏和扩音器到处游行，反复呼喊关于鹅肝的残忍性，试图令参加者感到羞愧（参见图4.5）。就其本身而论，这些晚宴是公众活动和双重抗议（就餐者抗议禁令，而活动人士抗议就餐者），只是由餐厅这道门隔开了。

图4.5　2007年2月，"主厨的选择"晚宴期间，
在迪朗的餐厅外的抗议者

更为普遍的是，为了执行该禁令，城市卫生巡查员必须在看见鹅肝时就能辨认出来。他们还必须努力地去搜寻鹅肝。迈克尔·聪托恩对我说："我的巡查员顺道过来，对我们可能有一些鹅肝的想法付之一笑。他并不以为意。他对我说相比找鹅肝，他对

找李斯特菌①更感兴趣。你知道的，那是可以杀死某些人的细菌。"实际上，一位公共卫生局的发言人对美联社（the Associated Press）和其他媒体说道，鉴于他的办公室有限的人员和资源，鹅肝是他们最无关紧要的事项。[31]他们搜寻鹅肝完全是为了应对市130 民的投诉。主厨们有时会从他们的人际关系网得知市里可能派人来访。某天早上，我在一个反对禁令的餐厅里采访这里的主厨兼所有者时，另一个主厨打来电话说一名巡查员正在另一家餐厅里搜寻鹅肝，我的受访者也许需要把他的鹅肝藏起来，以防巡查员四处搜寻。总共有19家餐厅收到了市政府的勒令停止通知函，但是只有一家，就是本章开篇提到的热道格被处以罚款。

在此期间，与鹅肝相关的美食政治活动也扩散到了其他城市，这些城市里的活动人士公开称赞芝加哥禁令，称其为一项议程"胜利"和一个"里程碑"。该禁令证明了当不同的动物权利活动组织协调一致地努力时，食品政治世界会发生什么。纽约市、费城、马里兰和夏威夷都提出了禁令，并进行了讨论。据说，全国的主厨都收到了恐吓信和威胁电话；有些人的餐厅遭到了抗议和破坏。这一问题的双方都认为，该禁令的适用范围总有一天会变得更为广泛。有几家费城餐厅历经了一个小型反鹅肝群131 体——嬉皮笑脸地称自己为"拥抱小狗"（Hugs for Puppies）——发起的喧闹的抗议活动。2007年夏天在得克萨斯州的奥斯汀，有个名为"得克萨斯中部动物保护机构"（Central Texas Animal Defense）的团体每周在"耶洗别"（Jezebel）餐厅外抗议两次，因为该餐厅的所有者拒绝将鹅肝从菜单上拿掉。9月，一位活动

---

① 李斯特菌（listeria），一种致命的食源性病原体。1940年，以英国无菌外科先驱约瑟夫·李斯特（Joseph Lister）的名字命名。——译者注

人士切断了餐厅的主电源断路器,用某种酸剂在"耶洗别"的主窗户上蚀刻了"吐出来"(spit it out)这句话,后来通过监控录像查出了这个人,他被逮捕,保释金为 2 万美元,并被指控犯有毁坏财物罪。[32]

在此期间,关于芝加哥决定禁止鹅肝的讨论的走向发生了改变。担心食品监管可能会失控的谣传变得引人注意。一位屡获殊荣的反对该禁令的主厨在对我说他公然蔑视这一条令的理由时,解释称它就是市议会在政治上的哗众取宠。"对于我来说,关于鹅肝这件事非常重要的一点,"这个 50 多岁的健壮男人愤慨地说道,"是那些肥胖的白人男性在告诉我应该做什么和不应该做什么,这远比不合时宜或浅薄地关注人道地对待家畜这一问题更为严重。"一家著名的城郊餐厅的副主厨也表达了和其他人相似的观点,"说到那一点,谁给了他们权利来决定我们可以烹饪或不可以烹饪什么,或者吃什么? 那之后下一步会怎么样呢?"其他人认为该市关注鹅肝是要将人们的注意力从会对更多动物和食客产生负面影响的农业实践中转移开来。从这一视角来看,鹅肝禁令对于芝加哥人来说是成问题的,因为它在他们的日常生活中没有任何基础。

有关撤销的言论一直出现在新闻媒体和市议会的周围。市政办公室依旧经历着一波又一波来自全国动物权利活动人士的邮件和电话潮。HSUS 在《芝加哥论坛报》买了整版广告,用大字写道,"芝加哥会在动物虐待问题上改变立场吗?"(参见图 4.6),并恳请读者致电市议员或 311(非紧急监督热线),告诉他们"撤销这项人道的法律就像残忍地强制喂养家禽一样令人难以置信"。一位女性议员对一名当地的记者说,她支持撤销。"对于我所在选区的人们来说,这并不是个问题,"她说道,"对于他们[我

图 4.6　HSUS 在《芝加哥论坛报》上的广告，
2007 年 5 月 21 日(由 HSUS 授权)

的选民们]来说，黑帮、毒品和犯罪是比鹅肝更为重要的。"[33]另一个人撤回了之前对该禁令的支持："任何在这个国家到处旅行的人都知道，人们正在对我们嗤之以鼻。"[34]有几家媒体声音开始称这一禁令对芝加哥来说是一种"难堪"，当时芝加哥还在争夺奥运会举办权。"主厨的选择"的联合创始人迪迪埃·迪朗非常确定该条令将会被撤销，因此他向一家印第安纳的农场借了一只活鸭子[他以时任法国总统尼古拉·萨科齐（Nicolas Sarkozy）的名字将其命名为尼古拉]，一直养在他的货车里，"将其纳入鹅肝最终回到芝加哥的庆祝活动中"。

133

撤销

2008 年 5 月，一名叫汤姆·托尼（Tom Tunney）的芝加哥市议员经过精心设计，在市议会每月会议的全体与会者面前提出进行撤销投票。[35]和许多人一样，我在前一天晚上 10 点才得知将要发生的事情，当时马克·卡罗打电话给我说，最好第二天早上同他一起去市议会的新闻记者席。在会议召开的 48 小时前，市议会才在他们的网站上公布打算针对撤销禁令进行投票，并且把它归为"杂务"（Miscellaneous Business），用条令编号而非名称来称呼。《芝加哥论坛报》的某个人注意到了这一点，意识到了是怎么回事儿，立刻打了几个电话，并在《芝加哥论坛报》的网站上发布了简短的通知。

和我之前参加的市议会会议不同，当我于上午 9 点到达的时候，那里很安静。无论是在市政厅外，还是市议会会议室外的大厅里，都没有任何的抗议者和集会。和我一样，当地的动物权利领袖们在前一天晚上才知道可能要撤销这项市政法的第 7 - 39 章的修正案，他们没什么时间召集起自己的队伍。金属探测器旁的门卫让我去见警卫官，以获得一张进入新闻记者席的通行证。我对她说，我正在做有关争议性食品的研究，她轻笑道，"好吧，你确实来对地方了！今天将会……很有意思。"

会议于10点开始，持续了4个多小时。我坐在新闻记者席上，看到托尼和乔·摩尔都在游说他们的同僚，争取全体议员的支持。随着各种决议被宣布和通过，议员们胡乱地翻动着他们的文件，在席位和前厅（这里有一盒盒甜甜圈面包和大咖啡壶）间走来走去。大厅里出现了一次要求在附近增加一些警察的小型会议，听起来像是从会议室内传出的低沉咆哮。在穿着灰色套装的委员会负责人开始轮流站起来做月度报告时，新闻记者席上有几个人简直要睡着了。很容易看出来，某个议题或许任何议题，是如何毫无察觉地蒙混过关的。

接着，在会议快结束时宣布了"杂务"。整个房间变得安静了，人们都坐了下来。我和其中一位市议员一直在讨论他关于鹅肝的看法，此时，他直视着我，扬起眉毛，大声嘟囔道，"我们要开始了！"托尼站起来，宣布要进行"将该条令从规则委员会（Rules Committee）撤销"的步骤。[36]摩尔起身表示反对；然后，地位较高的议员伯纳德·斯通（Bernard Stone）站起来，裁定这一动议"没有争议"。点名表决以38对6票的结果将其提交给全体议员。有几名市议员弃权了。随着开始投"赞成"和"反对"票，乔·摩尔站起身，大声抗议称，这一议题应该"在全体议员中，根据是非曲直"进行讨论，可在两年前，它并没有被讨论过。坐在高位上的戴利面红耳赤地敲了好几下他的木槌，以穿透摩尔的呼喊声指示市议员们继续投票。第二轮点名表决以37对6票的结果撤销了该条令。整个过程持续了8分钟。

会议之后，在记者招待室里，站在一个平台上的戴利对聚集

起来的记者说,他不会允许在市议会全体议员中进行讨论,因为这一问题"已经讨论得令人反胃了"。接着,他咆哮道:

> 你们可以在零售店买到。你们可以随身携带。他们可以把它放在你们的沙拉上,给你们的沙拉加价 20 美元。他们可以把它放在一片烤面包上,要你们为这片烤面包支付 10 美元。明白了吗? 我的意思是,这就是政府应该做的? 告诉你们应该把什么放在烤面包上?

后来,有人说他们认为市长之所以推动这次撤销行动,是因为他个人厌倦了处理有关禁令的质疑和投诉。摩尔称,这是一种"令人无法容忍的旧时代老板政治(Boss politics)的行为",并且谴责这次会议是芝加哥市的一次新低谷。[37]

道格·索恩很快就收到了这个消息。"我唯一期望的是,"当天稍晚些时候,他对《芝加哥论坛报》说道,"这个问题最终能被抛诸脑后,市里能将时间花在真正的问题上。"他对该报的餐饮编辑说,一旦他能够订购到更多的鹅肝,鹅肝热狗就会重回菜单上。"当然,"他补充说道,"现在我们得称它为'汤姆·托尼'。"[38]

两个晚上之后,70 名反鹅肝活动人士聚集到市政厅外,举行了一场烛光守夜活动。"怜悯动物"组织通过邮件列表和"相约网"(meetup.com)上的芝加哥纯素食主义小组公布了这一活动,说他们会提供标牌和横幅,"安静地悼念市议员所做决定的实际受害者:鸭子"。我于公布的开始时间,也就是晚上 7 点到达那里,加入了福克斯新闻和 WGN 电视台的电视记者行列。其中一名记者正在采访"怜悯动物"组织的执行委员——一个名为内森·朗克尔(Nathan Runkle)的二十五六岁的身材修长的男性,他对着摄像机强调道，"这个问题所代表的是动物虐待""我们曾经因此而为芝加哥感到非常自豪"。但是，守夜也有种怪异的感觉。在星期五晚上 7 点，市政厅周围的区域都空了。守夜活动是在日落前一个多小时举行的，使得蜡烛看起来不太相称。当我问内森关于时间和地点的选择时，他没有理会傍晚时分和无人经过的问题，而是回复道，"我们想要以一场蜡烛守夜活动来迅速地对这一消息做出回应。这是一种策略上的时机问题，而市政厅是可以举行这种活动的象征性地点。我们想要让问题的焦点重新回到家禽身上。今夜是为了动物。"不管怎么说，对于每个卷入其中的人，无论是人类还是动物，芝加哥的"禁止鹅肝"结束了。

品位、管制和烹饪中的违规行为

芝加哥美食政治活动的故事线和遗留问题之所以需要我们加以注意，是出于以下几个原因。作为一个令芝加哥市领导人烦恼的相对狭隘的争端，它让我们看到当某些有代表性的声音在不同的受众间引发反响，尤其是在某些受众并没有认真对待时，围绕着这一问题的逻辑是如何以意想不到的方式突变的。研究社会运动和反运动之间持续动态的学者已经证明了，对于其中一方而言的成功（或潜在的成功）会轻而易举地调动起另一方。[39]换言之，说一些类似于"我们能让你们这么做"的话很可能惹恼其他人，他们会回复道，"不，你们不能。看我的吧。"在这种情况下，芝加哥条令的通过引发了文化和政治意见领袖的某些反应，他们的反应游走在自信和自负之间。这些反应利用了个人权利和拥有选择消费什么的"自由"的强大隐喻，这类观念在当代美国人的文化叙事中是非常重要的（然而并非不成问题）。[40]

当鹅肝首次登上头版时,对于大多数芝加哥人来说都是反常现象。对于美食家来说,它象征着一种具有吸引力的异域美食,在菜单上和诸如原生莴苣(heirloom lettuces)、松露油及潜水员扇贝(diver scallops)这类其他特色食材一样醒目。[41]对于全国的动物权利支持者来说,它提供了一个极好的机会,让他们可以插足市立法机构。一旦谈及在市议会中使这一禁令成为现实,"鹅肝"这个词汇就开始和复杂的问题交织在一起了,比如农业伦理和市场伦理、食品政治和生活方式以及可接受的市政府对其选民的控制权限。当然,就很大程度上而言,这并不是一场会吸引该市大部分人口的争论。反之,这是一场在相对较小的利益群体中的争论:受过大学教育、精通技术的活动人士宣扬道德上的正义,而高档餐厅的主厨和享有优待的消费者则宣传有关个人选择和自主性的措辞。尽管事实上从大局来看,这一问题的利害关系相当薄弱,但是每个团体都固执己见。

对于研究食品和消费者运动的学生来说,这一案例的奇怪之处还在于它首先发生在正式的政治层面,而非通过基层的提高意识运动、抵制或抗议——在某种程度上说明了偶然性有时会在政治事务中发挥决定性的作用。这一案例中的议题发起人是一个单独的官员,而非一群公民。芝加哥成为美国第一个通过这类法律的地方是相当凑巧的。并非所有的新法律都能持久。一项新法律或政策的效果通常取决于执行者所选择的执行严格程度,以及它在多大程度上讨论或反映其所处的文化图景。[42]两极分化的道德指令尤为难以有效地实行。[43]在芝加哥,鹅肝条令开始不再象征着动物权利的胜利,而是一场针对某个城市定义合乎道德的食品选择的文化权威的斗争。该条令成了一个喜剧性的烟幕弹,而非一个需要严肃思考的问题。只能在这一背景下来理解它的

137

通过、争论和撤销。

　　这一案例也将有关文化品位的社会力量的观念注入了地方政治和市场领域。[44]就某些消费品来说，如酒、汽车和香烟，以公共卫生为原则的规定是司空见惯的。在过去的 10 年间，美国的许多市政府和州政府都承担过一些联邦政府不愿意或不能承担的计划，在一些问题上发挥了重要的作用，比如同性婚姻（至少是在 2015 年最高法院的裁决之前）、枪支管制标准以及加强建筑规范和汽车尾气排放的环境法规。市政府是寻求实现变革的活动人士团体的目标和资源。芝加哥的鹅肝禁令也不例外。

　　这里的一个相关问题是监管消费和消费者的新指令要怎么执行和由谁来执行。执行鹅肝禁令的任务被指派给了芝加哥公共卫生局的食品保护部门，该部门是负责监管餐厅的食品安全违规行为的。因为有相当多的人可能会受到影响，所以，食品安全也许是政府监管的最重要的消费者保护工作之一。[45]市政府监管餐厅主要是为了保护从业者远离不安全的工作环境，保护消费者远离受污染的食品。关于食源性疾病的担忧在全国越来越普遍，因此，这一工作也变得相当重要。[46]当我问各位主厨，是否有理由将市政府的监管视为一件有建设性的事情时，绝大多数人回答说，他们认为常规的安全和卫生监管是必要且受欢迎的。但是对于以道德理由来决定他们应该或不应该使用某种食材，不少人直截了当地说道，"滚出我的厨房！"

138　　消费和监管之间的这种关系的另一面是管制，也就是政府机构有权禁止市民以其认定为违法的方式使用某些物品。例如，就在鹅肝进入芝加哥舞台之前，市议会通过了禁止在餐厅和酒吧吸烟的法令，颇有争议性地向伊利诺伊餐厅协会展现了自己的实力。不过，有点儿罕见的是市政府竟然会卷入有关美食品位的问题中,尤其是这些品位属于,或者说迎合的是社会经济光谱中的高端人群。鹅肝禁令对于这一群体的社会和美食政治力量而言是一次冲击。他们持有异议,并用"选择"这一措辞来表达,说明这种管制的尝试是非常不受欢迎的。因为芝加哥鹅肝条令禁止的是销售而非消费(甚至分销),市政府最终承认它缺乏对这一领域的管制权。

道德品位和社会阶层

在芝加哥鹅肝禁令的发展轨迹中,对社会阶层的提及比比皆是,无论是公开的还是隐晦的。鹅肝在美国价格高且供应有限,因而处于阶层和消费的特定交叉点上,要求具备罕见的文化知识——用法国学者皮埃尔·布尔迪厄(Pierre Bourdieu)的著名观点来说就是"文化资本"(cultural capital)。[47] 对"贪吃的暴食者"和"挑剔食物者"的谴责变得敏感起来,使鹅肝成了芝加哥和其他地方动物权利活动人士的正当目标。然而,讽刺的是,动物权利团体本身常常被丑化为与普通人的需求相脱节的富人群体。鹅肝的狂热支持者和反对者主要为得到同一批社会受众——受过良好教育且相对富有的,声称关注食品道德政治的人——的支持而展开竞争。

当然,对于社会学家和食品研究学者来说,将食品和烹饪、社会阶层以及道德化的"他者"相联系起来的理论远非新颖的。[48] 我们都知道,食品选择并不完全是个人决定,而是受到社会驱动力的联合限制——文化信念、成本、可得性、广为认可的形象和社会准则及个人偏好。食品和饮食与人们的生活、身份认同和经历之间的交叉逻辑相关,而品位——引申开来还有反感和厌恶——必

139

然受限于这种关联。根据布尔迪厄所说，品位是这方面的"实际操作者"，将诸如食品和烹饪方式这类对象转变为了截然不同的阶层地位象征。因此，对于社会学家来说，有争议性的品位必然会在阶层化的社会关系背景下出现、发展和再生。

这对芝加哥人（和其他人）如何理解什么是鹅肝以及鹅肝意味着什么产生了影响，尤其是对那些之前并不熟悉鹅肝的人而言。使一种解释比其他的更吸引人通常取决于这一解释是怎么以及由谁提出的。[49] 就此而言，活动人士利用了公众对鹅肝的不熟悉，以此作为他们实现目标的资源。举个比较有说服力的例子，在卫生委员会召开多次会议到市议会通过该禁令之间，某天下午，我跟随两名动物权利活动人士去为"禁止鹅肝"的请愿书收集签名……地点是在芝加哥南区一个工薪阶层社区的快餐店里。他们和人们交谈，向他们展示鹅肝生产的照片，解释鹅肝就是强制喂养的鸭子的肝脏，为富人生产这种食品的过程残忍而痛苦。几乎无一例外，人们看起来很震惊，评论称他们大为反感，伸手接过递上来的笔——通常与此同时还在吃着他们的汉堡。

然而，他们（和为其提供服务的餐厅老板）可以在不惧怕被指责的情况下进行抵制，这一事实影响了污蔑吃鹅肝者的企图。就本质上而言，将违反法律视为一种夜晚娱乐的想法尤为适用于涉入其中的精英阶层。任何惩罚本就是微不足道的——这些反对策略没有被逮捕，甚或被罚款的风险。我参加的一场"鸭吧"晚宴的现场记录为这种风险或担忧的缺乏提供了绝佳例证：

这是一个寒冷的冬夜，下午刚刚下过冻雨。而另一方面，餐厅温暖的餐室里充满了活力和生机。一群自己选择前来的穿着考究的芝加哥人正在吃着橄榄制成的点心，喝着葡

萄酒,还畅聊着禁令。我听到其中一人说有种"做坏事的兴奋感",另一人说他感觉"像在一场派对上喝啤酒的青少年"。 140
还有一人对他同桌的伙伴说,相比"爱卖弄的市议员而言",他更信任这些主厨。穿着洁净的白衬衫,打着领带的服务员端着托盘从厨房走出来,把它们放下。看起来娇小的餐厅老板的 12 岁女儿,戴着自己的无边女帽,穿着白色的主厨上衣,有人递给她一个话筒,她宣布了第一道菜——"带有水果果冻和烤面包块的包布鹅肝"。几分钟后,另一位主厨——负责当晚菜肴的主厨之一——从厨房走出来,大声地问就餐者们,"你们吃它了吗?"就餐者们以欢呼声回应,并且响亮地喊着"吃了"!在餐厅外面,两名警官正在监视着 20 多名抗议者,他们举着标牌,反复呼喊着"为有钱有势的人准备的奢华盛宴!"和"残忍的东西不是佳肴!"警官告诉活动人士,他们不能站着不动,而是得在狭窄的人行道上一直绕圈行走。在现场并且和活动人士交谈的还有一名来自《芝加哥读者》的记者和两名当地电视台的新闻工作人员。警官并没有进入餐厅。

那些餐厅里面的是违法的人,但是警方关心的是外面的和平抗议。虽然说违反禁令是卫生部门的管辖范围,但是这些警察的行为还是诸多例证之一,表明了芝加哥市在执行条令时的矛盾情绪。

美食政治和"选择"

正如利兹·科恩(Liz Cohen)和梅格·雅各布斯(Meg Jacobs)

这样的文化历史学家所详述的，在整个 20 世纪的进程中，做一个好市民和做一个好的消费者成了相互交织的概念，这在很大程度上是因为政府项目的支持和政策制定者对保护美国经济的兴趣。[50]"市民"的概念会使人想起一个普遍性的范畴，该范畴以参与到选民政治中的人的理性、判断和集体归属感的设想为基础。即便许多由消费驱动的社会所产生的质疑就本质而言基本都是体系性的，但是，"市民—消费者"的概念还是将社会变革的责任放到了经营市场的个人手中和选择中。它使社会责任个人化，并努力说服人们相信他们能通过购买正确的产品而让这个世界变得不同。

这里给人的印象是，消费选择就是"投票"。这种修辞比喻源于几十年来，美国消费者发现他们的美元就像能买到东西一样，也能买到政治压力，[51]它是美国美食政治的最佳写照。核心观念就是有竞争力的市场会回应消费者的需求，而反过来又会将新的供应商吸引到该市场上来。在有足够"投票"的情况下，市场竞争结构也会相应地进化。换句话说，人们可以通过在市场道德经济中的选择来发挥自己的能动性，并行使自己的公民权。[52]尤其是根据民意测验显示，美国人越发不再幻想自己能在选举或监管政治中产生影响，再或者是在法律上成功地对抗价值数十亿美元的食品产业，而用某人的美元——或某人的叉子——"投票"是以不同的方式包含在这种幻想中的。[53]

在这种观念模式中，个人和社会身份以及消费者运动都是通过商品具体表现出来的，并通过消费者行为变得固化的。这将政治面向添加到了选择或拒绝某些食品的行为中。它号召普通的消费者谨慎和有目的性地花钱，用于某些吃的东西和某些地点（比如农民市场），同时避开其他的（比如持某种宗教立场的老板

所开的快餐店或公司）。动物福利和权利的拥护者同样鼓励人们
在吃肉类的问题上"投票"（尽管是提倡节制）。但作为食客，人们
只能在由商业和监管群体所提供的选择中"投票"。除了消费者
选择外，还有很多其他的因素在建构市场方面发挥了作用。谁有
能力和资源来"用他们的叉子投票"仍旧是一个突出的社会阶层
问题。[54]这一比喻碰巧肯定了个人选择的自由主义修辞，避开了
人们的选择会受到其他人和他们自己生活环境影响的无数种方
式。这就是围绕着芝加哥事件的美食政治模式，它将有关品位和
选择的措辞与公开的利益相关者政治的措辞结合在了一起。

尽管动物活动人士希望芝加哥的高级食客可以通过不吃鹅
肝的方式来"投票"，但是他们还认为就道德意义而言，法律禁令
是公正和必要的。如果鹅肝实际上是一种"严重虐待的产物"，
那么他们就有道德责任去做得更多，而不是让消费者随心所欲
地决定。重要的是还要注意到，无论是在芝加哥还是全国各
地，主厨和餐厅老板关于鹅肝的立场远远不是统一的。例如，
在一次市议会卫生委员会为该禁令做准备而举行的听证会上，
迈克尔·阿尔滕贝格（Michael Altenberg）——当时是"康帕纽餐
馆"（Bistro Campagne）的主厨兼老板，他也一直是芝加哥地区的
地方食品运动的支持者——声称，在看了"美食的残忍"网站的视
频之后，他将鹅肝从菜单上拿掉了，所看到的一切令他大为震
惊。[55]在如"食道"（eGullet）这样的在线主厨论坛上的讨论一直都
是既如火如荼又引人深思的，其中充满了关于鹅肝的社会价值和
烹饪价值的激烈争论。在那些鹅肝已经变成政治问题的美国城
市中，地方精英和意见领袖也产生了分歧。

我在芝加哥采访过的主厨主要分为三个阵营：与活动人士
意见一致的人；认为不管条令是错误的还是不公正的都应该遵守

142

的人；按照他们所持的异议行事的人。这些主厨中有一些（包括那些几乎不供应或仅仅是零星供应鹅肝的人）对养肥肝脏这件事本身并不关心。他们主要的异议是，市议会正在告诉他们能烹饪什么或不能烹饪什么。有些人称该禁令是"禁令主义者的胡闹"，称其支持者是"食品警察"，还称芝加哥为"一个保姆式城市"，因为"还有一场选举就到全市的睡觉时间了"。许多人还公开质疑代表动物权利团体来芝加哥作证的专家。

就其本身而论，在鹅肝登上芝加哥议程的整个过程中，它变成了一种更为重要的美食政治象征，但并不是活动人士所期望的方式。该禁令在字面上的不严谨和执行不力给了人们以创造性方式来回应的空间。还出现了一种新的、相矛盾的释义这一问题的方式。那些绕开该禁令的人开始为自己的行为辩解，声称他们是受到了捍卫"选择权"这一意愿的激励，这很快变成了一个主要的框架，将边缘性问题转变成了看似非常重要的问题。迈克尔·聪托恩这位决然地将团体定名为"芝加哥主厨的选择"的联合创始人毫不夸张地对我说道："作为餐厅老板、零售商和供应商，我们想要保护自己的选择和自己的利益，不受个人针对产品发起的道德运动的影响，这些产品在这个国家是可以合法生产的。"他坚称，处于危险之中的是美国理想的核心价值观。这是一种文化意义上的公开声明，因为它将选择视为一种高尚的甚至是神圣的原则。它的个人主义者倾向与强调自由、独立和个人责任感的美国文化叙事相呼应。[56]《芝加哥论坛报》的美食评论家菲尔·维特尔（Phil Vettel）在禁令被撤销后提出了一个相关的观点："不能通过禁止来除掉你不喜欢的东西。你可以对它征税。"[57]

我采访过的大部分主厨都谨慎地解释道，他们的立场并不意味着他们支持虐待动物。远非如此。和动物权利的拥护者一样，这些主厨中有很多都想让人们知道在他们盘子上的食物来自哪里，并且对合乎道德的和可持续性的饮食充满了热情。和动物权利活动人士一样，许多主厨都对人们如何从道德上评估食物进行过深入且批判性的思考。然而，和活动人士不同的是，他们认为动物是可以食用的。实际上，有些人认为活动人士所提出的鹅肝"本身就是残忍的"这一观点有误；在这方面，他们相信生产者的技术，无论是美国的还是法国的。其他人认为是芝加哥市不公正地挑选出这种食品，以其作为"获得关注"或者"和挑剔食物者联系起来"的一种方式，他们指责道，该法令是鬼鬼祟祟地通过的。在和我的讨论以及他们彼此的讨论中（对此我都知道），他们经常提出工业化的鸡肉、火鸡肉、猪肉和牛肉生产对社会和环境的负面影响以及那些家禽被对待的方式，以此作为对照点。"我当然宁愿当一只肥肝鸭，也不愿当一只肥火鸡。"一名主厨对我说道。就其他动物来说，存在道德劝诫，但并没有相关法令。不止一位受访者说，鹅肝是一个"伪问题"。

对于活动人士来说，这种花言巧语的反击既惹怒了他们，也是在挑衅他们。有几个人声称，"选择"和"伪问题"的论点站不住脚。在一场抗议活动上，一位活动人士惊呼道，"他们一直在说'选择的自由'。但是，虐待动物并不是一种选择！这是体制上准许的残忍行为。它玷污了我们整个社会，助长了针对所有弱势群体的暴力。"她认为自己的角色是唤醒社会意识，将鹅肝视为一场道德运动。[58] 对于她和其他人来说，维护条令的有效性和反对无视法律是公民责任和道德必然性的重点。因此，对于这一问题的双方来说，鹅肝的道德价值和贬值都被这些有争议性的品位过滤掉了。

结论：城市舞台上的餐馆剧院

芝加哥鹅肝禁令的发展轨迹是一次试验，帮助我们理解了围绕鹅肝的道德和法律地位的美食政治争议在美国背景下是如何演变的，以及在售卖鹅肝成为一种"犯罪"的情况下，这些变化是如何影响实际发生购买行为时的争议的。即使鹅肝实际上是一个"伪问题"，但是，整个城市精心策划的事件——无论是支持还是反对禁令——都表明，有些人非常关心该禁令所代表的意义，因而才参与其中（即使并没有对严重处罚的担忧）。人们对这种情况的释义是相互冲突的。鹅肝变得比肝脏更为重要了。

这些事件及其背景本身就是非常重要的象征。餐厅作为实际上和象征性的空间，"处于其中的文化会被争夺和塑造"[59]，是在市场、社群和法律的间隙中运转的。芝加哥鹅肝条令的文本明确提及了在本市"享有盛名的餐厅里"提供"最佳就餐体验"的重要性。政策制定者关注的是声望——不仅是为了赢得连任，而且是为了让他们所代表的地方和人群被注意到。尽管芝加哥能够，至少是暂时能够在餐厅的厨房和餐室内禁止鹅肝，但是它对这一行为于社会旁观者的作用却没有周密的计划。我发现，参与争论的人都在试图将"芝加哥"本身定位为一个充满意义的象征，并围绕其进行组织筹备。芝加哥是什么样的城市呢？芝加哥人是什么样的人呢？芝加哥应该成为什么样的城市呢？

从根本上而言，逐渐控制住话语领域并最终影响了撤销禁令的关键看法使芝加哥沦为了一个笑柄。持不同意见的精英们嘲笑这个禁令就是一个笑话，其中包括芝加哥自己的市长。

在喜剧中心频道（Comedy Central）的《科尔伯特报告》（*The Colbert Report*）中，它成了一个反复出现的笑点。《经济学人报》（*The Economist*）的一篇文章认真思考了该禁令所引发的诉讼和请愿会给城市带来多少损失。[60]芝加哥著名的"哈利·凯瑞"餐厅的经理对《纽约时报》说道，他们在禁令生效的当天参与了售卖鹅肝的活动，因为"该禁令让芝加哥蒙羞"。[61]全国各地的知名主厨都用尴尬和羞愧的语言来谴责它，其中包括安东尼·伯尔顿、戴维·张（David Chang）和托马斯·凯勒（Thomas Keller）。伯尔顿称芝加哥为"一个愚蠢的牛仔镇"，就像餐饮评论家菲尔·维特尔在禁令刚刚撤销后于《芝加哥论坛报》上所说的，"这座试图成为奥林匹克目的地［当时正在申奥］的城市并不希望看起来像个愚蠢的牛仔镇"。[62]

尽管具有先驱性和开拓进取性的法律也许会吸引拥护者，但是它也会危及声誉。市议会所收到的和注意到的负面关注最终说服其成员撤销该禁令，而不是勉强默许餐厅老板和难以取悦的美食家半合法地规避禁令。人们嘲笑称，芝加哥似乎"更关心鸭子"，而不是影响城市居民的问题，比如无家可归、破败的公立学校、街头暴力和失业，而来自全国动物权利团体的积极响应并没能盖过这些嘲笑。此外，动物权利领袖在事后对市议会在动物虐待问题上"出尔反尔"的指责并没有准确地反映所发生的事件。市议会一开始并没有采取道德化立场：该条令并没有在市议会全体议员中公开讨论，实际上，许多市议员承认直到事后，他们才发现它包含在2005年4月的综合项目中。就此而言，芝加哥市并没有投入真正的时间和金钱来执行该条令。矛盾情绪是常态，而非例外。

芝加哥"禁止鹅肝"一事表明，诸如鹅肝这类东西的美食政治价值是从象征意义上对之加以利用的人相互影响的结果。经由这些特定的相互影响交织而成的争论点引出了市政府的制度权限问题，也就是它对有道德的消费者意味着什么以及一个人可以被允许拥有多大程度的"选择权"。实际上，该条令是以某些有意义的方式服务于所有卷入其中者的利益的。对于想要供应鹅肝的主厨和想要吃鹅肝的消费者而言，所造成的不便仅有一点儿而已，因为该条令执行不严，他们随时都能得到相关产品。在该条令于 2008 年被撤销后，这座城市里有更多的人知道了鹅肝，现在他们几乎可以在任何地方订购鹅肝。许多餐厅注意到这种新需求，开始在他们的菜单上供应鹅肝。到 2014 年为止，尽管金融危机和经济衰退仍然历历在目，但是相比禁令之前，有更多芝加哥市的菜单上出现了鹅肝。[63] 对于芝加哥市的动物权利活动人士来说，该条令为他们的组织和他们一直支持的其他问题带来了公众关注。就某些方面而言，这场运动也让他们和志同道合的人及致力于互补性问题的组织建立起了联系。但是，它也带来了一个非常意想不到的影响：对于一些知名的、新潮的主厨来说，鹅肝成了一个造成分歧的问题，要不然的话，这些主厨本来会成为其他动物权利运动的盟友，而非相反地视这些动物权利活动人士为敌。

除此之外，与这些争论紧密相关的象征性政治表明，情绪是一种出色的销售工具——无论所贩卖的是一个故事、一种道德判断还是一道开胃菜。当涉及食品政治时，这一点尤为关键。对于我们的身份认同、我们和所居住地区及所属社群之间的联系而言，食品是至关重要的。人们对食品充满了激情。然而，关于吃什么是正确的或是错误的，21 世纪的消费者畅游在一片混沌不清的信息海洋里。政治化的食品，即便是那些绝大多数人都不吃的食品也会戳到痛处。与晦涩难懂的政策问题不同,关于食品的争论吸引着人们。在芝加哥,无论是就想法还是现实情况而言,鹅肝出现在盘子上都让它变得非常突出,导致不同群体为了文化权威和公众同情而相互对立起来。

第五章
视角悖论

　　几年前，在一个微风和煦的春日，我从纽约市驱车向北，去参观哈德孙河谷鹅肝——美国最大的鹅肝生产商。我从之前在法国西南部的经历中得知，鹅肝经营有不同的特点和规模，生产管理和生产商思维也各不相同。例如，我发现不同的农场会使用各种各样的强制喂食技术，分销和销售场所也各异。我了解到，每家农场的动物都会时不时地生病或过早死亡，但死亡率和患病率还是有相当大的差异的。我认识到，相比看到关在集体围栏里养的家禽，看到关在单独金属笼子里用填喂法养的鸭子让我觉得更不舒服。然而，在法国，不管怎么说，我遇到的大部分鹅肝生产链上的人都将它描述为他们食品文化和民族身份的重要象征——一种根植于文化遗产和历史遗产中的物质产品。而且，在我见过的法国生产商中，有许多人之所以选择这个职业，是受到了家庭因素和当地的社群历史影响。鹅肝的主要生产区——西南部各省连绵起伏的丘陵地区——都以充满古朴气息的独特风景和需要受到免遭全球化风暴侵袭的保护来迎合法国消费者的心态。

　　我期待着亲眼看看美国最大的鹅肝生产商与之相比如何。那里是怎么样的呢？我在几个月前采访过哈德孙河谷鹅肝的共同所有者之一迈克尔·吉诺尔，就在长岛（Long Island）的他家附

近。现在,我想要直接听听负责农场经营的人的话。哈德孙河谷 148
鹅肝每年生产大约 35 万只肥肝鸭,随着鹅肝生产的道德性激起
美国人的怒火,它发现自己成了众矢之的。关于鹅肝合法性的争
论在全国的某些地方已经变得极具煽动性了。芝加哥于前一年
禁止了餐厅销售鹅肝,加利福尼亚州的生产和销售禁令也迫在眉
睫,而在包括附近的纽约市在内的其他城市,抗议活动和可能出
现的立法成了新闻头条。

与过去 10 年来刺激着一些记者去参观哈德孙河谷鹅肝的动
机不同,对我进行这次参观的主要吸引力并不是报道鹅肝生产的
道德"真相"。[1]确切地说,我的兴趣在于更好地了解他们的经营情
况及与变化中的市场和政治环境有关的未来计划,还有他们对鹅
肝最近引发的激烈争论的阐释。更概括地说,我希望这次参观可
以帮助我理解美国和法国的鹅肝为什么走上了如此不同的文化
路径。结果证明,市场体制是法国鹅肝文化背后的一股非常重要
的隐藏力量,我感到好奇并想要直接了解的是,在缺乏体制支持
和深层文化价值的情况下,美国的生产商是如何计划他们的工
作的。

按照农场的另一位联合创始人/所有者兼总经理伊兹·亚纳
亚为我指的路,我穿过卡茨基尔山(Catskill Mountains)连绵起伏
的群山,那里的山上还覆盖着初夏的绿叶。我到了一扇金属大门
前,上面只有两个小牌子,一个是公司的名字,另一个写着"私人
所有"。我驱车穿过大门,在没有铺柏油、满是碎石的区域把车停
在了其他几辆车旁,然后环顾四周。和周围的景色不同,这家农
场并不是一个优美的地方。这里的建筑物都是长长的,又很低
矮,屋顶锈迹斑斑,金属壁板看起来破旧不堪,没有任何标志。[2]水
泥地基上有些小木屋,看起来是草草建起来的,坐落于这片地产

的一侧。后来我才得知，大约有 150 人——工人及其家人，都是墨西哥移民——住在这里。（而后，我还对这家农场的劳工情况进行了调查研究。因为农场工作不受大部分劳工法的约束，包括加班工资，所以农场可能会会成为工人被压榨的地方，尤其是对移民工人而言，不过农场间有很大的差异。[3]）哈德孙河谷鹅肝非常不同于、规模也更大于我在法国见过的农场。

149

伊兹走过来迎接我，紧紧地和我握了握手，然后说他需要把一个笔记本电脑送到他的办公室去，"这样我们就能从头至尾地观看鸭子了"。他马上开始做正事了。我们走向一栋没什么特征的水泥建筑物，穿过一个铺着耐磨地毯的长廊，那里挂着装裱好的典型的法国鹅肝海报和来自全国各地著名餐厅的菜单（通常上面还有餐厅主厨的亲笔签名），哈德孙河谷鹅肝在这些菜单上占据着重要的位置。伊兹自豪地指着其中的一些签名说道："当人们在闲聊中问起我以什么为生时，我会说'鸭子农夫'，因为美国有 90% 的人都不知道鹅肝是什么。"

在放下笔记本电脑之后，我们上了伊兹的车，前往这片地产的另一侧。当我们在没有铺柏油的路上颠簸时，伊兹一边用沙哑且带有以色列口音的声音大声地说着，一边配有大量的手势。他几乎立刻就开始辩解起来，甚至我都还没有直接问有关鹅肝生产的情况。

伊兹愤愤不平地对我说，他每周至少有两到三名访客——主厨、记者和其他在接触到活动人士的谴责后想要亲眼看看鹅肝生产情况的人。他解释说涉及他的关键问题是关于虐待的，他声称正在"尽可能地公开"，允许访客前来，即便这会花费他的大量时间，"因为外面有太多的错误观念了"。那周的晚些时候将有一群尤为知名的餐厅老板和主厨从纽约市前来，伊兹担心地大呼，他们可能会"走帕克（Puck）的路"。3个月前，出生于奥地利、扎根于加利福尼亚州的超级厨师沃尔夫冈·帕克（Wolfgang Puck）——第一位登上福布斯百位名人榜（Forbes Celebrity 100 list）的主厨——宣布放弃以鹅肝作为其新烹饪理念的一部分。帕克的数家餐厅，从快餐到高档餐厅都在提倡使用有机蔬菜和肉类，并且不允许使用在层架式鸡笼里养的母鸡下的蛋、板条箱里养的猪的肉、圈养箱里养的牛犊的肉，还有鹅肝。不过，这一规划并不是自发产生的；而是因为动物权利团体"农场庇护所"和HSUS以帕克及其"恶劣的做法"为目标，发起网上和现场的反对活动之后才出现的。

150

这一关于"错误观念"的表态说明伊兹认为他自己的立场才是正确的。他继续说道，他认为从人员抽样看，来参观农场的人偏重于怀疑论者：

> 每个来农场的人的主要问题都基于他们从动物权利人士那里得到的信息。也就是，这些鸭子正在受苦吗？它们痛苦吗？它们正在被折磨吗？好吧，你可以看看它们如何。看看你能不能看到挣扎或听到尖叫。就算你不是个科学家，如果他们正在受苦，你也能辨识出它们的感受吧。你就来看看吧。

从表面上看，伊兹在说的和鹅肝最顽固的敌人对我说的是同样的事情——只要注意观察这些鸭子，任何人都会知道它们是否正在受苦以及强制喂食的过程是否真的残忍。这些家禽看起来害怕吗？听起来难过吗？像是不舒服吗？它们会抗拒金属管或喂食者吗？你们——观察者们——会因为狭窄的空间、温度、湿度和气味而感觉生理不适吗？所有人都认为这种简明的观察行为，也就是通过某人的感官来体验的行为可以解决对立心态间的冲突。但是，如果双方都严重依赖于完全相同的"自己寻找"和"要是另一方有正确的信息就好了"这类措辞，那么诉诸经验主义的观察要如何解决问题呢？[4] 那个特别的早晨，在我驱车前往农场时，这种认知上的矛盾实际上一直主导着我的思绪：我或者就此而言的其他人，了解我所看到的是什么吗？我从双方阵营听到的论点——关于个人，"自然"和感官体验的——不管怎么说都是有利有弊的。人们如果不应该赋予痛苦或不适以人性，那么也不应该赋予平静以人性。我们要借用托马斯·内格尔①经常引用的问题：我们如何能知道成为一种不同的动物时"是什么样的"？[5]

151　　接着，伊兹和我到达了我们的目的地。他打开门，2 000 只毛茸茸的、黄色的、叽叽喳喳叫着的两天大的幼鸭——那天早上刚刚从农场在魁北克的合作孵化厂运送过来——迅速地向我们涌来。伊兹解释道，这些幼鸭都是公的，因为公鸭的肝脏更适合用于制作鹅肝。[6] 之后，我们上了一段楼梯，去看育鸭过程的下一个步骤。伊兹打开了一扇通往一个大房间的门，有几百码长，里面都是幼年灰鸭，其羽毛已经变成黑白相间的了。和整个法国的工业化鹅肝操作类似，哈德孙河谷也用骡鸭，杂种和无繁殖能力的杂交鸭的肝脏质量好且稳定。这个房间很明亮，清晨的阳光透过大窗子投射进来，嗡嗡作响的大空调让这里保持着凉爽。在整个又大又空的房间里，每隔一段距离就安置着饲料站和给水站，地面上覆盖着稻草。鸭子们站得很近，但仍旧有活动的空间。这是

---

　　① 托马斯·内格尔（Thomas Nagel，1937— ），美国哲学家。以对心灵哲学中还原论的批判为人所知，尤其是于 1974 年发表了论文《成为一只蝙蝠是什么样的？》（"What is it like to be a bat?"）。——译者注

我见过的在一处养了最多鸭子的地方。这与我在法国所看到的一切形成了非常明显的数量对比，法国的产业都是垂直分化的。尽管像我参观过的露杰工厂这样的公司也是大型企业，每天生产成千上万的肝脏，但是那里的肥肝鸭的饲养和强制喂食是分散在全国几千家农场的。而哈德孙河谷则是在一处地点包办一切。

　　我们在那里站了几分钟，就那么看着幼小的鸭子。它们并没有像幼鸭那样朝我们涌来，但是它们也没有跑开。我问了关于这些鸭子缺少接触户外空间机会的问题，这是活动人士对哈德孙河谷鹅肝的鸭子待遇的另一项谴责。伊兹有点儿戒备地回应道，他们过去常常在较温暖的月份把鸭子放到外面的围栏里。但是在外面的时候，即便有围栏，鸭子也很容易受到捕食性动物的袭击。不久前，他们的鸭子还被狐狸、狗、浣熊和鹰吃了。除此之外，在前年的时候，纽约的环境保护部门曾建议在室内养鸭子，以防它们被经过的野生鸟类传染禽流感。最后一个理由是关于鸭子排泄物的环境影响问题，这也是在回应政府监管部门的担忧。农场刚刚安装了一个价值 60 万美元的新系统，以处理畜棚里积攒的粪便，但是这个系统不能在外面操作。基于这些原因，他和农场的运营经理马库斯·亨里（Marcus Henley）决定暂时停止户外活动。

　　我们返回车上，前往一栋不同的建筑物去看处于填喂期的鸭子，在我到达这里的时候，伊兹本来就是从这栋建筑物里走出来的。在开车过去的时候，他解释说哈德孙河谷鹅肝的鸭子是每天喂三次，而不是像法国那样一般喂两次，这是为了通过以更小的增量来增加饲料量的方式帮助它们适应这一过程。几乎每次伊兹说起"喂食管"时，都会说"并不残忍"。我想知道，把这些话串联在一起是一种有意识的决定，还是在面对源源不断的访客和媒体采访要求的情况下已经变成了他的第二本性。"但是别信我，

152

相信鸭子就行了。"我认为他所说的这话也是老生常谈。换句话说,他再次邀请我用自己的眼睛去判断。

这个房间昏暗且嘈杂,当时有几个人正在为坏掉的气动喂食机器忙活着,那机器看起来和许多法国的工业化工厂使用的类似。伊兹问了问他们是否有什么进展。他对我解释道,他们是用"漏斗和钻子那种旧式的祖母式方法"喂鸭子的,但是他们正在几百只鸭子身上"试验"这台机器,想要看看它们的肝脏会变成什么样子。(并没有提及的是,这种机器就是鹅肝的反对者以及声称更看重以"手工"方法生产"传统"鹅肝的主厨和消费者们所严厉批评的那类。[7])

我们在长长的、有回声的畜棚里转了转。里面的灯光很暗,空气闻起来有点儿刺鼻的味道,但并不是氨气。(没有氨气的味道说明空气干净且循环良好。)我看到四周是一大群黑白毛相间的鸭子,它们几乎都不理我们,既没有朝我们而来,也没有远离我们而去(参见图 5.1 和图 5.2)。这些鸭子是在 18 天大的时候开始被填喂的(在 28 天大时结束),它们被安置在三长排凸起的围栏里,每个围栏里有 9 只鸭子。当我接近的时候,它们并没有跑开。布里吉塔(Brigita)——伊兹称她为一个"典型的幼崽喂食者"——坐在一个围栏边的凳子上,正在喂鸭子。布里吉塔暂停了片刻,迅速地向我们点头致意,然后就抓起一只鸭子,将它放在两腿之间,把挂在她左臂上的漏斗装置插进鸭子的嘴里,顺着食道向下。鸭子一直保持一动不动。她用另一只手把一勺定量的碎谷物(其中含有 89% 的玉米、11% 的大豆和维生素补充剂)倒进漏斗里,按摩鸭子的脖子一分钟,再把饲料喂进去——这显然就是伊兹所称的"手工喂食",而非"强制喂食"。之后,她把管子从鸭子的嘴里滑出来,把鸭子移到她的左边,鸭子会晃晃头,然后穿过围栏的栏杆,在有长流水的水槽里喝口水。

图 5.1　哈德孙河谷鹅肝里正处于填喂期的鸭子，2007 年 6 月

图 5.2　近距离观察哈德孙河谷鹅肝里正处于填喂期的鸭子

然后，伊兹带我下楼，去了畜棚里的另一个不同区域，那里有一群刚刚被填喂了两天的鸭子。他为我详述了这一情况，让我注意这些鸭子"是更为紧张和恐慌的"，他说道：

> 填喂是一个过程。它们在第一天时感到害怕，这时它们还不习惯于被操控。你得训练它们，就像训练狗拴着狗链走那样。你骑马时，坐在它身上，将你的全部重量施加给它，这是在折磨它吗？前几次确实有些煎熬，但是之后它们很快就熟悉了。把这些鸭子和楼上那些鸭子比较看看吧……我这么问不是因为我想让你认同我。我是正在询问你。它们的表现不同吗？

确实不同。实际上，这些鸭子互相叫嚷着，都挤到了围栏里远离我们的那边。"你之前看到的那些鸭子怎么样呢？"伊兹近乎大喊道。"在你眼里，它们看起来害怕吗？它们看起来是备受折磨吗？"他坚持问道。这间接地指向了女演员洛蕾塔·斯威特在芝加哥市议会所作的证词，"它们看起来像阿布格拉布里的伊拉克人吗？"当我回答说"在我眼里并不是那样"时，伊兹坚决地点了点头，不过我忍不住想到那些难民或战俘的习得性无助①，他们的意志已经被摧毁了，而表面上看起来还是满足的。

过了一会儿，我们回到伊兹的办公室，谈话转到了对鹅肝的反对上。马库斯·亨里加入了我们，他是一个说话温和的家禽饲养老手。伊兹开始表达他的沮丧之情，一边说着一边用拳头捶着

---

① 习得性无助（learned helplessness），指在遭受不断的失败和挫折后，在情感、认知和行为上表现出消极放弃的心理状态。——译者注

桌子：

> 科学证据是非常明显的。完全——百分之百——可以
> 驳倒反对的活动人士。所有的[科学家]都承认,其中并没有
> 涉及虐待。任何了解农业的人都知道家禽并没有遭受折磨。
> 但是,他们提出的议题远比鸭子严重得多。你看到了那些鸭
> 子,看到了它们并没有害怕。所以,我的问题就是如果是这
> 样的话,到底是怎么回事呢?如果他们知道我并没有在折磨
> 这些鸭子的话,他们为什么还要做正在做的事情呢?他们为
> 什么要让我一年损失 100 万美元用于赔偿呢?美国农业部
> (United States Department of Agriculture, 以 下 简 称
> USDA)的检查员每天都来这里。他们是在说美国农业部并
> 没有做好他们的工作吗?我们有尽可能多的科学家,有来自
> 美国兽医协会(American Veterinary Medical Association,
> 以下简称 AVMA)的人,还有中立者和我们一起去屠宰场检
> 查食道,说"我们没有发现任何问题"。[8]

155

伊兹继续说道,他和马库斯"一直很忙",但不是忙于饲养鸭
子,而是忙于处理针对农场的起诉。从法律上反对哈德孙河谷鹅
肝的动物权利紧急事件,不仅仅会基于对残忍的指控,而且还会
从一些次要方面质疑农场。该公司经历的数次法律纠葛包括:
因未经批准就建立了一个废水氧化池,纽约州环境保护部门对他
们罚款 3 万美元;2006—2007 年,HSUS 指控他们正在售卖掺假
和染病的产品,但该诉讼被驳回了;[9] 2010 年,有一项联邦指控,
称其违反《洁净水法案》(Clean Water Act)。伊兹解释说,有些
投诉,尤其是关于他们的房屋情况和修复需要的投诉是有根据

的,但他没有时间和钱来解决。针对他们的指控一旦被裁定、解决或驳回,活动人士团体几乎立刻就会提起另一项请愿或法律投诉。在纽约州,只有在特定情况下才能从驳回的民事诉讼指控中追回法律费用,这就意味着收回钱实际上是不可能的。

> 他们正在试图葬送我们。我们每个月的诉讼费至少 3 万美元! 律师、律师、信函和律师。我们没钱来改进我们的设施、修缮我们的大楼。于是出现了更多的违规行为。这是个循环。

伊兹突然转变了话题,从办公桌抽屉里拿出一篇报纸文章,上面有一张沃尔夫冈·帕克正在签署一份宣布其新理念的文件的照片。"接着,他们就会转向主厨们! 看吧,"他指示道,这涉及的是我们之前的谈话:

156

> 你会看到他正处于焦虑中。你会发现某个来自人道协会的家伙正躲在桌子下,抓着沃尔夫冈的命根子。现在,他为什么决定签署那个文件呢? 他为什么决定远离鹅肝、小牛肉和其他东西呢? 他是动物的捍卫者,但是他从没有来过我的或吉耶尔莫的农场,就在一个月前,他还在到处宣传鹅肝!

他毫不停顿地用听天由命的语气回答了自己提出的问题。"从政治上而言,这于他是有利的。他们抨击他很长时间了。他的顾客非常容易受到攻击。"

在伊兹停下来喘口气的时候,马库斯立即补充道,"农场主们是不想伤害动物的。"他对我说,举个典型的例子,几年前,他们曾短暂地尝试过在法国随处可见的单独的监禁笼子,但是很快就中断了,因为鸭子们"过得不好",结果是"相当失败的",这种笼子让他"个人感觉非常不舒服"。马库斯同意伊兹的观点,认为HSUS是"要我们的血肉,即便每次只要一滴",他解释说兽医研究支持他们的立场,是的,是有漏斗和管子沿着鸭子的喉咙插进去,它们的肝脏会被撑大,但是只要负责任地完成,他们所做的是不会造成痛苦和伤害的,也不是残忍的。[10]他明确地说,这一过程是模仿野生的鸭子和鹅:在迁徙之前为储存脂肪而吃过量的东西。[11]在一周后的后续邮件中,马库斯对我说,劳伦斯·巴瑟尔夫(Lawrence Bartholf,纽约兽医协会的前任主席,哈德孙河谷鹅肝的网站上有他的详细介绍)已经和其他著名的纽约市访客一起参加了参观活动,该活动向他们解释了填喂法和鹅肝生产背后的科学原理——水禽的食管没有呕吐反射和感官神经,因此,它们可以吞下"整条活鱼,用管子也不怎么费力"——以及最近有关鸭子的厌恶行为的动物行为学研究工作。马库斯写道:

> 我们所看到的是那一大群鸭子几乎都不介意在那里的人们。当然,鸭子们还是对这支由7个大个子组成的参观团队有点儿厌烦的……接着,我们去了加工车间。为了给他们看,我们把一只鸭子开膛破肚并进行切割,给他们展示未加工的产品和包装好的产品,从肥肝到鸭腿。这给了劳伦斯·巴瑟尔夫医生一次机会,让他可以切实地解说鸭子的体内是如何运作的。一次非常真实的参观。

相反,同样是基于眼见为实的观点,鹅肝的反对者对于"它们正在遭受折磨吗?"的回答绝对是明确的"是的"。这引出了一个

157

相关问题——对于注定要被食用的动物，什么程度的不适是难以接受的残忍？对于有关遭受折磨的认识论问题，我并没有一个"是或不是"的答案。科学和人道的判断都提供了某种特定类型的专业知识，两者都需要阐释。我们从一项广泛的、涉及多学科的研究中了解到，人们所相信的，甚至是用自己的眼睛看见或声称看见的，和社会阶层、地位、政治信仰以及之前的信念都有很大的关系。[12]伊兹和他的对手及每一派的追随者都陷入了某些学者所称的"认知偏差"（confirmation bias），还有些人称之为"推测论断"（inferred justification）。这就意味着在一个非常情绪化的问题上，其中一方会挑选某些信息并忽视另一些，以支撑他们的论点。[13]当那些非常偏颇的提供信息者向我表达他们有关鹅肝的道德性的看法时，他们会主观地援引一些突出的特征，而忽视另一些。不确定的往往会被忽略。

而且，在这一案例中，即便是专业的兽医和禽类生物学家也会用完全不同的方式来阐释同一种信息，人们确实是这么做的。[14]武断的人往往会一直固执己见，即便在面对对立者的有力证据时也坚信自己的观点才是正确的。对"事实"的阐释和对驳斥证据（无论是论点、科学数据，甚至是感官印象）的拒不接受，也受到其他人是否在讲真话这一潜在文化假设的影响。[15]有时，向极端的偏袒者提出纠正性信息甚至可能产生某些政治科学家所说的"逆火效应"（backfire effect），因为这会加深误解，对于改变他们的想法产生反效果（例如，有关儿童接种疫苗风险的想法）。[16]当然，鹅肝远非唯一一有争议性的问题——无论是和食品相关的还是其他的。在这一问题上，人们常常以不和谐且偏颇的方式将证据搜索出来，进行阐释并同化为道德话语。在诸多其他的例子中，有一个是关于全球对转基因动植物的争论的。

　　就鹅肝来说,伊兹在回应他觉得动物权利活动人士为了获得公众支持而在他们的工作中提供了哪些有目的性的错误信息时,回答了他自己提出的"他们为什么还要做正在做的事情呢?"这一问题。他生气地说道:"我们是一个非常不费力的目标。非常容易受到伤害。动物权利那帮人,他们有一项议程就是阻止动物农业。我们是那棵树上离地面最近的苹果。因此,我们就是钥匙,控制着门。因为他们一除掉鹅肝,接着就会转到其他事情上。"

　　这种容易拿到的苹果的隐喻很恰当,不仅仅是因为它是可食用的意象。这是一个关于策略的问题,是会让人联想到选择和以鹅肝为目标的影响的问题。实际上,当选择一个目标的时候,动物权利活动人士并不仅仅在问"那残忍吗?"他们还在问,"这是表明立场的最佳位置吗?"旁观者可能会把对残忍的关注称为一种情感诉求,对策略的关注称为一种理性诉求。但是,这是一种错误的二分法。情感尤其可以被策略性地操纵。每一个问题的答案很可能都会影响另一个问题的答案。在我们的现代食品体系中有诸多影响动物的相当大的问题,为什么要围绕着对这个国家的饮食或商业几乎没什么影响的鹅肝来鼓动人们,而不是围绕着鸡肉、牛肉、猪肉或火鸡肉呢(其实还有无家可归或犯罪问题)?这种关注是如何在那些活动人士团体想要影响的人群中发挥作用的?

　　就鹅肝的案例来说,答案要基于那些团体是谁以及他们的利益所在。这些问题所暗示的是一套更为错综复杂的关系,其中包括我们所珍视的东西、我们说出来的所珍视的东西、各种目标的脆弱性,以及作为个人和社会成员的我们实际上愿意为之奋斗的东西。结果证明,对于那些质疑鹅肝合法性和存在的人来说,它已经成了一个既实用又成问题的目标。借用文化社会学中的一

个关键概念，即意义和价值都是有关联和规范的。[17]本章节表明，

在有关食品和品位的政治事务中，有争议性的问题是可以通过与之相关的概念来理解的，在某些情况下确实如此。对于许多人来说，美食政治也和盟友与对手的境况和观点，以及道德化的品位相关。这种争论也对我们如何从道德上归类和重视（贬低）某些独特的食品或实践提出了疑问。

本章剩下的部分将会分析根植于美国当前的鹅肝政治中的社会敌意。[18]正是这些相关的背景使"我们"和"他们"之间的象征边界，以及由之激发出的社会敌意，在当今的食品政治中依旧发挥着至关重要的作用。

一个实用的目标

如果说有什么事情是动物活动人士和鹅肝爱好者一致认同的，那就是鹅肝在美国是一个非常不费力的美食政治目标。它是由资源有限、几乎没有政治资本和拥有较小（但富裕的）消费群体的小规模产业生产的。而且，一想起动物被强制喂食，要用一个金属管子顺着它们的喉咙插进去，就会让人觉得想吐，连那些坚定的食肉者也会。对于那些感兴趣于中伤畜牧业以及在公众和政治想象中设置有关动物权利的道德性议题的团体而言，这些事实使鹅肝成了一个实用的目标。

吃肉和吃家禽

在最基本的层面上，从对象、成本和限制（这是任何社会运动在进行任何动员努力时都要面对的）的角度来看，鹅肝是一个实用的目标。绝大多数社会运动都有共同的目标，就是争取公众支

持和改变政策、法律以及相应的市场结构。因此,任何规模的胜利都会为该组织所代表的利益增加文化上的正当性。在某些情况下,象征性胜利与直接影响有形的、物质性利益的胜利是同样重要的,尤其是在与获得的成功相比,实际成本非常少的时候。[19]通过从策略上采取行动,西方国家的社会运动在引入新的价值观、信仰和观念时发挥了重要的作用,而这些价值观、信仰和观念正在促进与消费有关的政治、文化变革。

从20世纪80年代开始,在反对皮草和活体解剖(在医学和消费品制造实验中使用活的动物)的运动获得成功之后,美国的动物权利团体开始把他们的注意力放在农业和食品体系上。[20]反对小牛肉的运动是一个典型的例子。在20世纪80年代晚期,有几个动物权利团体买下了报纸和电视上的广告位,传播有关饲养肉用小牛的图片和描述(使用小的圈禁板条箱,故意限制其肌肉的发育,形成更嫩的肉)。[21]小牛肉的消费率明显下降了,美国国会还为一项保护肉用小牛的法案举行了听证会,消费者和餐厅对“自由放养”小牛的需求增加了。[22]因为鹅肝的生产方法所引发的震惊和厌恶,如今的活动人士和记者有时会将鹅肝称为“新的小牛肉”。

自那时以来,随着成员数量和财政资助的迅速增加,全国动物权利组织的基础设施都更为专业化和官僚化了。通过使用诸如游说立法者和持有食品公司股份等策略,这些团体已经开创出协商和达成他们目标的新空间和新方式,即减少或消灭人们买卖动物的行为,并转变公众对大型农场动物畜牧业的“最佳实践”的看法。[23]20世纪90年代出现了一些州层面的、由运动引导的投票倡议和法院行动,其目标在于改善农业用动物的福利,一般会使用能引发同情和怜悯的措辞,因为农场动物没有受到保护宠物的反虐待法令的保护。[24]因此，至21世纪，诸如HSUS、"农场庇护所"、PETA和"怜悯动物"这样的动物活动人士组织一直在努力揭露现代工业食品体系的运转方式，并且引发了有关食用动物的饲养和宰杀情况的激烈讨论。他们宣称这些动物的困境，以及它们的感觉能力、自我尊严和受到的虐待，完全处于公众利益的范围内，这在某种程度上是因为人们越发意识到政府在食品产业的监管方面存在广泛的不足和失败。

然而，相比直截了当地中伤食肉者，这些团体中的某些已经发现了一个更易掌控的目标，即完善动物畜牧业的操作规范。尽管大多数坚定的动物活动人士和领袖自己都是纯素食主义者（这意味着完全不买卖畜产品），但是在这些运动中，几乎没人谈及禁止培根。例如，"农场庇护所"的负责人吉恩·鲍尔（Gene Bauer）在2007年时对《纽约时报》说道："我们正在学习以更为温和的方式提出某些观点。我想要每个人都成为纯素食主义者吗？当然想。但是，我们想要尊重别人，而不是评判别人。"[25]就许多方面而言，改善动物福利标准这个目标可以合乎逻辑地说服更广泛的公众。学术研究和产业研究都表明，有越来越多的美国人和欧洲人表示他们担忧或关注农场动物的福利，[26]而且这种支持动物的态度已经在各个年龄层、各个种族、各种收入和不同受教育程度群体中广泛地传播开了。[27]

在这类活动中使用的一个重要工具就是起诉。新的法律限制通常能以相当快速的方式促进文化变革。法律也可以传达出一个重要的象征性信息，即我们这个社会重视的是什么。[28]美国那些较大的动物权利组织目前都聘有专职律师团队，会直接起诉政府和个体公司，以迫使他们改变自己的做法。2008年，HSUS鼎力支持加利福尼亚州2号议案的通过，这项投票倡议以63%

的表决结果通过,变成了加利福尼亚州的《防止虐待农场动物法案》(Prevention of Farm Animal Cruelty Act),该法案是迄今为止最为激进的美国动物福利法律。2011年,该组织得到了新闻媒体的盛赞,因为它和美国蛋农联合协会(United Egg Producers,代表了美国80%的鸡蛋农场)达成协议,支持一套新的联邦法规,以改善下蛋母鸡的笼养环境。但是再一次地,这些行动是为了给鸡提供更宽敞的生存空间,而不是将鸡蛋从早餐菜单中剔除掉。

有经验的活动人士也非常了解如何利用摄像机来激起公众愤怒,[29]他们会在网上收集和传播大型农业的工厂化农场和屠宰场进行残酷虐待的恐怖画面。看到这些团体的影片里记录的残忍行径会令人感到不快——社会运动学者詹姆斯·贾斯珀(James Jasper)将其称为"道德冲击"(moral shock),或者说是某种迫使人们认为自己在这一问题上有利害关系并使他们采取行动的东西。[30]实际上,这些曝光已经引起了消费者的厌恶,甚至引发了逮捕和大规模的食品召回,比如2008年召回(美国史上最大的一次)1.43亿磅在加利福尼亚州的韦斯特兰/霍尔马克(Westland/Hallmark)工厂加工的牛肉。HSUS的某位工作人员秘密拍下的视频表明,工人们用脚踢并用机器推挤受伤和痛苦的奶牛,它们中有些伤得和病得太重了,甚至都无法行走了。这个视频在社交媒体上迅速传播,还被黄金时段的新闻报道了,由此这组镜头直接进入全国各地的客厅中,引起了公众的强烈抗议。

尽管令人震撼的视频和成功的曝光确实成了全国的头条,但是由此引起的公众愤怒常常是转瞬即逝的。尽管有越来越多的美国人自我认证的身份是素食主义者、纯素食主义者或只购买可持续性养殖的肉类者,但是就全国人口而言,这部分人仍旧是相对较少的。[根据盖洛普民意调查机构(Gallup polling organization)

162

的数据,2012 年,大约有 5% 的美国成年人自我认证为素食主义者,2% 的为纯素食主义者。[31]]大部分人都不会放弃吃干酪汉堡或炸鸡。肉类对消费者的吸引力深深地根植于社会和文化中;尽管许多人都说他们想要"善待"动物,但是同时,他们往往不愿意或无法全面改造自己或家人的烹饪口味或饮食习惯。这使动物活动人士想要改变人们有关吃肉和畜产品的观点及与相关生产商斗争的努力都面临着更大的困难。

从结构性的角度来看,针对确立已久且在政治上根深蒂固的产业发起运动会激起更强大的抗衡力量。大型肉类生产商和加工商非但没有屈服,甚或无视他们的指责,反而发起了反击。2008 年,全国的农业综合企业捐赠了几百万美元,用于反对加利福尼亚州 2 号议案。更直接地说,这些生产商与联邦和州层面上的政策制定者之间的关系表明,他们是相互依存和拥有共同利益的。[32]为了回应肉类生产商对动物权利活动人士制作秘密曝光视频这类策略的担忧,2006 年,国会通过了《动物企业恐怖主义法案》(the Animal Enterprise Terrorism Act),认定"从事导致动物企业经济遭到破坏的行为"是非法的。自那时以来,有几个州也提出和通过了一些措施,认定以虚假借口从事农场或食品加工工作,来为动物福利团体收集证据是非法的,比如未经批准就拍摄照片或视频,这些措施被活动人士和激进的媒体戏称为"农业限制令"("ag-gag"laws)。事实证明,这些有政治根基的生产商对于动物权利活动人士来说是令人生畏的敌人。

另一方面,鹅肝提供了一个获得切实可行的、具有象征意义的极大胜利的契机,因为它触及了想要废除畜产品这个产业的起因。诚然,在广阔的食品和食肉领域,无论是过去还是现在,回避鹅肝都是一个狭隘的追求。但是,美国相关产业的规模和范围都很小,使人们有可能想象和致力于完全废除该产业,而不是削弱或改革(这也是为什么相似的运动在法国会面临更为严重的困难)。在美国的食品体系中,鹅肝是相对不重要的——它包括大约一年40万只鸭子和4个相对规模较小的农场(直到2012年索诺马风味停业为止)。[33]相比之下,据美国农业部的国家农业局(National Agricultural Service)估计,仅仅在2006年就有差不多100亿只动物(3 000万头牛、100万头猪和90亿只鸡)因人类的消耗而被宰杀。这一规模很难完全弄清楚。它意味着每天的每分钟,在美国有1.9万只动物被杀,注定成为盘中食。

美国的鹅肝产业不仅规模小,而且在社会上和政治上也远离更有影响力的农业参与者,这通常是出于其自己的意愿。纽约地区的美味肉类和野味供应商达达尼昂的所有者艾丽安·达更说,她发现在试图为鹅肝的合法抗辩筹集资金时"进退两难",先是在加利福尼亚州,接着是在芝加哥。尽管大型肉类公司、农业产业及贸易协会都拥有有助于他们的重要资源——包括律师和游说团队,但是她和她的伙伴们都认为他们不是盟友。达更认为自己是小型、特色和手工食品生产的拥护者,她对我说道:"那些不是我们的人。他们不会支持小型农场。我们——我——不想为了寻求他们的帮助而危及我们的质量。"

美国的鹅肝生产商彼此间也有点儿疏远。在他们存在的大部分时间里,美国的两大主要生产商——加利福尼亚的索诺马风味和纽约的哈德孙河谷鹅肝——都将彼此视为消费者市场上的友好竞争者,而非政治盟友。在加利福尼亚州于2004年通过禁令的时候,哈德孙河谷并没有主动提供任何资源去帮助索诺马鹅肝抗争。在他们尝试合作的时候[首先是和一些魁北克鹅肝农场一起得到北美鹅肝协会的支持,接着是作为手工农民联盟(Artisan

Farmers Alliance)的成员］，加利福尼亚州和芝加哥的禁令都已经通过了。所以，活动人士团体可以通过鹅肝来为他们的支持者及其他有抱负的活动人士提供一场具有象征意义的胜利，而且相对于针对更有影响力和政治上更稳固的产业，针对鹅肝的话，可以以更小的成本进入人们的餐室和法律会议室。

残忍行为的社会建构

我采访过的大部分活动人士都认为就某种程度而言，鹅肝是一个不费力的目标。但是，这并没有冲淡他们的热情。许多人都希望以鹅肝获得的这场胜利能"唤醒人们"，能成为一个"垫脚石"——在消费者和法律的眼里——发起更广泛的针对肉类消费和工业化动物生产的运动。正如 PETA 的网站所声称的，消费者"可以通过选择再也不吃鹅肝或任何一种肉类来表明态度"。活动人士由衷地希望，一旦人们察觉到从枝干上摘下低挂水果这一行为所赋予的力量，他们能被进一步诱惑，去追求更高的目标，解决其他的问题。例如，芝加哥的一个基层活动人士认为，把资源集中在反对鹅肝的合法性上，是朝着其团体想要推广纯素食主义这一终极目标的"一小步"。另一个活动人士说，她希望她参加的反鹅肝运动可以"为建构新的动物权利创造动力"。类似的是，动物权利团体的新闻稿都在庆祝 2004 年加利福尼亚州禁令的通过，称其为"迄今为止为农场动物所取得的最大胜利之一""对于各处的农场动物和代表它们的拥护者而言都是一场胜利"。在这种阐释中，鹅肝成了一种象征，会激励公众对善待动物的道德责任进行真正的反思，而这些团体会成为带头冲锋的人。

如何创造这种动力呢？活动人士的关注点是一个令人不快的行为（填喂）和一个令人不快的过程（极大地增肥肝脏），这无疑符合他们想让人们感到不适这一更广泛的策略。为了这一任务，他们常常使用带有强烈情感色彩的善恶对抗语言。在这种框架下，鹅肝不仅是"坏的"，而且还成了能想到的最卑劣、最具虐待性和最残忍的食品。它是残酷的，在其背后的人们是虐待者和精神变态者。[34]活动人士会使用引人注目的图片，上面是肮脏、受伤和死掉的家禽，它们的嘴里还插着金属管子。这些图片会被贴在抗议指示牌上，在网站上加以突出显示，还会被邮寄给主厨和立法者，其目的就在于激发人们强烈的本能情绪——惊讶、生气以及最为重要的是反感——让他们在看到第一眼时的生理反应就是感到厌恶。全国的反鹅肝团体都常常使用的一张照片是脱离实体的人类的双手，其中一只手握着鸭子的头或脖子，另一只手握着管子，用以表明强制喂食过程的残忍本质，并且让观看者自行想象工人做出这些残忍行为时的面部表情。当我问一个扎根于纽约的活动人士如何提高人们对于这样一个绝大多数人都不太了解的问题的意识时，她回答道，"给他们看看残忍行为就行了。"

对于社会运动来说，使用耸人听闻的图片来吸引注意力和改变公众对某一问题的认知是司空见惯的。例如，反堕胎运动试图以放大的肢解婴儿的图片来使旁观者大感震撼和大为反感。反战运动会使用受伤平民的照片。他们想让目击者从生理上感觉不适，甚至恶心呕吐。这种图片是旨在刺激强烈的不满情绪，并且引发对不当行为的指责，行为经济学家称之为"联想一贯性"（associative coherence），因为大脑很快就会根据图片所提供的部分信息构建出一个故事。[35]因此，图片会使初出茅庐的活动人士备受鼓舞，并通过放大道德分析和判断动员其支持者。换句话说，图片帮助活动人士和媒体人员——必须权衡一下在违背公众利益的事情中有哪些是公众感兴趣的——告诉观众为什么他们应该加以关注。

　　而且,图片中的受害者鸭子作为可爱和友好的野生动物以及童年纯真的象征,会引发美国观众的共鸣。人们会带着自己的孩子去喂池塘里的鸭子,在洗澡的时候给他们橡胶小鸭子玩,并且给他们读一些经典的故事,比如罗伯特·麦克肯斯基(Robert McCloskey)的《给小鸭子让路》(*Make Way for Ducklings*)。反鹅肝的拥护者常常在他们对禁令的呼吁中提及迪士尼人物唐老鸭,其中包括提出加利福尼亚州禁令的州议员约翰·伯顿,他对《旧金山纪事报》(*San Francisco Chronicle*)说道:"你不会将食物硬塞进唐老鸭的喉咙里。"[36] 所有的阵营都认识到了这种描述的力量。例如,一位芝加哥主厨解释称,他的推论是人们之所以支持鸭子是因为它们的"可爱因素"。就此来看,"可爱"将这些动物从食品重新分类为了需要善意和保护的类人生物。我采访过的动物权利活动人士都强调鸭子的可爱,以及它们的聪慧和友好。金属管子沿着"我们那些有羽毛的朋友"的嘴硬塞进去的图片会产生情感冲击。它使这些鸭子成了动物农业的麻木不仁和残忍的完美象征。[37]

　　这些联想给予了反鹅肝活动人士一种更为重大的道德使命感。"有良知的人怎么能看到这种视频,还认为这是符合道德规范的事情呢?"在一家芝加哥餐厅前的抗议活动中,一位活动人士坚决地向聚集起来的人群问道。在我看到的另一场餐厅抗议活动中,活动人士举着展示死鸭子图片的大型指示牌,对着到达的就餐者大喊道,"你们的良知在哪儿呢?"当我问及活动人士为什么出现在这里时,其中一人回答道:"出于道德情理。坏家伙们正在里面。这个问题实际上并没有两面性。他们是什么都不在乎的坏家伙。"我交谈过的大部分参加抗议的活动人士都没有亲眼

看过鹅肝生产,许多人都说只是看图片和食品就足以激怒他们来
参加抗议了。这些照片所传达的残忍和虐待动物的信息,与他们
认为动物有感知能力和社会上对动物剥削的漠不关心紧密相关。
他们强烈地认为,鹅肝完全是一个虐待动物的案例。在一次采访
中,一位活动人士断然地对我说道:"这并不是上帝所设计的对待
动物的方式。"[38]

　　在这里,"残忍"这个范畴被赋予了极大的分量。按照这种方
式来表述鹅肝产生了一种道德上的二元逻辑,其中,"邪恶"和"折
磨"这样的措辞赋予了特定事物和特定人群以价值观念,并且迎
合了人们想要从复杂且混乱的现实中创造出清晰且有条理的范
畴的努力。网上的尖刻话语进一步增强了活动人士对这项事业
的投入。捍卫鹅肝者试图提出合乎逻辑的论据时,经常因各种威
胁和宣言而打住,比如,"我会把一根管子硬塞进你的喉咙里,看
看你觉得怎么样""我希望你们这些令人作呕的人来世投胎为遭
受折磨和被虐待的动物"。这些谴责和鹅肝在美国的消费群体的
其他特征直接相关。

167

谴责鹅肝的消费群体

　　从道德上表示难以容忍鹅肝和对美国的鹅肝消费群体,也就
是富人的谴责直接相关。在整个 20 世纪,美国精英一直将法国
菜肴视为高品位的美食象征,鹅肝是其中的一部分。[39]自 20 世纪
90 年代初期,鹅肝初次作为新鲜食材登场以来,鹅肝类菜肴一直
是一些美国较著名餐厅菜单上的亮点。《纽约时报》提及鹅肝的
高峰是在 1999 年和 2000 年,几乎每篇餐厅评论、"美食"专题和
国际旅游专栏都会提到。[40]这种成功取决于烹饪专家的能力,他
们使餐厅常客相信这种产品是在正宗法国烹饪传统熏陶下的与

众不同的特色食材，许多人之前并不知道这点。[41]过去 10 年来，由于一些备受好评的美国主厨的创造力，鹅肝从高档和旧式的"白桌布"餐厅进入了"时髦休闲的"小餐馆、美食汉堡店和"从农场到餐桌"的概念餐厅里。这些都是美国的美食精英青睐之所：时髦和丰富常是城市中的新潮倡导者及评论和宣传的传媒机构。[42]这些餐厅也是"优质食品"运动的关键参与者，这类运动是美国烹饪界最近的大趋势，它将有关美味、乐趣和购买出自替代食品体系的产品的想法同文化和政治上的焦虑，也就是食品活动人士所说的"农工业食品忧虑"结合在了一起。[43]

就这样，鹅肝在主厨和美食家及"优质食品"支持者的世界里占据了一席之地。主厨和美食家是将饮食视为一种热衷、一种消遣、一种特别的自我表达形式的人，对于那些有时间、金钱且想要参与其中的人而言，饮食甚至是一项竞技运动。在这种新的食品世界里，餐厅是谈话中经常出现的话题，农场主和主厨能成为媒体名人，带有像《要吃什么》(*What to Eat*)、《真正的食品》(*Real Food*)和《为食品辩护》(*In Defense of Food*)这类标题的书常位于畅销书排行榜之列。美食文化注重异域风情、难得一见和贪图享受；反对大规模生产；对于某些人而言还禁止古怪的味道。就许多方面来说，鹅肝都是一种典型的美食食材——恬不知耻的脂肪，带有一种放纵的风味和独特的口感，由于价格和供应有限而相对难以获得。[44]就像 21 世纪初在"优质食品"和土食者①餐厅内兴起的"从鼻吃到尾"(nose to tail)美食风尚中其他可食用元素一样，比如猪颈肉和牛心（有位主厨半开玩笑地称其为"从农场

① 土食者(locavore)，即热衷于食用居住地附近出产的食品的人。——译者注

到潮人运动的要素"①），作为是在文化上可取还是不可取的动物部位而被评判，"肥肝"游走在"高品位"的界限边缘。对于纽约和旧金山这两个城市的美食家和"优质食品"中心的餐厅而言，鹅肝也被视为一种出自当地小型农场的产品。

在纽约、旧金山、芝加哥和其他地方，极为成功的主厨和餐厅老板日益成为如今的食品政治的中心人物，甚至是文化偶像。45戴维·贝里斯（David Beriss）和戴维·E. 萨顿（David E. Sutton）写道，如今的主厨被授予了技能和赞誉的双重光环，"被视为艺术家，这为就餐体验增添了声望，而且还被视为工匠，其技艺和知识使他们能够担当……食材的合理阐释者以及创造口味的专业指导者"。46除了经营餐厅和开发全新的高品质菜肴这样的繁重工作外，许多顶级的主厨也接受了邀请，成为公共知识分子，就从国家农业政策到生物多样性和水力压裂法等一切事情发表评论。47他们中的一些人自视为提出问题者或教育者，并且开始涉足慈善组织、城市农业措施和健康饮食运动［食品研究学者西涅·卢梭（Signe Rousseau）称之为"日常干涉政治"（politics of everyday interference）48］。对于越来越关注食品的受众来说，这使非常引人注目和受人尊敬的主厨成了文化中介，或者说经纪人。这也使他们成了合适的目标。正如一位纽约的主厨和烹饪书作者对我说的，主厨们感觉很容易受到社会审视，因为在一个"经济形势严峻，甚至糟糕的"行业中，"名声是至关重要的"。49

以鹅肝为目标还利用了将法国美食视为高档文化的传统观

169

---

① "牛心"即"beef heart"，"beef"除了表示食物的"牛肉"，还有"牢骚""抱怨"之意，而在嘻哈文化（Hip-Hop Culture）中还指"有过节、有矛盾"，是说唱人（rapper）结下梁子，要对战的意思，因此这里才称其为"潮人运动的要素"。——译者注

念。对于普通消费者来说，在我们被告知应该十分尊重某些美食时，"法国菜"往往是此类美食的标志。然而在美国，"法国的"一直是傲慢自大的另类代名词。[50] 由于悠久的美食政治历史和各种媒体的描述，鹅肝在这两个国家都具有象征性地位。其法语名字难以发音，没有对应的翻译，听起来奇怪又装腔作势。如果鹅肝被取缔了，人们就会挨饿，这样的事情是不可能的。贬低鹅肝成了将傲慢自大者、赶时髦的人和特权阶层都拉低一个档次的方式。

在一个以收入日益不平等为标志的时代，这种充满了阶层色彩的指责是非常有现实意义的。《鹅肝：一种热爱》的合著者，也就是詹姆斯·比尔德基金会（一个纽约市的烹饪机构）的副主席米切尔·戴维斯对我说道，他认为就动物权利团体而言，这是个"精彩的策略"，"因为如果你将某些和阶层相关的东西妖魔化，那就会戳到痛处"。例如，芝加哥的鹅肝政治中充斥着有关"残忍的美食"的平民主义说辞。其中一个例子是前一章中提到的整版HSUS的新闻广告，其中将推翻鹅肝禁令的尝试和傲慢精英的品位联系在了一起，问道，"相比尝试为富有的肥佬们复兴一场不人道的华丽盛宴来说，市长戴利难道就不能为这个城市做些更重要的事情吗？"

社会阶层、消费和"高品位"的文化建构之间的关系是社会学家长期以来一直在协调的。早在 19 世纪末托斯丹·凡勃伦（Thorstein Veblen）提出对"炫耀性消费"的谴责之时，社会学家和社会评论家就已经证明了，对特定食品和美食（还有艺术、音乐和时尚）的偏好在很大程度上受到追求地位和通过消费来展现某人身份地位的能力的影响。[51] 在这种框架下，对于社会上尊重什么样的食品或烹饪风潮，人们达成了一定程度的共识。然而，我们也知道，反精英情绪对于社会上的消费认知也是至关重要的，即偏好可以是独特的、灵活的，生产商或消费者都不是盲目追随其他人为他们设定的文化趋势的机器人。[52]

而且，当涉及将某种食品标记为需要通过法律和集体行动来解决的社会问题时，鹅肝引出了一个有趣的悖论。就历史上而言，一直都是较低阶层或者说偏离中上阶层的人会因其食物做法和选择而被污名化。实际上，当前围绕着快餐和肥胖率的议论，还有最近出现的禁止反式脂肪酸和连锁餐厅的菜单上出现"超大份"分量的政治动向，往往侧重的就是制裁低收入人群的消费习惯。[53]就这个意义而言，对反鹅肝立法的动员甚至可以被视为对反向禁奢令的支持。[54]事实证明，对于反对鹅肝者来说，主要问题是非常难以得到工薪阶层和中产阶级公民的支持，因为他们对这些人的饮食习惯嗤之以鼻。

鹅肝作为富人菜肴的地位并不是这个复杂问题中的唯一变量。对于价格昂贵的牛排餐厅或一磅40美元的手工奶酪，我们并没有发现同样程度的敌意。鱼子酱是各种鱼类的腌制鱼卵，其中最著名的是白鲟，因为价格高和供应有限（在经历了几十年的过度捕捞之后），它也意味着奢侈和美食豪华，但是相关的指责是出于物种灭绝的威胁，而非人道理由。[55]鹅肝几乎不会因同样的理由而引发争议。

此外，所有的拥护者和反对者都借鉴了相似的背景。在芝加哥进行实地考察时，我意外地发现有些人甚至彼此相像。例如，在我连续两天进行的两次长时间采访中，其中一位受访对象是"华丽一英里"①上的高档餐厅里的行政副主厨，另一位是当地的

① "华丽一英里"（Magnificent Mile），又称"壮丽大道"，指位于芝加哥地区的一段繁华街道。从卢普区（Loop）与近北区边界、芝加哥河上的密歇根大街桥（Michigan Avenue Bridge）一直到橡树街（Oak Street）。——译者注

171 动物权利运动领袖。两人都是瘦骨嶙峋、满身刺青的近 30 岁白人男性。两人都是在政治上属于自由主义的中下阶层郊区家庭长大的，两人在学校都有成绩、饮酒和自律方面的问题。两人都住在大致相同的中产阶级街区，一个是和妻子一起住，另一个是和交往多年的女友，两人都有非常喜欢的宠物。两人都深切体会到在工作中利用新社交媒体工具的力量。这两人的举止中都有种坦率和谦逊，这使他们备受人们的喜爱。但是，身为纯素食主义活动人士的那位之前参与了闯入实验室活动，并且"倾向于解放动物"。与此同时，另一位则自豪地向我展示了步入式冷藏间，里面挂满了那天早上送来的整只鹌鹑和整块猪肉。他们的背景相似，但是却有着完全不同风格的政治观念，这对于理解除了阶层地位和文化背景之外，其他因素对生活方式、职业生涯和个人围绕着食品所做出的道德选择的影响至关重要。

教育公众

鹅肝对于活动人士来说也是一个实用的目标，因为它在美国食客间缺乏根基。首先，鹅肝是肝脏，许多美国人本就不吃肝脏。其次，民意测验显示，大部分的美国人从未听说过或从未吃过鹅肝［不过，因为新闻和诸如《顶级主厨》(*Top Chef*)这样受欢迎的电视节目里出现了鹅肝，人们已经越发认识到了它的存在］。除了其他迹象之外，"鹅肝"在网络留言板上经常会被错误拼写，在新闻报道中，无论是反对者还是支持者都有读错的时候。它还常常被认为是"鹅的肝脏"，但在美国，这事实上是不准确的：全部 4 家鹅肝生产商都是或者说曾经都是鸭子农场。最后，相比某些重要的东西，让人们远离他们漠不关心的东西是更容易的。对于食肉者来说，自觉不吃鹅肝是一种表明他们关心动物的方式，而不需要真正地在美食上做出牺牲。

　　此外,在美国的烹饪界,并不仅仅是鹅肝,鸭子也并非主流选择。诚然,鸭肉确实会出现在一些餐厅的菜单上,但它并不是人们经常在家里做或吃的东西。根据美国农业部所说,美国人平均每年吃 87 磅鸡肉、66 磅牛肉、51 磅猪肉和 17 磅火鸡肉。但 2007 年的人均消耗鸭肉量仅为 0.34 磅,比 1986 年的 0.44 磅还要低。[56] 鹅肝的消耗量其实更低。美国农业部的经济研究局甚至没有像追踪其他家禽产品的交易那样追踪鸭子或鹅的。[57]

　　对于反鹅肝团体来说,绝大多数美国人不常吃鸭肉或鹅肉,甚至没听说过鹅肝这件事对他们想要召集人们参与这项事业是一种限制,但同时也是一个机会。重要的是,要考虑到受众是如何理解某个社会问题的,尤其是在他们事先不太了解正在讨论中的问题时。动物权利活动人士一直在努力地诠释鹅肝,并为了不甚了解的消费者和立法者而将其构建为一种明白易懂的象征,通过自己的语言和图片来教育他们,以产生预期的情感和行为结果。

　　正如人们所预料的,不同的动物权利活动人士团体会使用不同的策略来唤醒意识、激起愤怒,并推进他们的议题。在一家纯素食主义者餐厅里吃午饭时,扎根于纽约的"农场庇护所"的一位活动人士(已经提出了几个有关纽约市外的杂货店的动物权利问题,包括鹅肝的问题)向我描述了她所在团体的方法:

　　　　我们正在朝着同样的目标努力,但使用的是不同的方式。例如,PETA 更多地是在你面前,像街头戏剧那样,大喊大叫之类的。他们已经做了很多事情。但这并不是"农场庇护所"的风格。我们更想要揭露并教育人们,想要让他们的

172

良知来做决定，这是否真的是一种对待其他有感知能力生物的文明方式。他们中有相当大一部分人会回答不是，并且乐于将他们的道德原则置于味蕾之上。

这些策略的波及范围会延伸到活动人士自己的宣传材料和网站之外。例如，活动人士和记者在写关于鹅肝的内容时，经常会引用佐格比国际（Zogby International）这家著名的市场调研公司在2004年所进行的（以及在2005年和2006年于一些选定的州再次进行的）民意调查。民意调查人员发现，有75%—80%的调查对象支持相关禁令。芝加哥市议会的2006年条令的文本引用了该民意调查，作为关于这一问题的公众意见代表。

然而，佐格比的民意调查是通过积极利用美国人对鹅肝缺乏了解来提出问题，并得出结论的。不足为奇的是，在回答最初的问题"你多久吃一次鹅肝？"的时候，每次被问及的1 000名被调查者中有35%—40%的回答是"从不吃"，4%—5%的回答是"一年不到一次"；另外50%—52%的回答是"从未听说过"。对于那些回答"从不吃"或"从未听说过"的人，佐格比的采访者接着对鹅肝生产进行了如下描述：

> 鹅肝是一种在某些高档餐厅供应的昂贵食物。通过强制喂给鹅和鸭子大量的食物，使动物的肝脏膨胀到其正常尺寸的12倍。每天数次将长的金属管插进动物的食道里。通常，这一过程会造成动物内脏器官的破裂。有几个欧洲国家目前禁止了这种残忍的做法。如果在美国（或者如稍后的调查所问的那样，在他们自己的特定的州）从法律上禁止以强制喂养鹅和鸭子的方式来生产鹅肝，你同意还是不同意呢？

因为这一问题集中在对残忍、违法和精英主义的指控上，对于这个大约有90%的调查对象都从未吃过甚或从未听说过的食品，在2004年1月的初次民意调查中，有77%的调查对象"同意"禁止美国以强制喂食的方式来生产鹅肝，就不足为奇了。（16%的调查对象回答"不同意"，7%的回答"不确定"。）针对特定州的佐格比民意调查也得出了相似的数据，不过随着时间的推移，声称"从未听说过"鹅肝者的数量减少了。

在《鹅肝之战》的描述中，马克·卡罗在和佐格比的通信主管弗里兹·温泽尔（Fritz Wenzel）交谈时，问了他是谁写的这个问题。温泽尔对卡罗说，动物权利团体"农场庇护所"向他的公司提出了这一想法，但是佐格比负责让这一表达"从研究的角度变得合情合理"。温泽尔提到难题在于对这一主题熟悉的人太少了。"让人们回答他们几乎不了解的主题的唯一方式就是给予他们一些信息，"他说道，"我们只是为调查对象列出了一系列事实，并估量他们的回答。"唱反调的卡罗为温泽尔论述了这一问题，如下：

174

> 鹅肝是一种美味的食品，世界上许多极为优秀的主厨都做过，在这个国家许多的高档餐厅里都能够享用到。它是一种根据可追溯至数千年前的传统制作出来的佳肴。科学研究已经证明，用于生产这种产品的鸭子和鹅并不会承受更高的压力。鹅肝在美国已经变得越来越受欢迎了，因为美国农场让这种产品变得更加新鲜可得了。对于禁止鹅肝生产，你是同意还是不同意呢？

"这有一定的主观性，"温泽尔承认，"委托人想要评估的是人们如何看待这种制作方法，那就是我们提出这个问题的原因。"他并没有承认"农场庇护所"在使用这样的表达来描述他们的问题时是有特定目标的，只是补充道："食品生产是一个棘手的领域，因为如果美国人知道食品在放上盘子的过程中发生了什么的话，他们一定会少吃很多。"[58]

正如这两个段落的对比所突出显示的，"鹅肝是如何生产出来的"这一问题的描述会有所差异，因为不同的人群会从将其刻画为一个社会问题的措辞中偏向获益或受损，而且他们将这一问题标记为道德问题的方式也不同。措辞会进行划定、类型化和定义。它会巧妙地将建构起来的客观重点赋予主观现实。[59]调查问卷的设计对于研究公众意见至关重要；然而，活动人士、媒体记者和立法者却仍旧在引用这一偏颇的佐格比民意调查数据，作为美国人想要禁止鹅肝的证据。

对于政客来说，所谓对鸭子的同情在如何处理鹅肝的解决方法中发挥了核心作用。杰克·凯利这位坏脾气的费城共和党议员在芝加哥通过禁令之后不久就带头提出了一项失败的全市范围内禁令，在接受各种记者采访时，他详细阐述了一些活动人士的指控。"这些可怜的家伙，"他说道，"它们被折磨了数周、数月，这是不妥当的。"[60]在芝加哥，在 2008 年 5 月那场撤销鹅肝条令的市议会会议上，一位议员在投票前对我说，"我会投票同意取消付委动议，[61]但我仍旧认为这对动物来说是残忍的，因此我不会对撤销法令投赞成票。我是热爱动物的人；如果要是我，用管子插进我的喉咙……"他抓着自己的脖子做了个痛苦的表情。这些富有表现力的反应表明，活动人士的道德标示理念和手法在公职人员间是有说服力的。

对于那些受到激励，想要禁止鹅肝的公职人员来说，以证据为基础来对生产方式进行澄清并不是一个足够强烈的反驳。例如,在 2004 年加利福尼亚州举行的有关在该州禁止鹅肝生产和销售的立法听证会上,州议员迈克尔·马查多(Michael Machado)指证该议案,他对自己的同事说,他亲自去了索诺马鹅肝(他是仅有的几个这么做的州议员之一),发现活动人士所描述的"在实践中并未得到证实"。马查多声称,因为他自己就是农民,在他见过的诸多家禽养殖中,吉耶尔莫·冈萨雷斯的操作可以被视为"相当不错的"。2008 年,在芝加哥的条令被撤销一个月后,来自皇后区(Queens)的纽约市议会议员托尼·阿维拉(Tony Avella)提出了一项决议,即由纽约市政府支持在纽约州禁止鹅肝生产。[62] 在国家公共广播电台(National Public Radio)《布莱恩·莱勒秀》(*The Brian Lehrer Show*)所进行的一场和哈德孙河谷鹅肝的共同所有者迈克尔·吉诺尔的辩论广播中,阿维拉重申了动物权利团体的论据,虽然他承认从未亲眼看过鹅肝生产,说道:

> 为了生产鹅肝而强制喂养鸭子和鹅的做法完全是残忍和不人道的。你们就是按照字面上的意思,把饲料猛力塞入它们的胃里,人为地撑大它们的肝脏。我的意思是,这对动物来说是尤为痛苦的,真的是一种动物虐待行为。该产业应该为自己感到羞耻。

176

吉诺尔反驳道,阿维拉的判断太草率了。他提到,美国兽医协会和美国禽类病理学协会(American Association of Avian Pathologists)已经证实了鹅肝并非虐待动物的产物,并且试图驳斥阿维拉有关这一过程的基本理解:

不幸的是，这位议员提及的很多内容都是空洞的，实际上是完全错误的……我欢迎他某天来参观一下农场。他说这个过程是猛力塞入，但事实并非如此。在这个世界上，有些企业会在鹅肝生产中使用气动系统来喂养。我们并没有。因此，在纽约州，"猛力塞入"这一措辞并不准确。我只希望，在人们主动出击，试图为进行剧烈的经济变革而努力之前，考虑一下一家纽约州公司的 200 名雇员的生计，至少做一点儿研究再赶时髦。

在一次稍早些时候和我的面谈中，吉诺尔描述了他第一次看见鹅肝生产时的情况，"我并没有感到害怕，但是我也并不是无动于衷的。我是从热爱这一产品的角度进入这一领域的。我什么都不知道——强制喂食、填喂法——一点儿也不知道。因此，第一次的时候，我在某种程度上是以非常天真的目光来看它的。"他鼓励我以一种开放性的态度来参观农场。但是，他告诉我，我也应该知道：

在我们做了所有的检验，所有受邀来农场的兽医都检查了死前和死后的鸭子，以及我们把所有的家禽都送去实验室之后，我还没有遇到过任何[强调他的]医学证据能证明这些家禽在遭受任何形式的折磨。我们的死亡率远低于火鸡场和养鸡场的。是的，确实是将漏斗插进了它们的喉咙。然而，问题在于这是有害的吗？这是痛苦的吗？这是有压力的吗？不是。有很多证据能说明不是。它们的食道是钙化的。它们有狼吞虎咽并且让肝脏增大的本能。所以，我们很难将自己视为我们正在被引诱着成为的那种怪物。

这场辩论的任意一方都没能顾及相反的观点，同时，他们都在试图拥护自己对现实情况的阐释，这证实了围绕着食品的象征性政治可能会采取极端的形式。每一方的拥护者都将自己视为基于理性的，将另一方视为基于意识形态的。这一点意义重大，因为它使我们以严格的道德角度，即好的食品和坏的食品，来思考消费的方式变得具体化了，并且阐明了这如何使已经很复杂的有关食品和饮食的未来的问题变得两极化。对于一个公正的旁观者来说，这让双方看起来都颇为鲁莽。就我所知，在不同的城市和州，那些提出或支持禁止鹅肝法令的立法者中，没有任何一个在做之前参观过鹅肝农场，仅有几个人在事后参观过。当然，对于立法者来说，就他们不太了解或个人从未探究过的议题进行提议或投票都是常见的事情。而这个既能获得一场立法胜利，又能对像动物虐待这样的行为进行强烈谴责的好机会，使鹅肝在更广泛的食品政治范围内成了一个实用的目标。

一个成问题的目标

然而，事实证明，这个实用的目标比活动人士预计的更为困难。他们想让主厨、立法者和消费者放弃鹅肝的呼吁获得了一些成功，但是也面对着比他们能预料到的更多的障碍。实际上，以下几个方面已经证明了鹅肝是一个成问题的目标：毕竟有时候，低挂水果并没有那么好吃。

打开畜棚的大门

有几个因素很快就开始影响这一问题的节奏、程度和相应的动员情况了。[63]反对鹅肝的活动人士非但没有找到富有同情心和

178 充满热情的受众，反而经历了大量的抗拒。大部分反对鹅肝的道德论据都不像活动人士所说的那样明确。尽管厌恶者和热爱者都对鹅肝是什么和象征什么有着严格死板的理解，但它给其他人带来的问题是更为复杂和微妙的。也许最为重要的是，这些拥护者一直在争取同一批相对狭隘的消费群体的支持——受过良好教育、相当富裕的人，他们关心食品并认为自己对食品很了解。

对动物权利活动人士所持鹅肝观点的反对有几种不同的形式。首先，随着关于鹅肝生产方法具体细节的信息越来越多，公共领域也出现了越来越多对虐待事实的质疑。鹅肝生产商及他们那些著名的烹饪界支持者试图通过列出动物使用（use）和动物虐待（abuse）之间的不同来削弱媒体对他们的负面关注。从根本上而言，他们认为鹅肝生产并不是痛苦的，还认为动物权利活动人士是不合理地将人类的性格和情感赋予了它们，也就是说将这些鸭子人性化了，他们并没有认识到人类和水禽的身体存在着很大的生理差别。从这个角度来看，生产商是在使用动物，而非虐待动物。实际上，参观鹅肝农场的访客（我自己和其他人）都说道，显而易见的是，他们并没有目睹活动人士所称的那种毋庸置疑的强制喂食的虐待行为。

在回应活动人士和立法者所提出的折磨和残忍的指控时，美国的鹅肝生产商所使用的最有意义的方式也许就是打开了他们的畜棚大门。在深信自己所做的事情并非不正当的情况下，哈德孙河谷鹅肝和索诺马鹅肝都欣然允许感兴趣的记者、学者、主厨和立法者前来参观。对于那些感兴趣和坚守道德底线的人来说，这种透明度使这个简单的目标成问题了，因为有一些好奇的第三方人士在调查活动人士所声称的显而易见的折磨时会提出不同意见。例如，作家马克·卡罗写了在索诺马鹅肝看到的喂养情况:"对于将要进行的强制喂食,它们(鸭子)看起来感到快乐吗?不。它们看起来特别害怕或焦虑吗? 不。它们看起来就是鸭子,一大群鸭子。"[64]关于去哈德孙河谷鹅肝的参观,他写道:

> 在已经被喂完的鸭子和那些仍旧等待着喂食者的鸭 179
> 子间并没有显著的差别。我所看到的和[纯素食主义者
> 与坚定的鹅肝反对者]霍利·奇弗向加利福尼亚参议院委
> 员会所述的完全相反,她说她在哈德孙河谷看到了鸭子的
> "恐惧"。[65]

纽约市《乡村之声》(*Village Voice*)这份报纸的撰稿人莎拉·迪格瑞尔(Sarah DiGregorio)在和霍利·奇弗以及著名的动物福利专家坦普尔·葛兰汀(Temple Grandin)交谈之后,为了写一篇题为《鹅肝是一种折磨吗?》("Is Foie Gras Torture?")的文章也去参观了哈德孙河谷鹅肝。奇弗让迪格瑞尔做好准备,说她会"目睹一场精心设计的掩饰,因为他们会在她到达之前'挑出那些病得严重的鸭子'"。葛兰汀通过自己患有自闭症的经验来理解动物行为,由此导致美国超过一半的屠宰场进行了重新规划,但她自己并没有参观过鹅肝农场,不过她鼓励迪格瑞尔去看看鸭子是否行走困难,是否积极地避开喂食者。在参观过农场,观看过每个生产阶段的"成千上万只鸭子"之后,这位撰稿人总结道,反鹅肝活动人士所提供的图片和说辞"并不能代表全国最大的鹅肝农场的现实情况"。[66]

在此期间,哈德孙河谷的众多游客之中的另一位是纽约州议员迈克尔·本杰明(Michael Benjamin),他之前在纽约州提出了禁止鹅肝的议案。在参观过这些设施之后,他退出了议案。"我

改变了想法。据我理解，没有任何一只鸭子看起来是不舒服的或遭受了虐待，"本杰明在一场新闻发布会上对记者说道，"我们不应该将动物拟人化。在我们看来也许痛苦的事情对于它们来说并不是痛苦的。"[67]但是到这时为止，鹅肝的反对者并不打算掉转方向。网上出现了很多对退出议案一事的评论，其中有一条称"也许本杰明先生应该试试这个技术，看看他之后感觉怎么样"，[68]对这一确实会伤害人类食道的喂食过程的偏颇指控在持续升级。

　　鹅肝生产商还诉诸经济价值和高质量产品之间的关系——这类产品不可能用残忍的方法做出来——来回应对"显而易见的折磨和虐待"的指控。他们声称对家禽造成过度的痛苦和压力"是无法产生优质鹅肝的"，因为由此形成的肝脏会"太小"或"纹理太多"，也就是说不太具有经济价值。[69]有人问我说，"为什么人们要故意这么做，要损害他们的生意呢？"纽约市地区的美食供应商达达尼昂的艾丽安·达更对此感到特别生气。她描述了"优质"鹅肝生产的重要性：

> 你遇到个会照顾动物的小农场主，他非常勤勉认真。农场里有一群幸福快乐的鸭子。然后，你遇到个不认真的家伙，他将无法继续维持经营。因为这就像你在生活中没能妥当做好的每件事情一样。尤其是在对待鸭子方面。如果你不妥当地对待鸭子，它们就会死于你手。如果它们死于你手，你就没什么生意可做了。

　　在生产商间，有一个不太成功的策略就是强调存在"好的生产商"和"坏的生产商"，而后者给前者带来了坏名声。社会学家将这种反应性的认同努力称为"防御性的他者化"。[70]也许不足为奇的是,美国和法国所有类型的生产商都对我说,他们是"好的那些"。(但是当然,这忽略了法国当前为饲养用于制作鹅肝的大部分鸭子所必须遵守的诸多条件。)对这一策略的质疑是,它承认了强制喂食的做法可能是残忍的,这为进一步的彻查打开了大门。

我和其他一些感兴趣的人想要知道的是,鹅肝可以在不使用强制喂食的情况下制作出来吗? 不使用填喂法的鹅肝这一发展前景是很吸引人的;然而,这个问题还没有定论。生产商经常被问及这个问题。少数人说不使用强制喂食的方式生产鹅肝也许是可能的,一个名叫爱德华多·苏萨(Eduardo Sousa)的西班牙农场主曾经声称做到了。"苏萨之乡"(la Patería de Sousa)养了几只鹅,给它们提供开放性的环境,让它们可以在数英亩的橄榄树、坚果树和无花果树间闲逛和觅食。在大多数情况下,家禽是像野生动物那样生活的——在没有人类干预的情况下繁殖、孵化和吃食。在秋末,当野生鹅为了迁徙而增肥时,苏萨说他的鹅会"自然地变得贪吃起来",狼吞虎咽,[71]因而会给予它们额外的玉米(是在一个附近的省有机种植的)。[72]苏萨的"合乎道德的鹅肝"变得广为人知,于2006年在巴黎的国际食品展上赢得了"评委珍藏革新奖"(Coup de Coeur Prize for Innovation)。然而,在遭到法国鹅肝工业协会(Comité Inter professionnel des Palmipèdes à Foie Gras,简称为CIFOG)的谴责后,该奖项被撤销了,因为法国的法律规定,鹅肝的定义是必须来自一只通过强制喂食而特别增肥的鹅或鸭子。

尽管苏萨的方法也许是值得敬佩的,他的鹅肝也备受追捧,但是事实证明,他的方法既不可复制,在商业上也不可行。[在南达科他州(South Dakota)一家名叫"吉姆·施利茨"(Jim Schlitz)的养

181

鹅场已经在生产"自然增肥的鹅肝"方面获得了一些成功,但是,这些鹅肝的大小和密实度都和用填喂法生产的不同。[73]]而且,苏萨几乎无法向那些前来询问的人,如 CIFGO 成员和来自哈德孙河谷鹅肝的伊兹·亚纳亚,提供关于他的生产方法的文件资料。位于纽约市北部石头谷仓(Stone Barns)的一家"从农场到餐桌"概念餐厅"蓝山"(Blue Hill)的主厨丹·巴伯(Dan Barber)对此很感兴趣,并和苏萨建立起联系。巴伯[74]在受到广泛关注的 TED[①] 访谈、[75]美国国家公共电台(NPR)的《美国生活》(*This American Life*)[76]以及在全国各地进行的演讲中,详细讲述了苏萨到石头谷仓的参观、他自己到西班牙西北部的参观,以及他在试图复制苏萨的技术时的失败。巴伯开玩笑地将他的"失败鹅肝"归因于他无法完美地复制苏萨农场的生态条件。[77]他认为"合乎道德的鹅肝"会有市场,在一次采访中,他对我说,他认为当人们愿意为某物付钱的时候,某个地方的某个人终究会想出如何让它实现。

当然,实际上绝大多数美国人都没有参观过,将来也不会参观鹅肝农场或任何工业化的家畜企业。一位打算写一篇关于养鸡业的文章[该文章于 2007 年发表在《美食杂志》(*Gourmet Magzine*)上]的记者写道:"最大的 5 家公司的发言人拒绝带我参观他们供应商的农场,那些农场里饲养着你们所吃的鸡。他们拒绝带我参观屠宰场。主管们甚至拒绝同我谈论他们是如何饲养和宰杀鸡的。"[78]这在很大程度上是有意为之。老麦克唐纳[②]自

---

① TED,即 Technology,Entertainment,Design 的缩写,译为"技术、娱乐、设计",这是美国的一家私有非营利机构的名称,该机构以组织的 TED 大会而闻名,这一会议的宗旨是"传播一切值得传播的创意"。——译者注

② 出自一首著名的美国童谣《老麦克唐纳有个农场》(*Old MacDonald Had a Farm*),是讲一个叫麦克唐纳(或麦当劳)的农民,在农场里饲养了各种动物,而各种动物会发出不同的叫声。——译者注

己也认不出如今的大部分农场了。艾丽安·达更是在加斯科涅的乡村长大的,现在生活在曼哈顿,她像其他人一样对我说,她认为美国普遍存在的一个问题是,美国人离现代农场的世界"太遥远了"。她强调说,农场是商业,这里饲养的动物不是宠物。她用PETA的名字来代指所有的动物权利组织,并且这样说道:"在真正的农场里,一切并不美好。闻起来有动物和粪便的味道。有时候,你还会看到角落里有只死了的鸡。下雨的时候,你会看到雨水渗进畜棚里。基本特征就是这样了……于是,PETA可能会展示一张图片,而对我来说,我需要一整页的解释。"

换句话说,无论是地理上还是认知上,绝大多数美国人都远离当代的畜牧业,因而更依赖翻译者,不管他们自己是否清楚意识到了这一点。PETA和其他的动物权利团体希望成为翻译者。在法国,农场——鹅肝的和其他的——更容易接近,这种动物权利策略行不通,或者至少没那么行得通。[79]哈德孙河谷鹅肝非常欢迎访客这一事实意义重大(即便活动人士依旧认为访客看到的一切都是排演的)。打开畜棚的大门因为其关系背景而变成了一个有说服力的美食政治工具;绝大部分生产美国人食用的肉类的企业并不会做同样的事情。

支持单一问题的前景和陷阱

鹅肝是一场针对特定问题的斗争。关注特定问题或特定物种的运动一直是动物权利和福利运动的流行策略(也是环境和女性运动的策略,动物权利活动人士将环境和女性运动视为哲理上的先驱)。有针对性的努力不仅会产生积极的法律或政策结果,而且其领袖希望迎合关心特定问题的受众,将他们吸引到更广泛的运动上来。情感上的吸引力也许会将陌生人变成志同道合的同伴。常用的一个例子是利用人们对自己的狗或猫的爱来引导他们谈论动物实验和纯素食主义，希望在更广泛的动物权利运动中构建起共鸣。[80]因为他们会让捐赠者感觉好像知道他们的钱的去向，所以针对特定问题的运动也成了有用的筹款工具。[81]由于这场针对特定问题的反鹅肝运动，某些吃鹅肝的人实际上转变了自己对鹅肝的看法。还有些人为和动物相关的事业捐款或者第一次参与了抗议活动。有些主厨主动从他们的菜单上拿掉了这道菜，有些人在网络上或立法听证会上大声说出了反对鹅肝。在这些情况下，反鹅肝运动已经大获成功了。

在全国各地，无论是在高档餐饮久负盛名之地，还是在高档餐饮不怎么常见之地，都建立起了某些小规模但狂热的反鹅肝团体。近 10 年来，从奥斯汀到巴尔的摩（Baltimore）、从匹兹堡（Pittsburgh）到明尼阿波利斯、从缅因州（Maine）的波特兰（Portland）到火奴鲁鲁（Honolulu），这些城市都见证了反鹅肝激进主义的生根发芽。这些团体早期使用的一个低级策略是让他们的支持者进行预约，但是之后不出现（让餐厅损失掉那晚应得的服务费）。另一个策略是在诸如"叫喊"（Yelp）这样的网站上留下关于餐厅的虚假负面评论。在加利福尼亚州于 2012 年 7 月禁止鹅肝的生产和销售到于 2015 年 1 月撤销该禁令之间，有些关注法律的活动人士团体一起起诉了几家仍旧在售卖鹅肝的餐厅，新闻里一直在报道这一问题。

但是对于活动人士来说，这种对鹅肝的强烈的集中关注也引发了一些问题。与 20 世纪 80 年代反对小牛肉的运动不同，当时该运动导致美国的小牛肉消费极大地减少了，而有关鹅肝的争议实际上产生的影响和活动人士原本希望的相反。人们——尤其是美国人——常常会想要做他们被告知不能做的事情。[82]通过引起消费者对鹅肝存在的意识,鹅肝的反对者创造了新的狂热者。它首先出现在从缅因州到得克萨斯州的菜单上,并且开始定期出现在全国各地美食博主的网络世界和业余厨师的家庭厨房里。2006 年,哈德孙河谷鹅肝的迈克尔·吉诺尔对《纽约时报》说道:"如果动物权利的目标是拯救鸭子,那将是无法实现的。自他们开始努力以来,鸭子的交易量已经上涨了至少 20%。到头来,他们帮助增加了鹅肝的受欢迎程度。"[83] 在我于 2007 年参观时,伊兹·亚纳亚对我说,他们的销售额目前年起增长了 7%。但是,为什么会出现这种情况呢?为什么人们会故意寻求、供应或选择吃一种据说是残忍的菜肴呢?

　　在和芝加哥、纽约及加利福尼亚州的餐厅和其他食品行业人物的采访以及更多非正式的交谈中,我发现答案就是,在很大程度上是因为谁正在反击反鹅肝运动以及他们声称要代表什么。对于许多一直积极从事更广泛的"优质食品"运动,也就是关注地方、可持续性和小型食品生产的人来说,这些旨在禁止鹅肝的运动给人的印象是不重要和不诚恳的。尽管鹅肝生产很可能让主厨一再提及的反对不人道地对待农业动物的"优质食品"论陷入困境,但是许多人仍旧认为自己是食品体系中的错误目标,在食品体系中存在很多问题,这些问题比鹅肝能影响更多的人和动物。

　　这一切并不是说主厨的兴趣在于以道德为代价向进餐者提供美味菜肴。实际上,我发现完全相反。但是,对于这一群体而言,成为一名合乎道德的食客的意义与对动物活动人士而言的意义完全不同。某些主厨对我说,他们亲自参观过鹅肝农场(有时是作为烹饪学校培训的一部分),或是在美国的,或是在法国的。那些人表示,相比动物权利活动人士或立法者,他们更信任同行

184

厨师对鹅肝生产方法的理解，但并未清楚解释个中原因。他们说，他们认为应该支持替代性农业和小型、独立生产商，因为这些农业和生产商会照顾和尊重他们饲养的动物。例如，纽约主厨、美食网（Food Network）明星亚历克斯·瓜尔纳斯凯利（Alex Guarnaschelli）对我说道：

> 有很多我不会供应的食物。我不需要列出清单，把它钉在门上。每个主厨都有自己的清单。我不想要供应过度捕捞的鱼类。那是我的清单上最重大的。我想要供应当地的蔬菜，那些蔬菜是由满身泥土的农民种植的，他们比我辛苦10倍。那是我的任务。

185　　有几名积极拥护"优质食品"运动的主厨认为在这一道德框架下，鹅肝不仅是可接受的，而且是相当不错的。这些人将鹅肝归为珍贵的"正宗"食材范畴，和"手工的""旧世界的"食品"传统"有关，与大规模生产、工业化农业综合企业这类领域无关，他们还认为该领域与他们的烹饪理念相冲突。这一判断根植于美食政治的等级制度中，该制度赋予了某些食品生产模式凌驾于其他模式之上的特权。此处生动地说明了这些道德准则的话语和范畴作为这项美食认同运动的重要组成部分，可以并且确实影响着行为。[84]利用这种措辞似乎有助于这些主厨保护他们自己作为正派的且具道德意识的美食公民和品行端正的提倡人的身份。有一位主厨称这种理念是"给予优质食材以应得的尊重"（就修辞而言，这种说法是将"烹饪"解释为了"尊重"，将"动物"解释为了"食材"）。对于消费者来说，选择在这些餐厅就餐也是一种认同努力的形式，被认为是一种展示某人致力于这一信念和"高品位"的象征性政治的方式。动物虐待与土食者狭路相逢。

鹅肝的产业规模小、缺乏政治影响力并且整体上的消费认知程度较低，对于活动人士来说，这些特征使它看起来像是个不费力的目标，而对这群著名的、涉足政治的、对媒体熟悉的美食意见领袖而言，则使它看起来像是个错误的目标。尽管存在更大的社会弊病并不会消除与更小的社会弊病斗争的价值，但即便是对鹅肝的道德性有所质疑的人也认为，以根除虐待动物或改善食品体系为名义就像是在骨折的手臂上贴创可贴一样。《顶级主厨大师赛》①的一名参与者珍·路易斯（Jenn Louis）在 2014 年的《赫芬顿邮报》上写了一篇专栏文章，鼓励消费者将美国人每年平均吃的 0.002 65 磅鹅肝和 80 多磅鸡肉进行比较，"选择会发挥更大作用的斗争"。[85]类似的是，主厨丹·巴伯对我说，他认为"任何会让人们对他们的食品有更多思考的问题都是好事……鹅肝生产并不会影响我们的土地如何被使用以及我们的农业社区如何被毁灭"。

甚至连当地食品运动的非正式领袖之一迈克尔·波伦也在 2006 年的《纽约时报》上发表了一篇关于芝加哥鹅肝禁令的讽刺性社论。在其中，他嘲笑芝加哥的政治领袖们致力于像鹅肝这样的低挂果实，只在口头上说要改善食品体系中的动物福利，而不是解决那些影响大多数美国人每天所食用的动物的实践。[86] 2012 年，在回答关于迫近的加利福尼亚禁令的问题时，波伦对《纽约时报》的一名记者说道："我认为这真的是一种让人们在什么都没做的情况下感觉好像已经做了什么的方式。还有很多我

---

① 《顶级主厨大师赛》(*Top Chef Masters*)是一档美食真人秀节目，节目中会选择 24 位声名显赫的主厨进行比拼。是《顶级主厨》的衍生节目。——译者注

们没有解决的更严重的问题。"[87]就他来看，反鹅肝的力量削弱了改革整个体系和现代美国饮食的政治势头，鹅肝只是一个道德标示的例子，几乎不会产生什么实际用处。

人身攻击

对于像这种具有激烈争议的问题的双方而言，在相互竞争的团体想方设法地诋毁彼此，人身攻击取代理性对话，以及一些行为被视为过于极端时，寻找和对手的共同立场会变得越发困难。试图将著名和备受尊重的主厨彻底塑造为"恶人"尤其为活动人士提供了一种保持高度戏剧性和媒体关注的方式。无论公正与否，这些攻击都疏远了在某些其他问题上很可能成为盟友的人，将他们变成了坚决的对手。

尽管这些攻击在整个反鹅肝运动中仅仅是一小部分行动，但是骚扰、非法侵入、故意破坏、财产损害甚至是人身暴力的暗示对于美食社群来说都是实际存在的问题。据说，全国各地的主厨都收到过恐吓信，信中称他们为"恶魔""虐待者"，甚至更糟糕。基于对一些主厨的实体信件存底和打印出来的邮件的仔细研究，我发现这些信件的文本内容包括从发自内心的恳求到脏话，再到针对主厨及其雇员和家人的人身暴力的惩罚性威胁。有些人在网上大声说出了自己的担忧，认为鹅肝的敌人可能忘了故作姿态和造成真正的伤害之间的区别。

有些主厨和餐厅老板屈服了：据我最近一次估计，整个美国有750家餐厅正式承诺不再供应鹅肝（不过，在这些企业中，有一些要么是在这场骚动之前就不供应鹅肝，要么是在受到活动人士的引诱后才做出表示）。还有些人并没有屈服。全国各地的某些主厨都对反鹅肝活动人士所采取策略的个人化和明显的狂热感到恼怒，并以售卖更多鹅肝的方式来回击。还有些主厨对记者说，他们也想要采取类似的行动，但是不想冒着让他们的"窗户破掉"或门锁被"强力胶堵住"的风险。[88]

这并不是一种没有意义的恐惧。2007 年夏季，在得克萨斯州的奥斯汀，有几家供应鹅肝的餐厅外墙被用喷漆写上了污言秽语。有一个叫作"得克萨斯中部动物保护机构"的团体，每周会在一家餐厅外抗议两次，尤其是在"耶洗别"餐厅外，因为该餐厅的老板拒绝将鹅肝从菜单上拿掉。"耶洗别"的主电源断路器被切断了，主玻璃上被人用酸蚀刻了"吐出来"的字样。"耶洗别"的所有者对当地报纸说道，尽管如此，他的生意实际上还是增长了两倍，人们会"点鹅肝，即便他们平时并不会点"。[89]在 9 月，通过监控视频确认了做出这些行为的那名活动人士，他被逮捕，保释金为 2 万美元，并被指控犯有毁坏财物罪，一年后被判处在州监狱服刑 7 个月。相似的是，在哥伦比亚（Columbia）的餐厅之后，马里兰州的餐厅也在 2009 年遭到了破坏，其走道上有用酸蚀刻的"除掉鹅肝"的字样，餐厅的所有者对《巴尔的摩太阳报》说道："我们会供应更多的鹅肝。我们正在考虑主办一个鹅肝之夜活动，以作为回应，这会是一场进步的鹅肝慈善晚宴。"[90]

在费城，有一个叫作"拥抱小狗"[后来更名为"费城人道联盟"（Humane League of Philadelphia）]的非常激进的小型反鹅肝团体，它将几家餐厅和几位主厨的家视为目标。该团体的成员非常倚重抗议这一公开行为。在接连几个星期内，他们会站在选中的餐厅外，拿着扩音喇叭、夹板广告牌以及展示强制喂食的图片和视频的屏幕。[91]抗议者会威吓员工，大声骚扰进入餐厅的就餐者，说他们丑陋无比，会死于癌症，并且反复喊道，"为了动物，我们将战斗！我们知道你们晚上睡在哪里！"他们还用扩音喇叭朝

餐厅所有者大喊"谋杀犯"和"蹂躏鸭子的人"。[92]恶言谩骂也弄巧
188 成拙了。在网上有关"拥抱小狗"的抗议活动的文章评论区里,有
些发帖人称这些团体的成员"是热爱恐怖活动的极端主义者"和
"毫无用处的白痴",告诫他们"回到真实生活中来"。

此外,费城的"伦敦烤肉"(London Grill)餐厅提供带有鹅肝
酱的牛排,它的所有者将"拥抱小狗"告上了法庭,提出的限制令
申请的文字记录详细描述了该团体的某些其他活动。其中包括
以餐厅工作人员的家为目标;向工作人员的邻居分发传单,上面
写着工作人员的地址,还说他们虐待动物;穿着忍者的衣服出现
在所有者的家里,吓唬他的孩子们。另一个著名的费城主厨和餐
厅所有者约瑟·加尔斯(Jose Garces,后来成为美食网的一名铁
厨①)对作家马克·卡罗说道:"一旦他们到你家,就会变成非常
具有人身攻击性的了。我有两个还小的孩子。他们会出现在孩
子们的面前,叫喊我的名字,说我是谋杀犯……"和其他几位被
"拥抱小狗"成员盯上的费城主厨一样,他不情不愿地把鹅肝从他
的菜单上拿掉了,但是在厨房里还备有一些鹅肝,以防有顾客
想吃。[93]

对于某些主厨来说,把鹅肝加在菜单上就像把鹅肝从菜单上
拿掉一样,仅仅是一种对活动人士需求的回应。"鹅肝"开始代表
的一种观念是,他们在烹饪世界的文化权威和技能及他们自己的
道德感受力正在经受考验。[94]这些人——主厨、美食作家及他们
的支持者们——正在做大量的工作,以动摇那些将自己视为"优
质食品"运动中品行端正的提倡人的观点。对于那些想要自我认

① 铁厨(Iron Chef),出自美国一档受欢迎的美食挑战节目《铁厨》(或
译为《料理铁厨》),该节目中的几位大厨被称为"铁厨"。——译者注

证为合乎道德的食客却又不知道该怎么做的人而言,这些人维护鹅肝并大声质疑动物权利活动人士的主张也许是一个足够强烈的信号。

加倍下注

这类回应并没有受到动物保护主义领袖的好评。根据美国最坚定的反鹅肝活动人士之一 APRL 的布莱恩·皮斯所说,对于一家声称他们关注合乎道德的食品实践的企业来说,继续供应鹅肝"简直太糟糕了"。但是,他们在"正派的家伙们"身上加倍下注的行为令旁观者颇感困惑。例如,2010 年,APRL 宣布他们会在曼哈顿的一家土食者餐厅——"泰勒庞"(Telepan)外进行抗议,"格拉布街"(Grubstreet,一个颇受欢迎的食品网站)问道,"等一下——比尔·泰勒庞? 正在试着用无激素牛奶改善学校午餐的那位主厨? 就是那位因为使用草饲牛肉汉堡而被'动物福利获批'(Animal Welfare Approved)授予荣誉勋章的主厨?"[95]

在这些事件发生之前的几年,我对比尔·泰勒庞进行过一次采访,他说他会"极为谨慎地"找出所用食材的来源,他感到非常自豪的是,他的餐厅是纽约市仅有的 17 家位列人道认证名单的餐厅之一。他多次到访过哈德孙河谷鹅肝,与迈克尔和伊兹相识多年。他说,他供应的是他们产的鹅肝,因为他相信"他们做的是非常纯正的产品",和"把鸡、猪和牛关进围栏里,让它们睡在自己的屎里,吃自己屎"不同。在 APRL 于他的餐厅外进行抗议之后,他发邮件跟我说,对于他们以他为目标,他大感震惊。他不会把鹅肝从菜单上拿掉。

最终,以鹅肝为靶心导致公共领域出现了更广泛的讨论,即围绕食品和烹饪选择的法律界限可以或者说应该划定在哪里,以及应该由谁来划定。并不缺少会引起争议的养殖方式，从圈禁肉用小牛和把怀孕的母猪装进板条箱到用安乐死或高速研磨机来选择性宰杀刚刚出生的公雏鸡，这些都会引起动物福利和权利团体的抨击。因为动物权利活动人士是将鹅肝生产作为通向更广泛问题的途径来讨论的，所以，消费者和食品业内人士同样都以援引"滑坡谬误"和"保姆式政府"①来进行回应表达了对政府过度干预消费者市场和人们日常生活的担忧（无论是否有正当理由）。[96]我所收集的 2004—2009 年的大部分网络评论和美食网站上的博客帖子表明，随着时间的推移，这些带有自由主义色彩的思维模式变得越来越盛行了。社交媒体上充满了对"接下来会发生什么"——"小牛肉？鸡肉？还是所有的肉类？"——的预兆性担忧和不稳定的"闸门"效应②的暗讽。尽管一般而言，所有肉类都被禁是非常不可能的，但是这种表达猜疑和优先级的措辞是对鹅肝争议所进行的回应中最普遍的特征之一。

另一方面，我发现产生了一种推动政策进步的强烈的、乐观的期望，这种期望是建立在鹅肝胜利的基础上的。正如时任 PETA 副主席，也就是现任"农场庇护所"高级主管的布鲁斯·弗雷德里希（Bruce Friedrich）在芝加哥禁令通过之后对《纽约时报》所说的："对于将 9 只母鸡塞入 18 英寸×20 英寸的钢丝网笼来度过整个生命周期的这类做法认定为非法，只是时间问题。"[97]在以这种方式将鹅肝设定为第一张多米诺骨牌的过程中，这些团

---

① "滑坡谬误"（slippery slope）指某种行为或行动最终会导致出现同一种行为或行动的更糟糕的表现形式，甚或是灾难性的结果。"保姆式政府"（nanny state）指对其公民的福利过分关心或控制的政府，尤指在执行广泛的公共卫生和安全条例方面。——译者注

② "闸门"效应（"floodgate" effect），即在没有明显限制的情况下，一个微小的行动可能会产生影响大得多的结果。——译者注

体的主要动机之一是使人们相信，如果他们对鹅肝感到厌恶，那么他们很可能会赞同那些易于应用在其他地方的道德理想。用另一位活动人士的话来说，"我们希望让他们说，'哦，好吧，那有点儿糟糕。呃，也许一切都很糟糕。'"从这一角度来看，就算是逐步改变，争议对于进步也是至关重要的。

　　但是，这种将围绕着鹅肝的动物福利问题视为一个公共道德问题来进行讨论的策略是否可以为其他案例开放大门，是一个相当复杂的问题。谁可以说某件东西相比其他东西而言错得多或错得少呢？更大弊病的存在是否有碍于和更小弊病斗争所能获得的好处呢？反对鹅肝的运动使人们对工业化体系有多糟糕产生了共鸣是一回事，将禁止鹅肝视为解决了现存体系的问题则完全是另外一回事。而且，无论立法者是否认同鹅肝实际上是倒下的第一张多米诺骨牌，他们的卷入都激起了强烈的反对——公开表现出来的是在报纸社论和网络上，私下里的则是在餐室的餐桌旁。这些反对的焦点是政府在人们的食品选择方面应该扮演什么样的恰当角色，以及如果这么做的话，要在什么样的情况下为禁止性的市场规范做出解释。那些带头发起鹅肝禁令的立法者面临着指责，甚至是来自媒体的嘲笑，就表面上看，这将注意力和资源从其他问题上转移开了。然而，即便是那些已经考虑了禁令的管辖区域也没有将其视为迈向纯素食主义世界的"第一步"。实际上，地方政客是将鹅肝视为安抚一些刚强正直的选民的一次性方法。如果鸡肉在某个城市或某个州的，甚至国家的层面遭到了禁止，即使立法决定允许只饲养或买卖自由放养的鸡，许多企业和人群也不会感到高兴。[98]尽管许多人声称支持"更加善待动物"这一概念，但是由政府支持将肉类从人们的饮食选择中清除掉却通常得不到支持。相比红色的鲱鱼，鹅肝也许更像是替罪羊。

191

结　　论

对于那些声称关注食品的人来说，鹅肝是一种文化指标，它涉及有关身份认同、思考方法和道德品位的争论。像拥护者所采纳或质疑的其他挑衅性象征一样，它将问题捆绑在一起，并被用作事实上的楔子问题①，以进一步激励追随者和增强争议性。俗话说，人如其食，那么，人也如其对饮食的看法。这就清楚阐明了人们的思考方法如何使他们强调或不予强调某个有争议性问题的不同侧面，甚至以完全不同的方式去理解同样的经历。这里特别有趣的是文化权威主张的扩散性，将高尚的品位"集中关在一起"可没那么容易。

仅凭鹅肝生产过程的简单事实是无法解释动物权利活动人士的行为或对其所进行运动的回应的。有一些非常合理的原因，可以解释鹅肝为什么会激起对立双方这么多的情感能量，以及为什么争论双方坚决抵制彼此的看法。有了思考方法，就有了解释、判断和评估。目标或观念可以用各种各样的方式加以"解读"，它们可以传达出某些团体或组织网络认为有价值的东西。正如某位研究象征性政治传统的学者所提出的，有关这些"解读"的阐释和制度化的斗争，如试图在公共领域内完全掌控它们，不可避免地会产生社会后果。[99]当它们反映出某件事情的反对者和支持者甘于付出多少时，它们的意义是尤为重大的。我们很容易就能在如今美国有关其他文化目标的白热化冲突中发现这些，比

---

① 楔子问题（wedge issue）是政治或社会问题，通常具有争议性，会造成某个群体的分裂。——译者注

如在旗帜、枪支、医疗保健和结婚登记问题上。与这类目标和观念同时出现的所有话语既是标记社会包容和排斥的工具,也是激发他人同情或蔑视的手段。[100]

　　然而,鹅肝的例子还明确地表明,就算是有正确的道德评估,哪一种是正确的也还不甚清楚。有一系列合理论据表明鹅肝生产是应该禁止的,还有一系列合理论据则表明不应该禁止。在不同的时期,分界线会落在不同的地方,这取决于对机会的不同认知、意料外的结果所发挥的作用,以及卷入其中的参与者不断变化的声望。某个参与者将鹅肝视为有影响力象征的取向当然会受到他或她所属的团体身份的影响。因此,尽管思考方法是(经精心组织的)认知,但它也容易受到其他人定义问题的方式的影响。关于"鹅肝是残忍的吗?"和"鹅肝是合乎道德的吗"这类问题,人们倾向于看到的答案是他们希望看到的或者他们认为应该看到的。就很大程度上而言,这有助于通过某些方式并为了某些特定目的而将鹅肝成功地塑造为一种政治象征。

　　对于许多人来说,鹅肝的故事是短暂的,也是相对不重要的。这里的矛盾是人们经常会讨论和记起那些我们可能认为微不足道的事情,这些话题会引起更深入的审视,在这一过程中还会暴露出对其他社会生活的焦虑。[101]有时,一小群追随者的努力确实会给更广泛的议题带来新的关注,并且影响主流公共观点。冲餐厅常客叫喊侮辱也许更多的是在传递不满,而非促进切实的政策改革,但是它也许可以成为一种采取行动或产生羞愧的正当理由。有时,地方上的斗争确实会超出其边界。就此而言,围绕着鹅肝的动员努力只是这些小规模却顽固的活动人士团体最近做出的诸多努力之一。不过,重要的是要记住,基本上是因为鹅肝在美国的阶层色彩以及那些致力于动物权利运动的人所拥有的

192

相对的阶层特权，这主要是一个少数人在相对有限的文化区域内进行斗争的故事。

法国的情况是一个非常不同的故事，因为几十年来，国家一直在努力地扩展和保护鹅肝产业，由此创造出了更广泛的表示赞同的消费者基础和更深层次的美食归属感——结果证明，这是动物权利团体难以做到的。在这两个国家里，这些问题以及许多关于食品和饮食的观念都通过翻译者清楚地传达给了更多的公众，这些翻译者包括厨师和记者、评论家、活动人士、业内人士，甚至学术人士。对促成某些目标有兴趣的翻译者作为信息中间人，充当着专业人士和普通公众之间的联络点。[102] 甚至某人亲眼所见的都会受到影响。媒体尤其会和这些意见领袖联合创作故事情节，发表某些特定的观点，并且为那些想要将自己对现实情况的看法传达或强加给他者的人提供舞台。[103]

不管某个人的饮食认同是什么，这些翻译者所倡导的道德和文化建议都有助于我们思考价值观和菜单是如何及为何改变的。对这些改变的理解和个人如何改变其观念没什么关系，更多地是一个关于规划消费者和美食文化的利益根基的故事。在涉及食品、品位和消费政治时，"道德高尚"和"道德败坏"是积极交涉的领域。因此，不仅要了解活动人士所做的事情，而且要了解他们是如何与那些需要敏感注意到其不满的团体和社群保持联系的。人们在某种程度上是通过是否信任传播者来判定新信息的可靠性的。如今，许多食品和农业实践都会引来动物权利和福利团体的怒火，更不用说可持续性食品的活动人士了，从地方到全球的政策层面都在讨论这些问题。哪些会被公众"接受"尚不可知，但是，那些被接受的必然会扎根于博弈式协商，并且在社会运动、市场和国家的交汇点上为了具有象征意义的控制权而战。

正如本章所表明的,鹅肝"问题"本身就是不同群体的品位如何获得或失去特定道德立足点的人为产物。这对我们如何看待美食政治,即围绕着品位的道德和伦理界限是如何划定、消除和监管的,以及它们会产生什么样的影响,具有一定的意义。尤其是,我发现有关鹅肝存在的讨论是在两个更广泛的论述中进行的,两者都展现了以"思考方法"作为阐释工具的悖论和矛盾:一是关于食用动物的合法或不合法待遇是什么,以及在哪里划定界限;二是关于消费者市场的文化权威。和品位一样,思考方法有助于解释人们为什么强调或不予强调鹅肝问题的不同侧面,并将这些争议和消费社会组织中更广泛的、尚未解决的紧张关系联系起来。

194

第六章

结　论

　　2012 年 7 月 1 日,加利福尼亚在全州范围内颁布的禁止"为增肥其肝脏而强制喂养的家禽所产的肝脏产品",即众所周知的鹅肝的禁令(7 年半前通过的)生效了。[1]几个月前,该州 100 多名著名主厨在金门餐厅协会(Golden Gate Restaurant Association)的支援下动员起来,试图阻止该禁令的实施。他们的团体被命名为"人道和道德的农业标准联盟"(Coalition for Humane and Ethical Farming Standards,其首字母正好是 CHEFS,以下简称"CHEFS"),他们向州政府提出请愿,撰写报纸评论文章,在脸书最新消息和网络帖子上发表意见,坚称该团体希望制定新的、改革过的生产标准,维持鹅肝的合法性,并让该州唯一的鹅肝农场继续营业。批评人士指责他们参与得太晚了,因为他们提出请愿时,该禁令已经迫在眉睫了。[2]令 CHEFS 懊恼的是,该禁令按照计划实施了,索诺马鹅肝因此停业,在该州销售鹅肝也成了非法的。

　　第二天,哈德孙河谷鹅肝、一个扎根于魁北克的加拿大鹅肝协会和一个扎根于洛杉矶的餐厅团体一起申请了一项针对加利福尼亚州的强制令,要求陪审团审理,根据美国商业条款宣布销售禁令是无效的。这项强制令提出,该法令"过度加重了"州际贸

易的负担,因为鹅肝在其他地方是可以合法生产的。他们还声称
文本的模糊性违背了美国宪法的正当程序条款①。两个星期后,
一名法官拒绝暂停该法令,但是允许诉讼继续进行。两个月后,
加利福尼亚州总检察长(Attorney General)办公室提出一项驳回
的请求。在这段时期内,许多芝加哥主厨几年前曾经利用的漏
洞,比如举行半秘密的地下鹅肝晚宴或在购买一片 20 美元的面
包片时免费赠送鹅肝酱这样的做法也同样用在了加利福尼亚
州。³有一家叫作"普雷西迪奥社交俱乐部"(Presidio Social Club)
的餐厅还声称找到了避开该禁令的办法,因为它位于普雷西迪奥
国家公园(the Presidio National Park),也就是联邦的土地上,所
以从严格意义上而言不受该州司法权管辖(不过,普雷西迪奥信
托会要求将鹅肝从菜单上拿掉)。⁴动物权利团体也从芝加哥禁令
中汲取了相似的经验,在不遵守禁令的知名餐厅外抗议,多次起
诉违反者,而不是交由州官员来强制执行。第二年夏天,美国第
九巡回上诉法院的三人法官小组对这一禁令表示赞同,基本上驳
回了美国一加拿大鹅肝联盟的起诉。⁵全国的动物权利团体都洋
洋得意地庆祝起来。⁶

　　但这一结果本身只是暂时性的。2015 年 1 月,加利福尼亚
中央区的一名联邦地方法官宣布该禁令无效(也就是此时的加利
福尼亚卫生和安全法规第 25 982 条)。他做出了有利于上述起
诉人联盟的裁决,认为联邦的《家禽产品检查法案》(Poultry

196

①　正当程序条款(the Due Process Clause),美国宪法中的正当程序条
款主要包含在宪法第五修正案和第十四修正案中,正当程序条款涉及司法行
政,是作为一种保障,防止政府在法律制裁之外任意剥夺生命、自由或财产。
美国最高法院将这些条款解释为提供 4 种保护:程序性正当程序(在民事和
刑事诉讼中)、实质性正当程序、禁止含糊不清的法律,以及作为合并原则的
工具。——译者注

Products Inspections Act）——赋予联邦政府监管权，并禁止各州对食品分销和销售施加某些条件——优先于加利福尼亚州的鹅肝销售和分销禁令。[7]当然，索诺马风味已经被迫关门了。但是另一方面，餐厅可以从其他地方的生产商那里合法地购买到食材。各方迅速做出了反应。动物权利发言人对这一裁决表示不满。[8]有些主厨非常高兴，保证会尽可能快地让鹅肝回到他们的菜单上。八卦网站"高客"（Gawker）声称这"对那些混蛋来说是个极大的好消息"。[9]次月，该州的总检察长对该裁决提起上诉，但在写本书时仍旧没有定论，这意味着鹅肝的合法地位也许会再次改变（甚至可能发生在本书出版之前）。

在加利福尼亚州的"家禽喂养法"于 2012 年生效后的那天，
197 太平洋的另一侧提出了另一项食品禁令。该禁令涉及的是完全不同的奢侈品——鱼翅汤。[10] 2012 年 7 月 2 日，中国的国家政府机构提出新的规定，禁止在正式的宴会上供应这一传统美食。[11]尽管这并不是一项全国性禁令，但却是具有象征意义的影响深远的行为，是作为一种基于道德的社会判断工具发挥作用的结果。

围绕着鱼翅汤的政治活动和争议经常被和鹅肝的相提并论。正是两者的物质性质以及它们的生产方式使它们处在了有争议的象征性地位的核心。和鹅肝一样，就社会意义而言，鱼翅汤也被归类为具有文化价值和庆祝意味的菜肴，蕴藏着"传统"和"民族归属感"的象征性力量。它一直是象征性的中国菜肴，会被端上各种重要的场合，经常作为婚宴上的社会必需品。它预示着活力和力量，象征着主人家的地位和对其宾客的慷慨。这道菜肴曾经仅限于上流阶层，但随着中国中等收入人群的收入增加，中国和全世界中国城的餐厅及宴会厅对这道昂贵菜肴的需求都越来越多了。"没有鱼翅汤，你就是不上档次的。"一名旧金山中国城的海鲜分销商对《纽约时报》说道。[12]

　　就道德性和生态学来看,鱼翅汤也被贴上了令人厌恶的标签。鱼翅的做法是捕捉鲨鱼,切下它们的鳍,把仍活着的它们扔回海里,任凭它们流血而亡,这被许多人认为是残忍的。但是,反对者主要是将鱼翅塑造为一种稀缺的生态危机,并不是对人类的伦理或道德威胁。据海洋科学家估计,最近几十年来,全球已经有多达90%的鲨鱼种群灭绝了,许多人认为这种大量毁灭在很大程度上是因为对鱼翅的需求日益增多。如今,自然环境保护主义者将100多种鲨鱼归类为遭到威胁的或濒危的物种,因为这种变化对于鲨鱼种群和海洋生态系统来说,都是有害的。

　　近10年来,和国际上的反鹅肝运动类似,反鱼翅运动在全球迅猛发展。至2013年,包括美国和欧盟国家在内的27个国家出现了记录在案的禁令。然而,这些政治组织常常没有针对进口、销售、持有或消费的补充法律。而且,国际水域不受任何一个机构的监管。一个自称为"鲨鱼联盟"(Shark Alliance)的团体于 2006年建立起来,它和环境及海洋保护民间组织合作,发起了填补欧盟鱼翅禁令漏洞的运动。在美国,近几年来,加利福尼亚州、华盛顿、俄勒冈州、夏威夷州和伊利诺伊州通过了有关禁止鱼翅销售和持有的禁令(因此鱼翅汤成了非法的)。两个加拿大城市通过了类似的禁令,但由于中国商业团体的反对和其他人对管辖权的担忧而被撤销了。

　　即便是在中国,全球性的反鱼翅汤运动也取得了飞快的进展。有一些备受尊重的中国名人和职业运动员开始为这项运动发声,消费率降低了,还通过了一项全国性的鱼翅进口禁令。将鱼翅排除出国宴——对两名人大代表所提出的捕猎鱼翅对环境有巨大影响和国务院遵守削减开支需要的回应——于 2013 年成

198

为现实，比计划日程提前了两年。[13]

　　和鹅肝一样，把像鱼翅汤这类东西标记为道德上应该受谴责的，不只是一种现实的反映；它还是一种对现实有影响的力量。然而，这种经由一种美食政治架构的道德标记意味着某些食品可能比其他食品更有争议和更易受到攻击。为什么鱼翅的反对者能成功地获得这种积极的公众和体制支持，尤其是在中国（全球的鱼翅贸易中心），而在法国的鹅肝反对者却没能做到呢？因为某些鲨鱼是濒危物种，生物多样性的措辞、正在消失的国家资源和遭到破坏的海洋生态系统压倒了传统这一措辞。这对烹饪实践中的其他野生物种也具有更广泛的影响。相比之下，用于制作肥肝的鸭子和鹅是农场动物，即家养农业产品，其生产和使用是由人类控制的。

　　对生态或自然资源的保护也许充当着强大的美食政治动力，更进一步支持这种观点的就是圃鹀这一例子。圃鹀是一种小巧的鸣禽，传统做法是抓住它，喂肥，然后用阿马尼亚克酒溺死，接着炙烤，整只吃掉，连同骨头都吃掉。据说，它非常美味，吃的时候，你得用餐巾盖住头，这样一来上帝就看不到你的贪吃了。圃鹀被描述为烹饪界的"法国灵魂"，曾在 1995 年被端上法国总统弗朗索瓦·密特朗那传说中的"最后的晚餐"。（鹅肝也在菜单上。）[14] 1999 年，根据一项欧盟的指令，在过度捕猎之后，法国通过了一项禁止诱捕和杀害圃鹀的禁令，正式将其作为濒危物种来保护。尽管当时和自那以后，一些法国烹饪界的领袖人物一直坚称捕猎圃鹀是他们文化遗产的一部分，但是，自然和生物多样性的措辞，或者说物种正在消失的生态威胁，成为社会和法律上的优先考虑事项。[15]

　　其他有道德问题的动物/烹饪实践引发了社会上和政治上的

愤怒,包括出现在欧洲部分地区的吃马肉,在加拿大、斯堪的纳维亚和日本的捕猎海豹和鲸鱼[因获得奥斯卡最佳纪录片奖的《海豚湾》(*The Cove*)而引人注目],以及在亚洲部分地区的吃狗肉。这类案例具有重要的分析价值,因为它们会成为许多行为和问题所围绕的轴心。每个都暗含着疑问和担忧,不仅是关于残忍性的,而且是关于权利和责任的:选择吃什么的权利;采取合乎道德的行动的责任;动物在不忍受痛苦或折磨的情况下生存的权利;保护公民、市场和自然环境的体制的责任;以及禁止某种在其他地方合法的东西的权利。

关于这些不同菜肴的争论是象征性政治的特征,其取决于根深蒂固,而非永恒不变的观念和优先考虑事项。就鱼翅汤来说,各个政府和跨国机构——包括中国政府——对环保主义者的明显支持是至关重要的。对于中国正在崛起的中产阶级中较为年轻的几代人来说,拒绝将这道菜端上他们的婚宴越发成为常规做法。有趣的是,在中国和其他地方的中国城,昂贵的法国葡萄酒作为类似的地位、财富和主人慷慨大方的象征,被宣传为这道菜的替代品。[16]

我们对诸如此类的美食象征的观念和拥护揭露了这样一个事实,即我们和每年专门为人类消费而繁殖、养育和狩猎的数十亿只动物有着可以理解的复杂关系。其中的一个极端是,我们将动物视为物质资源,能以我们认为合适的方式进行使用和消耗。另一个极端是,我们将动物视为有感知能力的生物,应该得到人道的对待、同情和怜悯。[17]虽然"传统"的宣言试图为诸如此类的动物注入积极的社会价值,但是在一个全球商业、文化和政治日益相互关联的世界里,它们并不总能和福利或环境主义的意识形态相兼容。当被某个群体称为"传统"的物品或实践激怒了其他

200

人或者在道德上令他人感到厌恶时，那些被实例化为"文化遗产"或"传承物"的食品会变得尤为突出。有时，反对者会声称，传统应该被打破。

因此，并不仅仅是某些食品比其他食品更易受攻击，而是那些拥护它们的特定地点的政治环境和质疑它们存在的言辞会中和其脆弱性。我们都知道，民族美食的边界远非静止不变的，判定什么"真正"代表着某个地方的美食精神或性格以及谁可以被纳入这种精神中，绝非一个简单的过程。[18]实际上，在如美国和法国这样的现代消费者社会中，被认为是"民族"美食的东西很可能是那些能从中获利者视为必不可少的东西，比如食品工业的专业人士、广告商和政客。

我们也许会猜想，在如中国这样正在经历迅速现代化的社会的政治环境下，遗产和传统的话语会不如在法国这样的西方国家内受重视。这有助于解释为什么中国精英越发普遍地看重经典的西方地位象征，比如法国的葡萄酒（或者鹅肝，关于这一点——中国正在发展其本土产业，以满足亚洲大城市内一些明星主厨餐厅的需求）。想象在美国城市里的议员提出一项不太可能成功的食品禁令，比想象在更为中央集权的政治体系（比如法国的城市）中发生同样的事情是更为容易的，虽然美国人倾向于将"个人选择"视为某种"自由"。[19]在与道德相关的措辞中，对美食遗产和传统的质疑经常包括仁慈和残忍、卫生健康和洁净以及生物多样性的话语。这些从概念上对"事物原本情况"的质疑标志着某些担忧，既有对食品道德性的担忧，也有对标记食品生产商和现代消费者身份的象征性界限的担忧。

照此而言，有关这些问题的政治斗争是关于规则、价值和文化逻辑的，也就是说，哪些和谁的价值观念和品位应该扩散，以及谁拥有以适合特定目的的方式来定义某种情形并将某种意义固化到历史中的知识和力量。就人群和食品实践来说，遵循或者质疑这些规则和逻辑将食品转变成了更多的内容：公民身份的关键部分、政策协商的缘由、人道的标志，或者是需要政治决议的社会问题。

美食政治和反复无常的道德性

　　食品无疑是政治性的。有关食品和烹饪的信念以及制造和消费它们的人、它们所使用的资源、它们所代表的品位或它们流通的市场，远非丝毫无害的。就像其他种类的政治事务一样，食品政治是关于力量、控制和冲突的。美食政治体现的是社会力量在何时、何地对食品或烹饪用品施加影响，以将其塑造为一种在道德、文化或政治上具有重要意义的载体。这使食品的道德性变得反复无常，因为它允许社会和政治形势通过有形的、可食用的物品产生起伏。美食政治阐明了人群、社群、市场和政府之间的关系以及所产生的实际影响。由此表明当涉及我们的和其他人的食品选择时，绝对不可能"和平共存"。美食政治的思考方法迫使我们追问：谁制定规则并使政策决定合法化？哪些斗争会被挑中，谁设定的议程？谁从中获益？透过美食政治视角来检验有争议性的品位，有助于我们更好地理解某些和食品相关的议题是在何时、何地被归类为有道德风险的，[20]以及是在何时、何地开始充当文化争论、义愤填膺或政治争议的试金石的。

　　事实证明，在如今的食品政治世界里，几乎没有什么争论会比有关鹅肝的更为令人担忧。甚至在几十年的纠纷之后，有关鹅肝存在本身的争议仍旧是全球的新闻头条。2014 年，印度对外

贸易总局（Directorate General of Foreign Trade of India）在动
202 物权利团体的压力下，出人意料地将国家的进口鹅肝政策从"自
由"变为了"禁止"。2015年6月，南美洲的美食中心之一——巴
西的圣保罗市禁止生产鹅肝（象征性禁令）和在餐厅内销售鹅肝
（实质性禁令）。在一支由圣保罗市的餐厅老板和专业烹饪人士
组成的队伍接连强烈抗议几周之后，一名市法官下令撤销该法
令。在写本书时，最终的结果仍旧悬而未决。

毋庸置疑的是，鹅肝仍旧是一个有争议性的口味的问题——
某些人热爱这种食品，而另一些人非常讨厌这种食品。动物权利
活动人士谴责它是一种折磨，其中的某些人实际上在竭尽全力地
诋毁鹅肝及其支持者。另一些人说活动人士是不了解情况的，关
注的是错误的问题。有些人称它为传统，值得作为法国民族文化
遗产的一部分来保护，另一些人则称它为过去的残余，是不适合
现代世界的。有些人称禁止鹅肝的想法是荒唐的，另一些人则称
就道德上而言必须禁止鹅肝。当然，这取决于你问的是谁。

但是，正如本书所表明的，至关重要的不仅仅是你问谁，而
且是谁利益攸关、谁有权回答以及谁有能力将答案固化在传统智
慧中。道德伦理必须与代价相平衡，可用性必须与持续性相平
衡，欲望必须与需求相平衡，我们舌尖上的滋味和胃里的满足必
须与我们脑海中的想法相平衡。美食政治将这些个人对道德伦
理、品位和归属问题的感受与文化和特定地点的背景相联系起
来了。

这些考量影响了各种社会运动和政府行为主体在以市场为
基础的消费世界里维护道德权威的努力，塑造了将商品从其生产
之地运送到零售之地的商品链。政府管理着以社会需求为基础
的市场，活动人士团体试图将市场利用为社会和文化变革的工

具,从而在消费者品位这片沙地上划定新的界限。例如,消费者对饮食产品的抵制有助于在整个公民社会中创建关注的社群,并使那些在实质上和认知上对遥不可及的食品生产的不满看似近在咫尺。在18世纪晚期,成千上万的英国反奴隶制的活动人士拒绝在茶里加糖,以反对糖料种植园奴隶制。[21]差不多两个世纪后,农场工人联盟(the United Farm Workers)同样在全国范围内发起了抵制食用葡萄和莴苣的运动,通过地方上的抵制委员会进行宣传,以获得数百万中产阶级和城市消费者对整顿农业劳动法和改善劳动人员工作条件以及给予农场工人集体谈判权的支持。[22]

尽管消费者抵制(或支持性购买,即在购买而非避开特定商品时得到鼓励[23])也许可以代表某个人或某个团体的道德立场,并且对生产商施加某些压力,但是,它对零售和消费习惯的具体影响通常是难以确定的。正如社会运动学者詹姆斯·贾斯珀所写的:"在一个拥挤的超市过道里,独自做出的沉默无言的选择是确认不公正感和义愤感的糟糕方式。"[24]类似的是,从餐饮选项中选择某道菜只是那些在餐桌旁就餐的人和餐厅员工共同做出的决定(有时还有社会媒体)。某个人选择在某家餐厅而非另一家餐厅吃饭,选择沙拉而非牛排,选择在沃尔玛而非全食超市(Whole Foods Market)购物,也许存在很多原因。而且,整个社会科学领域的学者最近都在强调这种消费者—公民模式的局限性。用你的美元或叉子"投票"不可能解决和食品体系相关的结构性、系统性问题:环境退化、侵犯劳动权和人权、食品安全和污染风险,以及在跨国农业综合企业领域内日益集中的企业权力。[25]

围绕着如鹅肝这类相对不重要的商品的政治活动,也许无法解决我们食品体系中有关质量、公正、透明度或可持续性等非常实际和重要的问题，但很多人都将这类政治活动视为解决这些问题的关键突破口。尽管某些评论人士对鹅肝受到如立法者、大众媒体、美食精英和博客圈等不同派别的极大关注表示不屑，但是这种集中的意识表明，支持或反对某些有争议的烹饪实践会引发从个人信念的微观层面到国家的宏观层面的共鸣。

我们非常清楚的是，在诸如枪支、疫苗、旗帜和石油管道等争论中一直存在着差异政治（politics of difference），然而，我们很容易被蒙蔽，会认为这种争论并不适用于食品。食品是安全的、简单的和无害的。它是让身体和大脑满足的某种东西，会以一种有形的方式将人们团结在一起"进餐"，并且在分享餐点的过程中加强社会联系。每个人都以这样或那样的方式定期参与其中。食品是有趣的。当与食品相关的问题、恐慌或争议成为头条时，其标题和导语经常被写成矫揉造作的双关语，拐弯抹角地将这些问题贬低到更温和的、不重要的地位上。这是将有关食品政治的新闻放在了不同的概念仓里，而非邦联旗帜①的地位上。然而，话语分析人士认为应用这种情绪是观察社会规范力量的一个视角，也是所提及的社会价值观网络的紧张感的表现。[26]美食政治的视角提醒着我们，食品政治的世界不仅是极易受到指责的，而且是无法摆脱"实际"政治的。

鹅肝和象征性力量

围绕着鹅肝的存在和道德性的激烈质疑在规模上有所不同，

---

① 邦联旗帜（the Confederate flag），美国南北战争期间，南方联盟所使用的旗帜。——译者注

从诸如欧盟和跨国社会运动这样的国际体制层面到州和市对地理界限上的市场的市政监管，还有耸人听闻的个人对抗，比如在活动人士、主厨、媒体人物和消费者之间的。将这些层面上的象征性力量进行对比，可以凸显出人们在自己不断变化的世界观内混合和匹配关于何为好或何为坏的观念时的混乱方式。

因此，鹅肝所引发的问题不仅是关于残忍性或美食愉悦感的；也是关于我们对所吃之物的了解，如何选择食物来代表整个文化，以及有争议性的市场最终是如何创造出某些类型的消费者的。这些问题还是关于厌恶作为品位的一种分类维度，是如何维持不同食品、烹饪和品位的象征性界限的。吃鹅肝是一种民族自豪感的标志吗？是个人自由吗？是残忍吗？会成为最好的美食家吗？会成为最糟糕的吗？参与生产这种食品的劳力（包括人类和家禽）是应该被赞扬还是被辱骂？鹅肝是被刻画为一个精心制作的盘子上的展示品，还是坐在旁边的贪食者的佐餐物？

有关鹅肝的象征性政治典型地说明了，21 世纪的食品市场是如何作为一个有关消费的道德冲突的复杂场所而发挥作用的。尽管基于史实的观点表明，工业化的食品生产已经将某些曾经专为富人所有的做法和味道变得常见了。[27] 但是，我们的现代食品体系是功能失调的这一观念正在获得主流关注。对于职业中产阶级——白人比例较高，受过高等教育，相对年轻的群体——来说，拒绝大众市场的工业食品，转向从食品合作社到城市的屋顶菜园和后院里的鸡这样的替代选择，已经成了司空见惯的事情。类似的是，美国和其他地方的美食餐厅业推动了人们对非工业食品——地方性的、季节性的、草饲的、觅食的和慢食的食品——的偏好，并将其打造为高档餐饮。[28] 在有关鹅肝的斗争中选边站队，引发了对美食意见领袖和变革推动者所选择策略的质疑，以及对

205

他们采取行动的资源和能力的怀疑。

因为一直存在有关鹅肝生产道德性的争论，所以，不足为奇的是，对"残忍"的定义引发了激烈的争议，不同的社会行动者会利用不同的道德准则和世界观来声称他们的立场是最合乎道德的。从概念上来说，这里的中心议题从要求善待特定动物转变成了讨论如何合理地定义善待，以及谁应该做出这种定义的并行讨论。谁有或者说应该有定义"残忍"的专业知识和权威：手工喂养的农场主？从业人员？活动人士？禽类生物学家？主厨？政客？正是在这种背景下，我们赋予有争议性的食品的价值观变成了道德品位。这关系到如何在流行媒体中描绘鹅肝，对那些拥有立法权的人如何理解它也有重要的意义。

对于卷入这场鹅肝争议的所有派别而言，他们感觉某些珍贵的价值观受到了严重的威胁。在法国，尽管鹅肝并不是所有人都珍视的（正如反对派的存在所证明的），但是其积极的道德效价取决于在面对工业变革、法国在地区和全球政治中的主权受限以及移民时，它作为共同的民族身份象征的功能。法国的鹅肝生产商和消费者依赖于民族价值观情感，首先将其标记为一种独特且正宗的"遗产"，接着通过法律将这一标签具体化，这反过来进一步刺激了市场的发展。我将之称为美食民族主义。法国鹅肝产业无论大型的还是小型的，其成员都明确地表达出他们致力于从美食民族主义角度让鹅肝在当代世界成为重要的法国"标志"的一部分。[29]然而，欧盟中的其他国家坚称鹅肝生产是不合乎道德的，他们希望终止鹅肝生产。因此，在法国的观念模式中，反对鹅肝的威胁开始被解读为反对法国性本身的威胁。[30]就比喻角度来说，保护鹅肝不受动物权利活动人士和欧盟官员的侵害，近似于保护纪念物或历史遗迹，或者拯救濒危语言或物种。然而，国家对鹅肝"正宗性"的认可仍旧是一个棘手的问题,因为这些精心设计的维护传统的主张掩盖了该产业资本密集型的现代化和集团化。很可能会出现对于道德品位的新阐释。

在美国,全国仅有4家(现在是3家)小型农场,有经验的和顽强的动物权利活动人士成功地将鹅肝带入了爱挑剔的公众和立法者的视野里,将其贬低为"残忍的美食"。"真的值得吗?"一位扎根于纽约的"农场庇护所"的活动人士问我,"为了一件奢侈品制造这么多痛苦?"有可能要禁止这种增肥肝脏的生产和销售的城市和州在争取选民的支持时,会把它宣传为禁止对当地道德声望构成威胁的条令。自那以后,鹅肝的反对者和支持者都找到了某种方法,来解释已经发生或没有发生之事,及理解所出现的相互矛盾的证据。

但是,要弄清鹅肝实际上危及了什么远非一项简单的任务。谈及美国工业食品体系时,鹅肝只是其中的九牛一毛,按理说,该体系中的大部分在对待数以亿计的动物时都是残忍的。而且,在这个过程中,任何为了人类的消费而饲养的物种,无论是动物还是植物,在某种程度上都会受到操控。鹅肝的捍卫者也利用了威胁权利的语言:选择我们吃什么的自由,主厨和餐厅老板对他们的菜单有自主权,以及民主政府禁止在其他地方合法的东西的权利。例如,在一份法庭文件中,一位主厨因为"免费"赠送鹅肝而被指控违反了加利福尼亚州的法律,他有些夸张地为自己辩护道:"这么说吧,我赠送给顾客实际上就像我在港口倾倒茶叶一样。"[31]这里的担忧是,少数群体的食品道德观念会被强加给大多数人(不过,鉴于鹅肝的消费者群体本身就是少数群体,这种担心是没有根据的),他们的烹饪、饮食和做生意的方式可能进一步遭到破坏。尽管活动人士希望主厨和消费者拒绝供应和食用鹅肝,

207

但自相矛盾的是，美国越发关注这一争议却创造出了新的鹅肝爱好者。

就这样，围绕着鹅肝流通的表面威胁和风险的假设和主张逐步发展起来，并与争议本身紧密地交织在一起。在法国和美国，鹅肝的捍卫者和反对者所面临的挑战都是文化上的，也就是在嘈杂文化景观中进行象征性管制的挑战。它也是对市场如何运作和公众如何理解社会问题的合法影响之一。重要的是，那些卷入鹅肝政治的人中，绝大多数之所以选择这么做是因为他们认为鹅肝是一种象征，不管是好是坏，它都象征着食品文化变革可能会发生的一切。这并不一定是负面的。因为在关于社会问题的理想"解决方式"的标志和叙述中，不同的社会行动者在进行创造、使用和争论时会使用不同的方式，而这有助于我们对这些方式更为敏感。

在经历了这一切之后，我的预感是实际上几乎没有人改变其想法。主厨也许会将鹅肝从菜单上拿掉，不管是自愿的还是非自愿的，但是他们会继续供应肉类。之前不吃肉的人会继续不吃肉。喜欢鹅肝的人会继续在美食博客上大肆赞扬，或者继续参观在法国郊外的手工鹅肝农场。工厂化农场依旧会将数以亿计的猪、鸡和奶牛塞进拥挤的饲育场和有限的空间里。在美国，强制喂养的鸭子较少，但是在全世界会越来越多。[32]动物权利运动依旧会质疑那些被它定性为虐待的机构。社会仍然在操纵和控制着世界上的生物去思考什么是对的和错的、什么是"合理的"以及什么是可恶的这类规范性观点。无论是厌恶还是热爱，鹅肝仍旧被困在悬而未决的分类斗争中。关于鹅肝的斗争清楚地表明了情感、政治和市场文化是齐头并进的。

正如历史学家和人类学家所提醒我们的，饮食从不是简单的。然而,随着食品体系和驱动着该体系的利益不断地扩大和全球化,选择吃什么在社会学上已经变得越来越复杂了。在美国和法国,21世纪的消费者不仅被鼓励着,还经常被劝告着去思考他们所吃之物的道德和政治影响。就很多方面而言,如果消费者能更多地反思他们的消费选择的道德性影响,那是一件好事。但是,鹅肝斗争的主要问题之一是,我们正在争论的是一种特定的食品做法是否应该存在,而不是检视在我们这个华丽的新食品世界里是否有更广泛的政治和潜在的替代物。

从文化意义上而言,关于美食政治如何反映和塑造道德选择的理论表明,直接思考食品问题是困难的。这类理论需要分析社区和市场中的变革与作为实际存在的和象征性对象的食品之间的深层关系。就道德姿态而言,食品当然是可批判的对象。我们中的许多人都想要在饮食上合乎道德,只要我们能弄清那意味着什么。每个人都对吃什么是好的或吃什么是不好的有着自己的想法。每个人都必须决定"好"意味着什么——至少关注食品的人希望其他人都会花时间这么做。关注食品的人会尽他们的努力去重新定义什么是或应该被视为"好"的,由此引发了对吃什么以及对塑造食品和品位的权力和社会影响的迫切要求的持续性讨论。然而,有一件事情看起来是容易预测的,即全球的鹅肝斗争远远不会终结。

注 释

前言

1　Griswold，1987.

2　例如，在维基百科的页面上，"鹅肝"（foie gras）和"鹅肝争议"（foie gras controversy）这两个条目的发展过程清楚地表明了可用信息的变化。各项内容是在 2007 年后才开始增加的（其中，后者成了一个独立的条目）。

3　记者们也因在网上以并不完全赞同活动人士观点的角度来写鹅肝而被指责、威逼和恐吓。例如，2003 年，一位得克萨斯州的自由美食作家发表了一篇短篇文章，介绍 5 家供应鹅肝的休斯敦餐厅，之后，她收到了一些威胁邮件，甚至有人在"改革网"（Change.org）上发起反对她的请愿。请愿上的评论称她为"人类傲慢和愚昧的绝佳例证""自私的利己主义者"。她对我说，对于收到的电子邮件中的暴力暗示，她感到不安。她极力声明，她尊重人们对鹅肝充满激情这件事，但是也"对人们迅速地开始诉诸人身攻击和似乎不想要进行更明智的讨论而有点儿失望"。

第一章　我们能从肝脏中了解到什么？

1　冈萨雷斯后来分别对马克·卡罗和我说，这一指责表明这些活动人士对农场动物和野生动物缺乏认识。"池塘是动物畜牧业疾病的一个源头"，他对卡罗说道（2009，90），并对我说，"农场的池塘是细菌的主要源头，会导致传染病蔓延。"

2　Kim Severson，"Plagued by Activists, Foie Gras Chef Changes

Tune," *San Francisco Chronicle*/SFGate, September 27, 2003.

3　Grace Walden, "Sonoma Saveurs Foie Gras Shop Closes," *San Francisco Chronicle*/SFGate, February 9, 2005.

4　Marcelo Rodriguez, "Foie Gras Flap Leads to Vandalism," *Los Angeles Times*, August 25, 2003.

5　Patricia Henley, "Vandals Flood Historic Building," *Sonoma News*, August 15, 2003. 若贝尔还对一家英国报纸说道，以索诺马鹅肝为目标是错误的，因为他们的鸭子有着"非常好的待遇，无疑可以比得上大型鸡肉生产商对待他们所养动物的方式"。(Andrew Gumbel, "'Meat is Murder' Militants Target California's New Taste for Foie Gras," *The Independent*, August 23, 2003.)

6　Serventi, 2005.

7　2007 年，伯尔顿在自己的电视节目《不设限》(*No Reservations*) 的假日特集上提出了这一说法，该节目可在"油管"(YouTube)上观看到。一般而言，"美食学"(gastronomy)在英语中的定义是烹饪、准备和品尝美食的知识与技艺。在法语中，该术语也指烹饪风格，比如，指某个地点或地区的烹饪习惯[而在英语中，这更有可能被称为"菜系" (cuisine)]。

8　Hugues, 1982; Serventi, 1993; Toussaint-Samat, 1994.

9　Daguin and de Ravel, 1988; Guérard, 1998; Ginor, Davis, Coe, and Ziegelman, 1999; Perrier-Robert, 2007.

10　目前，欧洲各国有大约 900 种特定食品的生产和销售处于这些法律的保护之下，还有更多的食品正在被考虑中。

11　不过，20 世纪 70 年代初期，美国的一些法国主厨开始私运新鲜肝脏回国。吉诺尔、戴维斯、科埃和齐格曼(Ginor, Davis, and Ziegelman, 1999, 63)曾引述位于芝加哥附近的餐厅"法国人"(Le Français,于 2006 年停业了)的资深主厨让·班恩切特(Jean Banchet)的话："每次从法国回来的时候，我都会在行李箱里藏一些。有几次，我误把它装在了聚苯乙烯塑料盒子里；当检查员看到的时候，就知道里面是食物。他会当着我的面，把整盒鹅肝扔进垃圾桶里。"在进行研究期间，我还听说过一些零散的故事，可以追溯至 19 世纪 40 年代的小规模家庭生产。

12　Kamp，2006.

13　http://chronicle.nytlabs.com/?keyword＝foie-gras.

14　目前，只有一家名为露杰的法国生产商——跨国公司优利斯的一部分——向美国出口鹅肝产品，不过有几家位于魁北克的加拿大农场（是包括露杰在内的法国公司的合作伙伴）也分销到美国市场。

15　在一次采访中，一位芝加哥主厨惊呼，"2 500 万美元！没什么。只是位于密歇根大街（Michigan Avenus）上的奶酪蛋糕工厂（Cheesecake Factory）一年的收入。并不是全部连锁店。只是其中一家的。"

16　美国每年加工大约 60 亿只肉鸡。参见美国农业部（USDA）的《屠宰家禽年度摘要》（*Poultry Slaughter Annual Summaries*），可从美国国家农业统计局（the National Agricultural Statistical Service）获得。也可参见 Ollinger，MacDonald，and Madison，2000。

17　全食超市的首席执行官约翰·麦基（John Mackey）积极地禁止其门店出售鹅肝产品。

18　Johnston and Goodman，2015.

19　Heldke，2003.

20　实际上，就在 1984 年安·巴尔（Ann Barr）和保罗·利维（Paul Levy）于出版的《官方美食家手册》（*The Official Foodie Handbook*）中首次创造出"美食家"这个词之后，两家主要的美国鹅肝农场成立了。也可参见 Johnston and Baumann，2010。

21　有些生产商试用过没那么坚硬的管子，这在某种程度上是为了平息指责。匈牙利的鹅肝生产商在鹅肝生产中会使用特别设计的塑料管。在加利福尼亚，2007 年《纽约时报》的一篇文章专题报道了一位叫作汤姆·布鲁克（Tom Brock）的养鹅农场主，他使用的是更短的软性塑料喂食管。（几年后，他的农场就停业了。）哈德孙河谷的伊兹·亚纳亚虽然声称对布鲁克的方法"很有兴趣"，但还是对我说道："看吧，还是需要用金属管。因为塑料管会积聚细菌。塑料管对它们来说是很糟糕的。它们的食道里会出现真菌。可以清洁金属管，还可以给管子杀菌。

我们用的是不锈钢的。"

22　我所用的"动物权利"(animal rights)是一个涵盖性词语,用以描述那些主张人们对动物负有道德责任,不能将它们用作人类目的的个人和团体。动物权利团体涉及一连串重要议题、策略和意识形态派别,从纯素食主义饮食推动者到解放论者,他们中有些人甚至拒绝基于"权利"的方法,而是支持直接行动策略。包括彼得·辛格(Peter Singer)的《动物解放》(*Animal Liberation*)和汤姆·里根(Tom Regan)的《动物权利的理由》(*The Case for Animal Rights*)在内的哲学巨著都是这种运动的基础。我采访的每位动物活动人士都有一本辛格的书;在我们谈话的过程中,许多人会直接引述书中的话。

23　Irvin Molotsky, "Foie Gras Event Is Killed by Protests," *New York Times*, August 24, 1999.

24　扎根于纽约的"残忍的美食网站"的创建者是莎拉简·布卢姆(Sarahjane Blum)和瑞恩·夏皮诺[Ryan Shapiro,他是保罗·夏皮诺的兄弟,后者是动物权利团体"爱心阻止杀生"(Compassion Over Killing)的创建者,也是 HSUS 的现任副主席]。关于这些活动人士的生平和公开承认的动机的详细纪实描述,参见马克·卡罗的杰作《鹅肝之战》。

25　顺便提一下,瑞恩·夏皮诺对马克·卡罗说,除了一只鸭子之外,他们带走的其他鸭子都会"康复","它们的肝脏几乎会一路自然地收缩回去"(Caro 2009, 73-74)。这种认为增肥的肝脏可以恢复正常的观点,实际上是鹅肝支持者的主要论据之一,他们认为这一过程是"自然的",并不是一种"病态"。

26　Marcelo Rodriguez, "Activists Take Ducks from Foie Gras Shed," *Los Angeles Times*, September 18, 2003.

27　有几位名人[包括电视剧《黄金女郎》(*The Golden Girls*)的碧·亚瑟(Bea Arthur)]要么亲自作证,要么提交了支持声明,有一份新闻稿称他们为"动物的真正朋友"。

28　出自"农场庇护所"的网站 www.nofoiegras.org,他们这篇新闻稿的标题是"施瓦辛格终止了虐待动物行为"。

29　大量关于议程设置的文献都详细记录了大众媒体在影响公

民认为什么是重要的以及政策议题方面的作用与力量，因为政客将新闻媒体视为了解构成某个议题的内容的信息来源。换句话说，这些议题之所以重要，正是因为它们是以新闻的方式呈现出来的。参见 Baumgartner and Jones，2009；McCombs and Shaw，1993。

30　Patricia Leigh Brown，"Foie Gras Fracas：Haute Cuisine Meets the Duck Liberators，" *New York Times*，September 24，2003.

31　Rollin，1990；Lowe，2006.

32　Jasper and Nelkin，1992.

33　例如，可参见"农场庇护所"的网站 nofoiegras.org，在撰写本书时，该网站上写道："用医学术语来说，处于功能紊乱状态的肝脏被称为肝脏脂肪代谢障碍（hepatic lipidosis）或肝脏脂肪变性（hepatic steatosis），这意味着它不能再发挥预期功能了。"对人类而言，肝脏脂肪代谢障碍就是"脂肪肝"，通常认为是饮酒过度造成的。针对哈德孙河谷鹅肝和美国农业部提出的各项起诉中都声称，该公司正在生产和分销的是一种"病态的和掺假的产品"，州法院和联邦法院驳回了这些诉讼。

34　关于通过博客评论的视角来分析美国公众对动物感知能力、疼痛和鹅肝生产的理解，参见 Youatt，2012。

35　"Statement of Dr. Holly Cheever." Chicago City Council Health Committee，October 2005.

36　在美国，绝大多数农业动物研究都是关于牛肉、猪肉、乳制品和鸡肉的——而非关于鸭子和鹅的。另一方面，法国科学家已经进行了一系列实验和研究，探讨从喂养过程中的肝脏的化学成分，到减少压力的技术方法，再到强制喂食对家禽激素的影响。这些研究中的许多都是和法国国家农业研究所（French National Institute for Agricultural Research，以下简称"INRA"）联合进行的；其他的在 1998 年欧盟有关用于制作肥肝的鸭子和鹅的福利报告中有详细记述。

37　尤其可参见 Bennett，Anderson，and Blaney，2002；Harper and Makatouni，2002；*Consumer Attitudes about Animal Welfare: 2004 National Public Opinion Survey*，Boston：Market Directions，2004。

38　尽管皮埃尔·布迪厄那颇具影响力的关于品位和食品消费的社会学模型(1984)指导着我提出问题并进行分析,但他几乎完全忽视了道德和伦理在人们如何形成其文化偏好和对他人的社会判断策略方面的作用。

39　Curtis, 2013.

40　不过,正如玛丽·道格拉斯向我们证明的,纯正食品和不纯正食品之间正式和非正式的区别揭露的是许多味道都是非常微妙的。(在一家高档餐厅内提供的美味汉堡仍旧只是汉堡而已。)

41　Gabaccia, 1998；Wallach, 2013.

42　Biltekoff, 2013；DuPuis, 2002.

43　Gopnik, 2011.

44　Appadurai, 1981.

45　Brown and Mussell, 1984.

46　Ferguson, 1998；Ferguson, 2004.

47　例如,可参见 Gusfield, 1986；Beisel, 1997；Tepper, 2011。

48　Douglas, 1984, 30.

49　Douglas and Isherwood, 1979.

50　Gusfield, 1986, 11.

51　Jacobs, 2005.

52　Inglis, 2005.

53　Goodman, 2002.

54　Gusfield, 1981.

55　Lamont and Fournier, 1992.

56　Lamont, 1992；Bourdieu, 1984.

57　Biltekoff, 2013. Also see Guthman, 2007.

58　Lamont and Molnar, 2002；Beisel, 1992.

59　DiMaggio, 1987.

60　Zelizer, 1983；Zelizer, 1985；Zelizer, 2011.

61　Healy, 2006；Almeling, 2011；Chan, 2012.

62 Beisel，1993；Fourcade and Healy，2007.

63 有一个历史上的例子是饮酒和禁酒运动（参见 Gusfield，1986）。顺便一提，在人类历史上的大部分时间里，因为饮酒比饮水更为安全，所以，使用酒一直是公共卫生的一项基本内容。参见 Standage，2006。

64 Steinmetz，1999.

65 Tarrow，1998.

66 收入数据出自该组织的年度财政报告。

67 组织的预算见于 Kim Severson，"Bringing Moos and Oinks into the Food Debate，"*New York Times*，July 25，2007。截至 2007 年，PETA 声称有 100 多万名成员。该委员会于 1998 年开始购买麦当劳的股票，并出席其股东会议。HSUS 持有足够的泰森鸡肉（Tyson chicken）、沃尔玛、麦当劳和史密斯菲尔德食品（Smithfield Foods）的股票，有权引入股东决议。

第二章 鹅肝万岁！

1 一年之后，施韦贝尔成了"欧盟鹅肝"（Euro Foie Gras）的首任主席，该组织是代表欧盟中的法国、西班牙、保加利亚、匈牙利和比利时的鹅肝利益的。除了其他措施以外，该组织还发布了新闻通稿，谴责 2012 年美国加利福尼亚的禁令。

2 Trubek，2008.

3 因地名重叠，对于哪些地区包含在"法国西南部"或"西南区"（Sud-Ouest）这一专有名词内，常常有分歧。我发现关于这些地名的最佳和最清晰的解释出自一本烹饪书，就是由保拉·沃夫特（Paula Wolfert）所写的《法国西南部的风味》（*The Cuisine of Southwest France*）。沃夫特写道（2005，xxiii）："整片地区有时被认为是两个截然不同的区域：阿基坦大区，其最重要的城市是波尔多；比利牛斯山大区，其'首府'是图卢兹。此外，跨越这两个区域的是两个古老的公国——加斯科涅和吉耶纳（Guyenne），加斯科涅包含朗德、热尔和一些其他地区；吉耶纳包含布德雷（the Bordelais）、多尔多涅、凯尔西（the Quercy）的部分地区，以及鲁埃格（the Rouergue）。但是现在，真正的混淆开始了：有些名字既表示旧省,也表示新省,边界并不总是完全一致的。因此从习惯上而言,某个人在谈及佩里戈尔、凯尔西和鲁埃格时,也可能是在谈及多尔多涅、洛特(the Lot)和阿韦龙(the Aveyron)。"

4　Barham,2003；Bowen,2015.

5　Dubarry,2004；Vannier,2002.

6　"填喂法"就是通过管子来填喂鸭子和鹅,以使其增肥的过程。

7　《乡村法》(*Code Rural*)修正案的第 L645‐27‐1 条:"在法国,鹅肝是受保护的文化和美食遗产的一部分。鹅肝也就是通过填喂法特别喂肥的鸭子或者鹅的肝脏。"

8　"停止填喂法"现在是 L214 的一部分,L214 是一个动物保护和权利团体,有着更为广泛的目标和目的。

9　Bendix,1997；Grazian,2003；Peterson,2005；Fine,2006.

10　Wherry,2008；Potter,2010；Cavanaugh and Shankar,2014.

11　Terrio,2000；Herzfeld,2004.

12　DeSoucey,2010.

13　这是在普拉萨德(Prasad,2005)以及福尔卡德-古林查斯和巴布(Fourcade-Gourinchas and Babb,2022)所说的法国政府转向"务实的新自由主义"——政府主导的工业化帮助建立起脱离农业经济的工业经济,以便参与新的国际经济——之后。

14　Hoffman,2006.

15　2008 年,UNESCO 开始建立"急需保护的非物质文化遗产"(Intangible Cultural Heritage in Need of Urgent Safeguarding)官方名录,如今差不多包含 300 个来自全球各个国家的不同项目。该名录包含仪式舞蹈、纤维和布料工艺、乐器演奏、节庆和建筑工艺。它有助于为各国的经济发展和旅游业确立定位和品牌。2010 年,有 3 个和食品相关的"传统"被列入名录中(随后分别出现了有关三者是否适宜纳入名录的讨论):"地中海饮食""米却肯州样式(the Michoacán paradigm)的传统墨西哥菜肴"和"法国美食"。在此,认识到 UNESCO 构建数据库的政治性至关重要,因为并不是所有国家都有同样的资源或者说可以同样地激励如 UNESCO 这样的组织将他们的文化遗产资源登记入册。

16 有关传统的争议侵犯了一些社群视为理所当然的事情。西蒙·布朗纳（Simon Bronner）的《扼杀传统：狩猎和动物权利争议的内幕》（*Killing Tradition: Inside Hunting and Animal Rights Controversies*，2008）一书堪称这方面的典范。

17 该定义出自格拉齐安（Grazian，2003）和法恩（Fine，2003）。正如前者所说的，正宗的文化产品的商品化可以扩大消费者寻求正宗性的愿望，经常会带来出乎意料的结果。

18 尤其可参见 Held, McGrew, Goldblatt, and Perraton, 1999。

19 Held and McGrew, 2007 的第三章。

20 在梅布尔·布雷辛（Mabel Berezin）和马丁·沙因（Martin Schain）共同编辑的《无界的欧洲：在跨国时代重新定位领土、公民身份和身份认同》（*Europe Without Borders: Remapping Territory, Citizenship, and Identity in a Transnational Age*，2003）中，扼要地将"领土"（territory）定义为"在物理空间中嵌入社会、政治、文化和认知影响力的凝固起来的身份认同"（10），并且将"身份认同"定义为"为领土的情感维度增添可见性的认知形式"（11）。

21 McMichael, Philip, 2012; Stiglitz, 2002.

22 Fourcade-Gourinchas and Babb, 2002; Sklair, 2002.

23 Brubaker, 1996.

24 Anderson, 1991.

25 Hobsbawm and Ranger, 1983.

26 Billig, 1995. 在美国，各个州的政府也会认领一些常见的象征——比如树、花和鸟——作为官方代表物。参见 Dobransky and Fine, 2006。

27 Anderson, 1991. 还可进一步参见理查德·彼德森（Richard Peterson）于 1997 年所写的著名作品《创造乡村音乐：本真性之制造》（*Creating Country Music: Fabricating Authenticity*）。

28 Bandelj and Wherry, 2011; Croucher, 2003.

29 Wilk, 2006.

30 例如，1993 年的《华盛顿邮报》曾引用前法国文化部长杰克·

朗(Jack Lang)的话,说源自美国的文化商品自由贸易会导致"对欧洲的精神殖民,并逐步摧毁欧洲的想象力"(10 月 16 日)。

31　鹅肝在喜好奢侈消费品的地方也大受欢迎,比如美国和欧洲的其他地方。它在亚洲和中东地区富有的城市中心也越来越受欢迎。

32　Toussaint-Samat, 1994; Combret, 2004.

33　我在美国进行实地考察和采访时也发现,在法国待过一段时间或者了解法国美食(例如,在烹饪学校或者餐馆厨房中)的人讲述的故事非常相似,会让人想起某些相似的意象。

34　对于我来说,FGFT 是一种助记手段,可以为被解释的内容提供描述性价值,还可以让我在听人讲述时记录下额外的细节或变动(非常少)。

35　从语义上而言,"童话故事"一词也被用于意指一个快乐、一切顺利的故事。我所使用的头韵词组指的正是这种用法。[头韵词组(alliterative phrase),指在一组词或一行诗中用相同的字母或声韵开头,此处指上文所提及的"FGFT"。——译者注]

36　Wuthnow, 1987.

37　正如列维-斯特劳斯(Lévi-Strauss)和其他人教给我们的,从概念上利用自然是根植于文化的现象,自然和文化之间的许多差异都是意识形态选择的产物。也可参见 Heath and Meneley, 2007。

38　http://www.rougie.us/Foie%20Gras.html.

39　埃及艺术和物质文化方面的历史学家指出,埃及的光环如今依旧占据着居高临下的地位。参见 Meskell, 2004。

40　Giacosa, 1992.

41　Toussaint-Samat, 1994; Wechsberg, 1972.

42　在法国西南部地区的高卢—罗马建筑和遗迹中,残留着证明这一研究路径的少量物证。例如,莫尔拉阿的圣富瓦教堂(the church Sainte-Foy de Morlaà)的拱门上画着鹅,该教堂于 11 世纪末建造于贝阿恩(Béarn)。尤其可参见 Perrier-Robert, 2007, and Daguin and Ravel, 1988。

43　Davidson，1999.

44　犹太教的基本信条之一就是要感激上帝赐予人类的这个世界，包括宗教上认可的家畜所提供的效用和好处，所以相互之间需要人道地对待彼此。参见 Schapiro，2011，119。

45　这种和犹太人群的联系为匈牙利鹅肝产业在当代的突出地位提供了证据。在东欧的小城镇里，犹太人不被允许有自己的土地或农场，不过可以在家里或家附近养几只鹅。在高级烹饪的巅峰时期，法国对鹅肝的需求超过了供应，进口商转向了东欧，尤其是匈牙利，在这里发展起了小规模的农舍工业。至 1938 年，匈牙利每年通过铁路冷藏车出口大约 500 吨鹅肝。

46　尽管美食历史学家一致认为，在鹅肝于欧洲广泛传播的过程中，犹太人发挥了作用，但是他们对犹太人在多大程度上促成了现代鹅肝产业的诞生仍旧存有争论。有些人指出，16 世纪和 17 世纪留存下来的创作于阿尔萨斯的烹饪书都认为是犹太人发展起了鹅肝生意（参见 Davidson，1999）。还有些人不赞同。例如，希尔瓦诺·塞尔温蒂（Silvano Serventi）写道（2005，13）："犹太人作为鹅肝生产商的声望直到 16 世纪才完全建立起来，而类似的是，法国农学家描述了获得这种食材的过程。"

47　Anderson，1991；Bell，2003.

48　艾伦·韦斯（Allen Weiss，2012，75）令人信服地提出："这一典型只是某个特定时刻的各种可能性的代表，并不是一种历史记录。"

49　Ferguson，2004，7. 也可参见 Trubek，2000。

50　Spang，2000.

51　正如食品历史学家梅根·伊莱亚斯（Megan Elias）所写的（2011），属于美食家（gourmet）的特征（也就是鉴赏力、可靠性和关于葡萄酒的知识）是在 19 世纪初首次被描述为一种研究食物的理论方法的，相较之下，美食主义者（gourmand）是将理论和实践（也就是食用）结合起来的人。

52　Gopnik，2011，36.

53　城市里的人们一般吃得稍微好点儿，但是直到 11 世纪为止，许多食物（比如牛奶、鱼和蔬菜）都是不怎么新鲜的。参见 Scholliers，2001。

54　Ferguson，2004.

55　也可参见 Mennell，1985。

56　Furlough，1998.

57　正如女性主义者米卡艾拉·迪·列奥纳多（Micaela Di Leonardo）
所指出的（1984），作为民族或国家身份载体的祖母形象远非法国独有
的。在 20 世纪末的美国，在广告和电视节目中，祖母成了展现白种人自
我的有力形象，其特征是养育、忠于家庭、邻里联系和家庭烹饪。社会
学家玛丽·沃特斯（Mary Waters，1990）对这种借代在文化上的重要性
提出了相似的分析。

58　例如，在人们对美国西部的理解中，牛仔这个形象———一个粗犷
英俊、有男性气概的、独立的典型———通常呈现为英雄。参见 Savage，
1979。

59　加里·艾伦·法恩（Gary Alan Fine，2011）在对历史上拥有
"声誉不佳"（difficult reputations）的人物进行研究的项目中，将这些个
人和团体称为"声誉经营者"（reputational entrepreneurs）。

60　Hall，1992.

61　Fieldnotes，May 2006. 重要的是，由于法国政府的官方世俗主
义，或者说世俗化（laïcité），圣诞节是作为法国的民族节日来庆祝的，而不是
纯粹的宗教节日。这类似于把中世纪的大教堂归于法国民族遗产领域。

62　有关法国鹅肝生产工业化的其他细节和 INRA 在建立和传播
这些新技术方面的历史作用，参见 Jullien and Smith，2008。

63　如今，阿尔萨斯仅有 3 家大规模的生产商，相比 20 世纪初期的
约 60 家大为减少。二战期间，较小的企业消失了，或被兼并，或被收购
了。而且，当地的土地比西南部地区的更贵，这意味着当地的农业是一
种更加资本密集型的实践。我的调查对象中没有任何一人提及这种转
变对阿尔萨斯的负面影响，只是说发生了这种转变。

64　在整个 21 世纪初，法国加工的鸭子数量每年增加大约 5%。
然而，该产业有时会放缓生产速度，以防止鹅肝生产过剩，并使其一直

是一种声望商品(与该产业的代表的个人交流)。

65　当时(在 1982—1987 年间,其后该公司再次私有化),苏伊士金融公司是国有化实体。

66　相关报告见于 Coquart and Pilleboue,2000。

67　数据来源于 CIFOG,《鹅肝市场经济报告》(*Rapport économique*,*marché du foie gras*)。

68　近年来发生了改变,因为再次兴起了对高品质鹅肝产品的需求。

69　2006 年夏季,我查阅了 1996—2002 年 CIFOG 的简报,该简报全部收藏于巴黎国家图书馆。"magret"是指养肥的鸭子的胸肉。

70　Ginor,Davis,Coe,and Ziegelman,1999.

71　匈牙利每年生产大约 2 000 吨鹅肝,是世界上仅次于法国的第二大生产国。这里的养鹅农场一般使用柔软的橡皮管连接到机器上,可以快速地分配定量的饲料。朱萨·吉勒(Zsuzsa Gille,2011)写过有关如今匈牙利鹅肝产业的政治活动的内容,尤其是受到了媒体关注和政府回应的 2008 年的抵制行动。

72　参见盖梅内等(Guémené,2004)关于生理指标研究的综述(现在是具有争议性的)。但是也可参见"停止填喂法"的反驳,英语版本可见于 http://www.stopgavage.com/en/inra。

73　就母幼鸭来说,要么为了肉而饲养它们,要么让它们安乐死。在美国,生产的所有肥肝都是用公鸭。哈德孙河谷鹅肝说会将母鸭运送给加勒比海的培育者,为了鸭肉而饲养它们。肥鹅肝既使用公的,也使用母的家禽。

74　在法国,露杰和费耶尔-阿尔茨纳都销售鹅肝冰淇淋。2007年,露杰还在于里昂举行的国际酒店餐饮业大展/博古斯金奖赛(Sirha/Bocuse D'Or Festival)上获得了创新奖。在美国,在"精彩"有线电视网(Bravo cable network)的《顶级主厨全明星赛》(*Top Chef All-Stars*)2011 年赛季中,鹅肝冰淇淋是理查德·布莱斯(Richard Blais)所准备的获奖作品的一部分。

75　这也导致记者和学者对有关肥肝的争议所进行的报道不足。

例如,尽管鸭肝占法国肥肝产量的 95%,并且占美国肥肝产量的全部,但是,许多新闻报道、评论文章,甚至学术文章依旧将其称为鹅肝。

76　根据法国的玉米种植者总协会(General Association of Maize Growers,法语名为 Association Générale des Producteurs de Maï)所说,截至 2008 年,法国每年生产大约 1 500 万吨玉米,其中的 40% 种植于西南部。和在美国一样,其主要作为动物饲料。玉米是在中美洲培育的,于 15 世纪末或 16 世纪初首次被引入欧洲,这意味着它并不是"天然"的鸭子饲料。

77　在 2006 年和 2007 年的实地调查期间,我观看了这两种填喂方式。

78　这些数据也表明了"工业化"是一个多么相对的概念。在纽约北部的哈德孙河谷鹅肝,在垂直一体化操作中,每次能生产两万个肝脏,相比之下,一次 800—2 000 只鸭子是更小的数量。但是在法国,因为劳动力被划分在并定位于供应链中,所以,这些填喂者被视为"工业化"链条的一部分。

79　欧洲公约常务委员会(the Standing Committee of the European Convention)于 1999 年提出的"关于家养鸭子的建议"的英文全文,参见 https://wcd.coe.int/wcd/ViewDoc.jsp? id = 261425,法文全文,参见 https://wcd.coe.int/wcd/ViewDoc.jsp?id = 261543。

80　根据 CIFOG 的报告,1996 年的世界鹅肝产量如下:法国,80%;匈牙利,12%;保加利亚,4%;以色列,1%;波兰,1%;其他,2%。2005 年,法国占世界鹅肝总产量的 78.5%,2009 年下降到了 75%。

81　这一比率从 20 世纪 60 年代的大约 65% 上升到了 70%,并且仍旧在上涨。而且,法国消费者的需求超过了国家的产量。加工商、批发商和餐馆依靠东欧农场的供应。为了满足亚洲市场的新需求,有几家生产商已经开始在中国建立或投资鹅肝农场了。

82　拥有露杰、比扎克(Bizac)和蒙特福特(Montefort)标签的优利斯是法国最大的鹅肝和奢侈食品公司垄断集团(参见 www.euralis.fr)。它还拥有位于魁北克的鹅肝农场帕尔麦斯(Palmex),同时它也是在中国建立鹅肝农场经营的公司之一。

83 例如，据说西南部的生产公司会从东欧进口更便宜、质量更次的肝脏，然后作为他们自己的产品售卖，还据说生产商会将猪油混进鹅肝酱里，因为它是一种较为便宜的添加物（作者采访）。

84 该法规规定，如果该产品中包含的肥鸭肝或肥鹅肝量少于96%，则不可以只被称为"foie gras"（剩下的 4% 可以包含调味品和香料）。整个肥鸭肝必须至少重 300 克，肥鹅肝重 400 克。该法规还将不同的产品区分为"整鹅肝""鹅肝块""鹅肝派"和"用鹅肝制成的产品"（那些包含更多整块肝脏的价格更高）。

85 就以贸易为基础的协会而言，法国有着复杂且多变的历史，在各种各样的产业里都有为熟练工人而结成的专业网络，农业领域的协会是历史上最为著名的。法国也是西欧工会化程度最低的国家。Schmidt, 1996.

86 在过去几十年里，法国已经正式批准或签署了许多（但并非所有的）关于虐待和残忍对待动物的跨国公约，包括欧洲层面的动物保护公约。法国也有很多的福利组织和慈善团体，包括"动物保护协会"（the Société Protectrice des Animaux），它已经存在 150 年了。

87 犹太教和伊斯兰教为进行仪式而屠宰动物的做法可以得到宗教豁免。

88 参见 DeSoucey，2010。

89 索福瑞（一个法国民意调查组织）进行了调查，《世界报》（Le Monde）进行了报道。同年，《经济学人》（The Economist）评论道，"法国政客们一直在排队支持文化保护主义的权利"（"France and World Trade：Except Us," The Economist，October 16，1999，53）。

90 Téchoueyres，2007.

91 Benedict XVI and Seewald，2002，79.

92 马克·卡罗在他的《鹅肝之战》中指出，某些以色列生产商转移到了匈牙利，现在会将鹅肝出口回以色列。他引用哈德孙河谷鹅肝的以色列合伙人伊兹·亚纳亚的话来谴责这一现实："谁正在获益？和之前一样的经营者，而劳动力来自匈牙利。他们连一只该死的鸭子或鹅都没救下！"（2009,38—39）

93　Gille，2011.

94　这迫使活动人士将注意力集中到了不同的目标上，也就是零售市场上。例如，其他国家的商店和餐厅已经在受到动物权利支持者的直接压力后停止销售鹅肝了。

95　2001 年 9 月 18 日，伯恩先生(Mr.Byrne)代表委员会针对书面问题 E‐2284/01、E‐2285/01 和 E‐2286/01 做出的联合回答。发表于《欧洲共同体官方杂志》(*Official Journal of the European Communities*)，2002 年 5 月 16 日。

96　Calhoun，2007.

97　Lévi-Strauss，1966.

98　Somers，1994；Holt，2004.

99　在对普罗旺斯的一个小镇卡尔庞特拉(Carpentras)的露天农产品市场那剧院般的氛围进行了引人注意的研究后，法国社会学家米歇尔·德·拉·普拉代勒(Michelle de la Pradelle，2006)提出基于地域风味的当代虚构故事是销售点的营销手段。

100　Wagner-Pacifici and Schwartz，1991.

101　Kowalski，2011.

102　Nora，1996.

103　Sutton，2007.

104　在最近的金融危机、欧盟层面有关减债策略的争论和某些国家强制实施财政紧缩方案的背景下，这种说法尤为准确。2014 年 5 月，欧洲议会席位的选举进一步证实了这一点，因为许多国家的极端保守主义团体都获胜了。

第三章　公众中的美食民族主义

1　Lamont，1992.

2　Appadurai，1986.

3　Ferguson，2004.

4　我在 2008—2009 年经济危机开始成为头条新闻之前进行了这一研究。自那以来，欧洲各国和跨国政治事务已经调整了欧洲大陆的优先事项。不过，这个故事仍旧是有意义的，因为食品和农业在经济上和政治上一直都是至关重要的，还因为食品政治对于那些想要在其周围划定分界线的群体来说依旧能引起共鸣。例如，2012 年的法国大选引出了法国国内一些其他被用于表明归属感和差异性的食品案例，也就是右翼政党国民阵线的成员及其支持者围绕清真肉类（该肉类适合于穆斯林消费者）的存在而展开的活动。

5　我的样本是非随机的，是以雪球抽样为基础的。（雪球抽样是一种像滚雪球那样凭借着自然形成的人际关系网由少到多、逐级扩大的抽样方法。雪球抽样是介于随机抽样和非随机抽样之间的一种抽样方法，它的常态是非随机的，如果要使雪球抽样成为随机抽样，必须在每一阶段的全部抽样单位中随机地抽取。——译者注）

6　Barham，2003；DeSoucey 2010.

7　Pilcher，1998.

8　Bowen，2015.参见世贸组织对 TRIPS 条款的解释，https://www.wto.org/english/tratop_e/trips_e/gi_background_e.htm。

9　Goody，1982.

10　Leitch，2003.

11　Terrio，2000.

12　Serventi，2005.

13　Mennell，1985；Ferguson，2004.

14　例如，1994 年，法国文化部长雅克·杜蓬（Jacques Toubon）宣布电影《侏罗纪公园》（*Jurassic Park*）——前一年，几乎在 25% 的法国电影荧幕上上映过——“对法国的身份认同是个威胁”。

15　热尔地区一家农场的一位填喂者半开玩笑地称鸭子的排泄物为“热尔的汽油”，并解释说他们会把这些排泄物作为肥料，一年中在田地里撒播几次。

16　就经营中的农场而言，农场旅店是一种正式的类别，提供餐饮、客房，或二者兼而有之。我在那里的时候，乔马德的农场旅店在周末时提供下午茶，但是不提供付费的过夜住宿。

17　然而，“手工工匠”一词的使用正在以商业化，甚至荒唐的方式演变。该词为国内和国际上分销零售产品的营销资料及各种类型、规模的餐厅菜单增色了不少。出现了手工食品咨询团体。其意义被延伸到了令人瞠目结舌的地步。达美乐披萨（Domino's Pizza）现在开发了手工披萨生产线。星巴克使用这一术语来标榜自己的手工三明治，就像帕尼罗（Panera）连锁店标榜他们的面包一样。

18　Trubek，2008.

19　人类学家迈克尔·赫兹菲尔德（Michael Herzfeld，2004）指责称，手工工匠的边际性和模范性被视为民族"传统"——或者说在"全球价值层级"中将民俗商品化，对于手工工匠的日常生活和抱负来说是一把双刃剑。

20　对于这如何同样适用于 21 世纪初的香槟这一案例的精彩分析，参见 Guy，2003。也可参见 Sahlins，1989。

21　希斯和梅内利（Heath and Meneley，2007）将这些方法区分为"新式手工的"或使用技艺的（他们的定义是用手工技术和工艺来体现其正当性），和工业化生产的［他们称其为"技性科学"（technoscience）］。

22　Herzfeld，2004.

23　有两部这样的电影《让·德·弗洛莱特》（*Jean de Florette*）和《甘泉村的玛侬》（*Jean de Florette*），都是由克劳德·贝里（Claude Berri）于 1986 年执导的。

24　Held and McGrew，2007.

25　Bishop，1996.

26　自那以后，农民联合会一直致力于在后工业化的、国际的舞台上代表小型农场的利益，并且在欧洲的反对转基因运动中尤为活跃。参见 Heller，2013。

27　这一行动也激发了麦当劳改进其经营模式，为了迎合法国公众而重塑自己。法国的麦当劳餐厅从法国农民那里购得主要原料，并且各级管理层主要雇用法国雇员。外卖餐厅要交 5.5% 的增值税，相比之下，坐下来用餐的"美食"餐厅需要交 19.6% 的增值税，这使得它们对学生、领抚恤金者和其他低收入消费者来说具有吸引力。到 2007 年为止，法国是麦当劳的第二大盈利市场，紧随美国之后。参见

Steinberger，2010。

28　Hewison，1987.

29　在这里，"创造传统"（invention of tradition）既不意味着由这一产业创造出来的新意义和价值是不合理的，也不意味着它们没有做真正的文化和政治工作。

30　http：//agriculture.gouv.fr/signes-de-qualite-le-label-rouge.关于家禽，参见 http：//www.volaillelabelrouge.com/en/home。

31　西南部的手工和工业化鹅肝生产商都能申请鹅肝的 PGI 标签。

32　2014 年欧洲晴雨表。可见于 http：//ec.europa.eu/agriculture/survey/index_en.htm。在法国和在美国一样，对社会和环境可持续发展日渐增加的担忧为手工食品市场作出了贡献。参见 Dubuisson-Quellier，2009。

33　尤其可参见 Terrio，2000；Boisard，2003；Paxson，2012。

34　Shields-Argelès，2004.

35　更大型的鹅肝生产商也使用地域风味和传统这样的语言来营销自己的产品。但是在使用来自成百上千家农场的肝脏时，他们需要自己的品牌拥有与众不同且经久不变的味道。

36　巧合的是，这种声明和 1998 年由时任全国烹饪术委员会负责人的亚历山大·拉扎雷夫（Alexandre Lazareff）写下的话类似："在法国，我们已经很久没有只为了营养而吃东西了；我们将自己灵魂的一部分献给了盘子。"

37　这种传承话语在某种程度上是矛盾的，因为法国在国际上的大部分农业食品贸易中都是主要的参与者，也是欧盟共同农业政策（Common Agricultural Policy，即 CAP）的农业津贴的主要受益者之一。世界上的一些大型食品连锁企业都将总部设在法国。

38　Bessiere，1996；Long，2003.

39　20 世纪初期，值得信赖的媒体开始发布地方菜美食名录和吹捧法国地区的食品与餐厅的手册。轮胎公司米其林制作了其中的一部分，这些手册很快就因餐厅和酒店分级体系而闻名，并且直至今日依旧对烹饪界的声誉具有重大的影响。正如弗格森恰如其分地指出的，这些文本扩大了法国美食公众或者说"鉴赏力群体"的队伍,促使美食领域转变为享誉世界的文化领域。

40　Heller,1999.

41　对法国人类学家伊莎贝尔·特舒埃雷斯的个人采访,2007 年 11 月。

42　Trubek,2007.

43　Aurier,Fort, and Sirieux,2005.

44　MacCannell,1973；Smith,2006.

45　Kirshenblatt-Gimblett,1998.

46　1991 年,法国文化部长在《法国遗产名录》(*L'Inventaire des monuments de la France*)中载入了"美食遗产",给予它和教堂、城堡同等地位,并且交由全国烹饪术委员会(建立于 1989 年,由来自 5 个政府部门——文化、农业、教育、旅游和卫生——的代表组成)负责监管。在对"美食遗产"进行了一系列初步研究后,全国烹饪术委员会选出了 100 个鉴赏地点,"由此组成我们的美食历史",以刺激这些地方的旅游业,让公众可以轻易接触到相关内容。

47　Wherry,2008.

48　对于一个美国人的感受能力来说,观看宰割和屠宰被认为是一项合适的假期活动似乎有点儿奇怪。

49　Heath and Meneley,2010.

50　Barham,2003.

51　Bowen and De Master,2011.

52　Potter,2010.

53　这句话实际上是个双关语。去集市从字面上使它成了一个"肥美清晨",但是,它也灵活运用了"faire la grasse matinée"的惯用表达,该短语意味着懒散和睡懒觉。("faire la grasse matinée"这个短语的直译是"一个肥厚甜美的清晨",即睡懒觉。所以,此处的双关语是指对"fat"这个词的理解,既指食品的肥美,也指睡懒觉的满足。——译者注)

54　截至 2011 年,动物权利组织声称只有 15%的法国鹅肝生产商贯彻了新规定。在生产商向 CIFOG 申请逐步贯彻规定后，完全移除笼子的最新期限是 2015 年。

55　参见 Meunier，2005。在我居住于法国期间，有一档受欢迎的电视节目是一个幽默的喜剧节目，其特色是表演乔治·W.布什和洛奇·巴尔博亚(Rocky Balboa)的手偶之间的"对话"。(洛奇·巴尔博亚是美国电影《洛奇》系列的主角，是一个出身于美国东部贫民区的业余拳手，后凭借自身努力而登上拳坛巅峰。——译者注)

56　我没查到提及美国人将法国葡萄酒倒在大街上的出处。我凭经验猜测是某个受欢迎的法国晚间新闻节目在电视上播放了某个人这样做，以此来表达美国对法国政府决定从伊拉克撤军的愤慨。

57　参见 Mintz，2003，27。

58　Winter，2008；Laachir，2007.

59　用于制作清真鹅肝的鸭子和鹅是根据伊斯兰训诫宰杀的，也就是把它们的头朝向麦加。据估计，法国的穆斯林社区有六百万到七百万人口，消费品公司视之为新兴的和有利可图的市场群体。

60　http：//www.actionsita.com/article-14096886.html.

61　http：// www.occidentalis.com/blog/index.php/foie-gras-hallal-labeyrie-non-merci.

62　http：//www.al-kanz.org/2010/12/06/labeyrie-halal-communique/；http：//www.al-kanz.org/2007/11/24/foiesgras-halal-ce-quaffirme-labeyrie/.

63　http：//www.actionsita.com/article-14096886.html.

64　很难说这些抵制和抵制的威胁是否严重影响了拉贝瑞的销量，这在很大程度上要归因于其公司规模、新的股权结构和多样化标签。

65　http：//resistancerepublicaine.eu/2013/foie-gras-labeyrie-halal-sinonrien-par-daniel/.

66　http：//www.theguardian.com/world/2010/apr/05/france-muslims-halal-boom.

67　http：//www.theweek.co.uk/17471/france-today-tale-halal-foie-gras-and-burkas；http：//islamineurope.blogspot.com/2010/01/france-halal-foie-gras-hit.html.

68　http://www.guardian.co.uk/world/2011/jul/19/france-outrage-germany-foie-gras-ban.

69　http://www. just-food. com/news/le-maire-threatens-anuga-boycott-over-foie-gras-ban_id115995.aspx.

70　Bruno Le Maire，letter to Ilse Aigner，Ministry of Agriculture，July 11，2011.

71　引自 Cécile Boutelet and Laetitia Van Eeckhout，"Le foie gras français 'non grata' en Allemagne，" *Le Monde*，July 16，2011。

72　Henry Samuel，"Foie Gras Diplomatic Spat between France and Germany Intensifies，" *The Telegraph*，July 28，2011.

73　Antoine Comiti，letter to Reinhard Schäfers，Ambassador of Germany，Bron Cedex，France，July 11，2011.

第四章　禁止鹅肝

1　纯属巧合，也堪称有趣的是，道格用鸭油来炸薯条的灵感源于去一家波尔多的餐厅的经历，而这家餐厅正是本书第三章开篇所提到的那家。

2　该公司公开承诺，终身向最忠实的粉丝——那些会把热道格的标识文在自己身上的人——提供免费热狗。

3　2010 年，在这项禁令已经被撤销很久之后，道格和乔·摩尔以及一名伊利诺伊州的参议员，举行了一次和解会谈，签署了一份文件，以表明"已经妥善且永久地达成了和解"。

4　Johnston and Baumann，2010.

5　令粉丝们讶异和难过的是，道格·索恩于 2014 年秋天关闭了热道格，想要休息一下，用他的话来说就是"休个假"。自那以来，他一直在主办快闪餐厅活动，并且在 2014 年时和凯特·迪维沃（Kate DeVivo）合著了一本咖啡桌边书——《热道格之书》（*Hot Doug's: The Book*）。

6　Weber，Heinze，and DeSoucey，2008.

7　Bob，2002；Berry and Sobieraj，2013.

8　Kristine Hansen，"And the Ban Goes On: California Still Says

No to Foie Gras," *FSR Magazine*，January 28，2013.

9　Heath and Meneley，2010.

10　加利福尼亚的全州范围内禁令于 2004 年通过，2012 年生效，而在最高法院裁定不再复查第九巡回法院(the 9th Circuit)做出的不撤销禁令的判决之后仅仅 3 个月，也就是 2015 年 1 月，该禁令被一个联邦地方法官撤销了。有几个没有鹅肝生产商的州之前已经通过了生产——但不是消费——禁令。

11　这篇文章的刊登实际上推迟了几周，因为当时刚刚出现了有关一位陷入昏迷的佛罗里达女性特丽·沃夏(Terri Schiavo)被关掉生命维持系统所引发的法律争议的新闻报道。根据马克·卡罗所说，他的编辑想要让读者将这两个饲管的故事区分开来。

12　2012 年夏天，在经营了 25 年后，芝加哥主厨查理·特罗特的那家著名餐厅关门了。几个月前，全国的新闻媒体报道了该餐厅的关闭声明，称这件事为苦乐参半，但并不是完全出乎意料的。尽管特罗特帮助定义了新式美国菜，并且使芝加哥成了一座人人关心食物的城市，但是许多人都认为他没能跟上前沿美食世界的脚步。现在的许多著名的芝加哥主厨，也就是他的竞争对手们，都曾在特罗特的厨房里工作过，这也许就是命运的无常吧。不管怎么说，在一个瞬息万变和竞争激烈的行业里，几乎很少有一家高档餐厅能维持 25 年之久，且让人们赞不绝口。接着，令美食界震惊的是，查理·特罗特于 2013 年 11 月去世了，享年 54 岁。参见《芝加哥论坛报》上有关他的讣告，其中概述了他的无数成就和对现代美国高级烹饪的重大影响：Mark Caro，"Charlie Trotter 1959 - 2013：Chicago's Revolutionary Chef," *Chicago Tribune*，November 5，2013。

13　"The Chef's Table：Someone's in the Kitchen with the Cooks," *New York Times*，October 27，1993.

14　找出哪些农场给特罗特留下了这种印象成了达达尼昂的艾丽安·达更的任务。尽管在自己的餐厅里使用了哈德孙河谷鹅肝的产品，但是特罗特拒绝了迈克尔·吉诺尔和伊兹·亚纳亚的所有参观邀请。他于 20 世纪 90 年代初期参观了索诺马鹅肝。特罗特在《肉类和野味》这本烹饪书中的照片是在一家加拿大鹅肝农场拍摄的。特罗特对马克·卡罗说,他参观的最后一家农场是使用单独的监禁笼子的,这表明应该是在加拿大或法国,因为美国的农场都不使用那类笼子。

15　当得知特罗特的回应时,查蒙托先是目瞪口呆地沉默了一下,接着说"我会为查理祈祷——你可以转达我的这个评论"。关于这次著名主厨间的骂战,更多细节可参见《鹅肝之战》(2009)第一章,以及卡罗在 2012 年发表于《芝加哥论坛报》上的有关查理·特罗特的职业生涯的五篇系列传记。特罗特没有回复我的电话和采访要求。我的确和查蒙托谈了谈,也和为这两位主厨工作过的人详细地谈了谈。

16　Mark Caro,"Trotter Won't Turn Down the Heat in Foie Gras Flap," *Chicago Tribune*, April 7, 2005.

17　在市议会中,摩尔一直以拥护进步事业而闻名,包括 2003 年的一项反对美国对伊拉克发起先发制人的打击的条令。他的选区罗杰斯公园(Rogers Park)一直以居民多样性为自豪,不过这个街区也一直在和犯罪、贫穷作斗争。

18　卫生委员会刚刚通过了禁止在全市范围内的餐厅和酒吧抽烟的禁令,而鹅肝禁令紧随其后。

19　在禁令被撤销后,特罗特对《芝加哥论坛报》的餐饮编辑说,"我从一开始就不支持这一禁令。在乔·摩尔决定将我的名字列入支持这一观点的人之列时,我感到震惊。他想让我站出来支持这件事。对于不供应这一产品,我有自己的理由,但是别把我卷进他的麻烦事儿里"〔2008 年,由菲尔·维特尔(Phil Vettel)报道〕。在提到推进这项禁令的动物权利活动人士时,他对作家马克·卡罗说:"这些人是白痴。要明白我的立场——我和那样的团体没什么关系。"(Caro,2009,12)

20　后来,一位市议员改变了自己的投票,最终结果是 48 比 1 票。

21　Zukin,1995. 能说明问题的是,时髦的新餐饮区通常位于以前的城市工业区,比如曼哈顿的肉类加工区,达勒姆(Durham)、北卡罗来纳和芝加哥近西区(the Near West Side)的前烟草仓库。

22　Phil Vettel,"Foie Gras Ban, We Hardly Knew Ye," *Chicago Tribune*, May 16, 2008.

23 Beisel，1993.

24 类似的是,独立经营的餐厅"纳哈"(Naha)的主厨凯莉·纳哈比迪恩(Carrie Nahabedian)在芝加哥卫生委员会面前作证称,她知道"有相当多的(原文如此)主厨"反对这一禁令,但是"他们害怕他们的态度、观点和意见会对他们公司的餐厅产生不良的影响"。她还请求委员会做更多的调查,并且问道:"如果你们不足够了解的话,怎么能明智地为其投票呢?"

25 Monica Davey, "Psst，Want Some Foie Gras?" *New York Times*，August 23，2006.

26 一家公然反抗的餐厅的所有者甚至说,他在那天午餐时为一桌没穿制服的警官供应了午餐。

27 Illinois Restaurant Association，et al. v. City of Chicago，No. 07-2605 2006. 参见截然不同的认为该禁令符合宪法的法律评论文章：Grant，2009 和 Harrington，2007。

28 Merry，1998.

29 我没有发现用贿赂或其他方式来影响公职官员,以从政府获得豁免的证据,这种情况有时会在其他非法市场上出现。Sarat, Constable, Engel，Hans，and Lawrence，1998.

30 Matza and Sykes，1961.

31 Don Babwin, "Chefs Duck Ban on Foie Gras in Chicago," syndicated Associated Press story，January 14，2007.

32 一年后,这位活动人士被判处在该州的监狱服刑 7 个月。"耶洗别"的所有者对当地报纸说,当时虽然还有持续的抗议活动,但是他的生意实际上翻了三番,人们都来"点鹅肝,即便他们平时并不会点"。参见 Amy Smith, "Foie Gras Foe Foiled!" *Austin Chronicle*，September 14，2007。2010 年 7 月,该餐厅在一场清晨的大火中被烧毁,造成了 200 000 美元的损失。(无人受伤,调查者没能查明事故原因。)

33 报道于 Mick Dumke, "Council Follies：When Activists Attack," *Chicago Reader*，June 22，2007.

34 Vettel, "Foie Gras Ban, We Hardly Knew Ye."

35　托尼自己是一家餐厅的老板［芝加哥市的"安·萨瑟连锁店"（Ann Sather chain)］，也是市议会中两名公开同性恋身份的议员之一。

36　2007 年 5 月，在议会任职时间最长和最有影响力的议员爱德·伯克（Ed Burke)通过一项模糊不清的议会程序将该条令从卫生委员会移交到了这里。

37　Vettel, "Foie Gras Ban, We Hardly Knew Ye"; Fran Spielman, "City Repeals Foie Gras Ban," *Chicago SunTimes*, May 15, 2008.

38　Phil Vettel, "Foie Gras Ban 'Victim' Doug Sohn Happy the 'Absurd' Law is History," *Chicago Tribune*, May 14, 2008.

39　Rohlinger, 2002.

40　Kamp, 2006; Naccarato and LeBesco. 2012.

41　Kamp, 2006; Naccarato and LeBesco. 2012.

42　Wilde, 2004.

43　政客和各级政府的监管者一直都在限制消费者的选择；没有规则和标准的话,消费就会有风险,甚至可能是有威胁性的。

44　当然,许多保守的政客都支持撤销管制,认为这样可以更好地服务于消费者的利益。

45　值得注意的是,在美国,安全监管的全面协调和执行努力——无论是国家、州、城市,还是地方各级——几乎在食品体系的每个阶段都是不足的,包括从许可和认证到正规化的健康、卫生和劳动监督。参见 Nestle, 2010。

46　Lavin, 2013.

47　Bourdieu, 1984.

48　Veblen, 1899; Goody, 1982; Warde, 1997; Belasco and Scranton, 2002.

49　Beisel, 1993.

50　Cohen, 2003; Jacobs, 2005.

51　例如,社会责任投资现在是一桩价值数万亿美元的生意。

52　Johnston, 2008.某些学者——如朱利安·格斯曼（Julie Guthman,

2011)——认为诸如"有机制品"和"公平贸易"这样的标签实际上是有害的，因为他们让消费者，而非政府负责监督公司和农业实践。在不断发展的可持续研究领域，分析者倾向于认为这种对消费者责任的强调是一种过于软弱的途径，不能产生有意义的影响或导致变革性的结果。

53　Nestle，2010.

54　Guthman，2011；Biltekoff，2013.

55　在于市议会卫生委员会面前作证时，阿尔滕贝格还进一步向市议会提出，"在更大的层面上，针对工厂化农场的整体概念以及发生在除了鸭子和肥肝之外的其他动物身上的不人道行为担负起责任，州议会也应该担负起责任"。后来，他对我说，这"并不仅仅是做给别人看的"，而是代表了他的"真情实感"。

56　Callero，2009.

57　Vettel，"Foie Gras Ban, We Hardly Knew Ye."

58　Gusfield，1986.

59　Douglas and Isherwood，1979，37.

60　"Fat Geese, Fatter Lawyers," *The Economist*，May 20，2006，37.

61　Monica Davey，"Defying Law, a Foie Gras Feast in Chicago," *New York Times*，August 23，2006.

62　Vettel，"Foie Gras Ban, We Hardly Knew Ye."

63　2013 年 8 月，评论网站"叫喊"上提到了 122 家与众不同的芝加哥（并不包括郊区的）餐厅，其用户可以在这些餐厅里吃到鹅肝。然而，对于那些对新动向——比如发酵、觅食、一条龙熟食店——感兴趣的美食家和厨师来说，鹅肝已经过时了。从格奥尔格·齐美尔（Georg Simmel）开始，社会学思想家已经说明了，精英是如何拒绝那些为大众所接受的时尚和如何搜寻新颖的时尚的，因此风尚的演变和所谓的时髦永远不会终结。[格奥尔格·齐美尔（1858—1918），德国社会学家、哲学家。——译者注]

第五章　视角悖论

1　例如，可参见 Sarah DiGregorio，"Is Foie Gras Torture?" *The*

Village Voice, February 17, 2009; J. Kenji López-Alt, "The Physiology of Foie Gras: Why Foie Gras is Not Unethical," Serious Eats, http://www.seriouseats.com/2010/12/the-physiology-of-foie-why-foie-gras-is-notu.html, December 16, 2010。

2　这里之前是一家养鸡场,哈德孙河谷鹅肝并没有完全修复某些建筑物。

3　参见 Gray, 2013, 49–50; Bob Herbert, "State of Shame," *New York Times*, June 8, 2009; Steven Greenhouse, "No Days Off at Foie Gras Farm; Workers Complain, but Owner Cites Stress on Ducks," *New York Times*, April 2, 2001。

4　过去 10 年来,这种在建议上的相似性也导致行为心理学家提出了一些有争议性的观点,他们认为,我们的道德判断至少是既来自直觉,也来自审慎的推论。参见 Haidt, 2001; Greene, 2013。

5　Nagel, 1974.

6　当我问起时,伊兹对我说,在辨别出性别后,哈德孙河谷那些母幼鸭会被出口到其他国家,一般是特立尼达岛(Trinidad),它们会在那里被饲养,以供食用。他对我说,访客经常问这个问题。这和动物权利活动人士所说的在辨别出家禽的性别后,母的会被处以安乐死的说法相矛盾(这是发生于法国孵化厂的情况)。

7　不管他们是否让机器运转起来了,就我在 2015 年写这部著作时的理解,哈德孙河谷鹅肝依旧使用着更为"手工化的"生产方式,而非气动喂食机。

8　美国兽医协会是一个从表面上看起来客观的源头,它拒绝就鹅肝表态,这使双方想要得到科学确证的想法都成了问题。这种不倾向于任何一边的想法也许和谨慎地支持任何反对农业实践的立场有关。然而,生产商以对自己有利的方式解释了这种决定。

9　2012 年,美国法律辩护基金会(the American Legal Defense Fund)针对美国农业部提出了一项主题类似的起诉,试图宣布鹅肝为一种掺假和染病的产品,对消费者的健康有害。2013 年,一名加利福尼亚的联邦法官以缺少应诉资格驳回该诉讼,2014 年,纽约的上诉法院维持了这一判决。

10　通过测量叫作皮质酮（corticosterone）的肾上腺激素水平，人们已经估量出了肥肝鸭的压力水平。法国对填喂法生理作用的研究表明，怀孕的野鸭子承受的压力比填喂期的鸭子更高，而且在鸭子更为熟悉人类喂食者的时候，这种压力会更小，鹅肝生产商经常引用这一研究成果。这就是哈德孙河谷鹅肝和其他公司在整个填喂期只指派一名喂食者喂一些鸭子的主要原因。Guémené and Guy，2004；Guémené，Guy，Noirault，Garreau-Mills，Gouraud，and Faure，2001.

11　据说，有些猎人发现了"野生鹅肝"——在野生鸭子和鹅中偶然发现的更大和更肥的肝脏。参见 http://www.theatlantic.com/health/archive/2010/11/ethical-foie-gras-no-forcefeeding-necessary/66261/。

12　例如，可参见 Mannheim，1985；Haraway，1988。

13　Prasad，Perrin，Bezila，Hoffman，Kindleberger，Manturuk，and Smith Powers，2009.

14　美国有关鹅肝的生物学研究是相当有限的；很大一部分和美国农场动物有关的研究都是针对奶牛、猪、羊、鸡和火鸡的，并没有鸭子或鹅。在法国，农业研究是通过 INRA 开展的，这种研究对保护法国鹅肝市场有非常强烈的兴趣，法国的动物权利组织"停止填喂法"（改名为"L214"）称其为"该产业的帮凶"。

15　Prasad et al. 2009；Nyhan，Reifler，Richey，and Freed，2014.

16　Nyhan and Reifler，2010.

17　Griswold，1994；Emirbayer，1997.

18　从广义上来说，我发现这一框架在法国和美国都占据着支配地位。尽管和法国进行详细的对比并不是本章的主要关注点，但我还是要指出使这些悖论更为引人注目的一些地方。

19　Gusfield，1986.

20　Rollin，1990.

21　Jasper and Nelkin，1992.

22　Marian Burros, "Veal to Love, without the Guilt," *New York Times*, April 18, 2007.

23　PETA 于 1998 年开始买入麦当劳的股份并出席其股东会议。HSUS 目前在泰森鸡肉、沃尔玛、麦当劳和史密斯菲尔德食品拥有足够多的股票，有权提出股东决议。

24　Garner, 2005.

25　Kim Severson, "Bringing Moos and Oinks into the Food Debate," *New York Times*, July 25, 2007.

26　尤其可参见 Bennett, Anderson, and Blaney, 2002; Harper and Makatouni, 2002; *Consumer Attitudes About Animal Welfare: 2004 National Public Opinion Survey*. Boston: Market Directions, 2004。

27　Franklin, Tranter, and White, 2001.

28　Saguy and Stuart, 2008.

29　如索尼和松下这样的录像机制造商于 1995 年首次推出他们的数字视频录像机系列。这些录像机成了低成本影片、行动主义和市民新闻工作的标准配置。

30　Jasper, 1998.

31　http://www.gallup.com/poll/156215/consider-themselves-vegetarians.aspx.

32　Robert Kenner, Elise Pearlstein, Kim Roberts, Eric Schlosser, Michael Pollan, and Mark Adler, *Food, Inc*. (Los Angeles: Magnolia Home Entertainment, 2009).

33　纽约州的一份经济发展报告估计鹅肝在 2004 年的产业价值为 1750 万美元，这在数万亿美元的食品产业中仅仅是零头。参见 Shepstone Management Company, "The Economic Importance of the New York State Foie Gras Industry," prepared for Sullivan County Foie Gras Producers, 2004。

34　根据阿西奥纳（Ascione, 1993, 228）所说，虐待动物是"不可接受的社会行为，因为它是蓄意给动物造成不必要的痛苦、折磨或剧痛和/或死亡"。另一个交感神经运动的分析者将虐待定义为"任何导致动物痛苦或死亡的行为，或者其他威胁动物安康的行为"（Agnew，1998，179）。还有些人认为绝大多数给动物造成痛苦的并不是故意虐待，而是在食品、时尚和科学产业中的常规实践。参见 Rollin，1981。

35　Kahneman，2011.

36　John Hubbell，"Foie Gras Flap Spreads — Bill Would Ban Duck Dish，" *San Francisco Chronicle*，February 10，2004.

37　更多的例子，参见第二章，"The Importance of Being Cute，" of Herzog，2010。

38　当我在采访中问活动人士，他们是否认为有一种生产食用鸡的人道方式时，每个人都回答说没有。

39　Kuh，2001.

40　http://chronicle.nytlabs.com/?keyword = foie-gras.

41　Daguin and de Ravel，1988；Ginor，Davis，Coe and Ziegelman，1999.

42　Daguin and de Ravel，1988；Ginor，Davis，Coe and Ziegelman，1999.

43　Schlosser，2001；Pollan，2006；Kingsolver，Hopp，and Kingsolver，2007；Foer，2009.

44　也可参见 B. R. 迈尔斯（B. R. Myers）针对美食文化的抨击，"The Moral Crusade Against Foodies，" *The Atlantic*，March 2011。

45　Johnston and Goodman，2015.

46　Beriss and Sutton，2007.

47　Ruhlman，2007；Rousseau，2012. See also Mario Batali and Bill Telepan，"Fracking vs. Food：N.Y.'s Choice，" *New York Daily News*，May 30，2013.

48　Rousseau，2012. See also Hollows and Jones，2010.

49　有一个普遍的误解是，白色的厨师上衣都镶着金边。大部分餐厅烹饪工作的薪水都相对较少，这是一项体力劳动，需要长时间的工作，面对着压力，还需要个人奉献精神。参见 Fine，1996。

50　Shields-Argeles，2004.

51　Veblen，1899；Schor，1998.

52　Benzecry，2011.

53　Saguy，2013.

54　与此形成对比的是法国在 1999 年通过了一项关于食用圃鹀的禁令，圃鹀是一种小巧的鸣禽，在美食家中广受欢迎（传统的做法是以阿马尼亚克酒浸泡、拔毛、炙烤，然后用餐巾纸包住头整只吃掉），因而导致其几近灭绝。

55　Fletcher，2010.

56　United States Department of Agriculture 2007 Census of Agriculture.

57　更多信息，参见农业营销资源中心（Agricultural Marketing Resource Center），www.agmrc.org。

58　Caro，2009，115 - 16.

59　Bourdieu and Thompson，1991.

60　关于这段引文的全文，参见 Caro，2009。也可参见 Lindsay Hicks，"Stuck on Duck," *Philadelphia City Paper*，June 1 - 7，2006。

61　就要撤销的条令来说，它首先必须从筹款委员会撤走，并提交市议会全体议员进行一般性投票。这就是所谓的"取消"。[取消付委动议（discharge the committee），或称"中止委员会审议"，指将某个议题委托给某个委员会讨论之后，且在该委员会对该议题进行最终报告之前，把该议题从委员会手中拿回来处理。——译者注]

62　该项立法陷入停滞不前在某种程度上是因为最初支持禁止鹅肝生产议案的纽约州议员迈克尔·本杰明在阿维拉提议之前的那年退出了。《彭博新闻》（Bloomberg News）当时引述本杰明的话道：在参观了哈德孙河谷鹅肝并且直接观看了生产过程之后，"我改变了想法"。

63　这和有关政治机会结构的社会运动学问相关，其已经证明了诸如政治盟友的存在或缺席，或者政治力量平衡的变化等因素是如何在影响社会运动活动中发挥重大作用的。参见 Gamson and Meyer，1996。

64　Caro，2009，91.

65　Caro，2009，103－04.

66　Sarah DiGregorio，"Is Foie Gras Torture?" *The Village Voice*，February 17，2009.

67　Henry Goldman，"Sponsor of New York Foie Gras Ban Changes His Mind," Bloomberg.com，June 11，2008.

68　http：//www. brownstoner. com/brownstoner/archives/2008/06/wednesday_food_78.php.

69　肝脏是按照 A 级、B 级和 C 级来评定和售卖的，其中 A 级的售价更高。在每轮强制喂食中，哈德孙河谷鹅肝会按照喂食者培养出的 A 级肝脏的相对数量来向其支付奖金。

70　Schwalbe, Holden, Schrock, Godwin, Thompson, and Wolkomir，2000.

71　Jasper Copping and Graham Keeley，"'Ethical' Foie Gras from Naturally Greedy Geese," *The Telegraph*，February 18，2007.

72　http：//www.gourmettraveller.com.au/recipes/food-news-features/2010/7/a-good-feed-ethical-foie-gras/.

73　Juliet Glass，"Foie Gras Makers Struggle to Please Critics and Chefs," *New York Times*，April 25，2007.

74　在为本书收集资料时，我发现了一些奇妙的巧合，丹·巴伯的父亲和热道格·索恩的父亲是大学室友，而丹和道格也是从小就认识。

75　http：//www.ted.com/talks/dan_barber_s_surprising_foie_gras_parable.html.

76　http：//www. thisamericanlife. org/radio-archives/episode/452/poultry-slam-2011.

77　Anna Lipin，"The Gras is Always Greener," *Lucky Peach* 16 (2015)，18－19.

78　Daniel Zwerdling，"A View to a Kill." *Gourmet Magazine* June 2007，http：//www. gourmet. com/magazine/2000s/2007/06/

aviewtoakill.html.

79　这也许就是法国对麦当劳的反对为什么一开始就那么极端，以及这样一场反对现在看起来为什么这么可笑，因为当时只有几家麦当劳餐厅分散在法国各地。实际上，至2011年，法国成了继美国之后的麦当劳第二大市场。

80　Jasper and Nelkin，1992；Jasper，1999.

81　Francione and Garner，2010.

82　社会心理学家称之为"逆反"（reactance）。

83　Marian Burros，"Organizing for an Indelicate Fight，" *New York Times*，May 3，2006.

84　Rao，Monin，and Durand，2003.

85　Jenn Louis，"Foie Gras vs. Factory-Farmed Chicken：Which Will Make a Greater Difference?，" *Huffington Post*，February 27，2014.

86　Michael Pollan，"Profiles in Courage on Animal Welfare，" *New York Times*，May 29，2006.

87　Jesse McKinley，"Waddling Into the Sunset，" *New York Times*，June 4，2012.

88　Mackenzie Carpenter，"Foie Gras Controversy Ruffles Local Chefs' Feathers，" *Pittsburgh Post-Gazette*，June 22，2006.

89　Amy Smith，"Foie Gras Foe Foiled!，" *Austin Chronicle*，September 14. 2007.

90　Don Markus，"In a Lather over Liver，" *Baltimore Sun*，March 24，2009.

91　在美国的抗议活动中，绝大多数展示用的视频所使用的都是在法国拍摄的镜头。这显然是因为他们要展示关在单独笼子里的鸭子，而不是美国的全部农场所使用的集体围栏。

92　http：//articles.philly.com/2007－07－13/news/24995117_1_foie-gras-bastille-day-puppies.也可参见 Lisa McLaughlin，"Fight for

Your Right to Pâté," *Time Magazine*，October 9，2007；http://content.time.com/time/arts/article/0,8599,1669732,00.html。

93　Caro，2009，185.

94　就反活体解剖活动人士团体以科学家和医学研究者所声称的专业技能、权威及合法性为目标而言,这与之有些有趣的相似之处。

95　http://www.grubstreet.com/2010/03/ducking_controversy_telepan_re.html.

96　当然,这并不仅限于鹅肝,也并不只会影响美国人。2014 年 5 月,世贸组织对一项有关海豹皮、脂肪和肉的欧洲禁令表示支持,该禁令最初是为了维护"社会公德"而设立的。来自捕猎海豹的国家,也就是加拿大和挪威的禁令批评者们立即试图提出一个滑坡谬误论点,认为该禁令可能会成为一个讨厌的先例,之后会对其他被认为是在不人道的环境下饲养的动物提出类似的禁令。

97　Burros. "Organizing for an Indelicate Fight."

98　加利福尼亚州正在经历这种事情,它针对鸡蛋生产出台了新的州标准,这遭到了其他州鸡蛋生产商的反对,因为他们必须遵守这些标准才能在加利福尼亚售卖其产品。参见 www.nytimes.com/2014/03/09/opinion/sunday/californias-smart-egg-rules.html。

99　Gusfield，1996；Nelson，1984.

100　Lamont，1992.

101　Bearman and Parigi，2004.

102　Miller，2006.

103　Koopmans，2004.

第六章　结论

1　Sections §25980 - §25984 of the Health & Safety Code（the "Bird Feeding Law"）.

2　Jesse McKinley, "California Chefs to Wield Their Spatulas in Fight over Foie Gras Ban," *New York Times*，April 30，2012.

3　http://www.eater.com/2012/7/10/6566489/california-restaurantsfind-loopholes-in-foie-gras-ban.

4　http://sfist.com/2012/07/26/presidio_social_club_pulls_foie_gra.php.

5　Maura Dolan，"California's Foie Gras Ban is Upheld by Appeals Court，" *Los Angeles Times*，August 30，2013.

6　两个月前，尽管禁令即将实施，动物法律保护基金会（Animal Legal Defense Fund）和其他几个动物权利组织还是在加利福尼亚州中央区的美国地方法院起诉了美国农业部，试图将鹅肝公布为"掺假的产品"和"在病理上是病态的"，因此"是不适合人类食用的"——美国农业部有权监管的事情。这并不是一个新论点，也不是一个全新的法律举措。2009 年，美国农业部否决了两年前由同一起诉人提起的类似起诉。而此时，动物法律保护基金会声称之前两页的否决声明是"不充分的"，因为其中"并没有援引"可以支撑其决定的研究，"未能解释"这一裁定。结果证明，最近一次的诉讼也没能成功。

7　Association des Éleveurs de Canards et d'Oies du Quebec，HVFG LLC，and Hot's Restaurant Group v. Kamala D. Harris，Attorney General. Case No. 2：12-cv-5735-SVW-RZ. Filed January 7，2015.

8　Kurtis Alexander and Paolo Lucchesi，"California Foie Gras Ban Struck down by Judge，Delighting Chefs，" *San Francisco Chronicle*，January 7，2015.

9　http://gawker.com/foie-gras-is-for-assholes-1678213499.

10　例如，2012 年，PETA 写了一封公开信给《米其林指南》的出版者，要求该组织停止给供应这两道菜的餐厅评星。

11　Bettina Wassener，"China Says No More Shark Fin Soup at State Banquets，" *New York Times*，July 3，2012.

12　Patricia Leigh Brown，"Soup Without Fins? Some Californians Simmer，" *New York Times*，March 5，2011.

13　Michael Evans，"Shark Fin Soup Sales Plunge in China，" Al Jazeera English，April 10，2014.

14 Michael Paterniti, "The Last Meal," *Esquire*, May 1998; http://www.esquire.com/news-politics/a4642/thelast-meal-0598/.

15 批评者认为该禁令遭到了蔑视，并且执行不力。然而，在我待在法国期间，我从未看到端上或供应圃鹀的情况。当我对此进行调查时，大多数人都说那是一项消亡的传统。Kim Willsher, "Ortolan's Slaughter Ignored by French Authorities, Claim Conservationists," *The Guardian*, September 9, 2013.

16 Bonnie Tsui, "Souring on Shark Fin Soup," *New York Times*, June 29, 2013.

17 Arluke and Sanders, 1996.

18 Counihan and Van Esterik, 2013; Wilk, 1999.

19 Boltanski and Thévenot, 2006; Lakoff, 2006.

20 例如，道格拉斯和沃尔达夫斯卡（Douglas and Wildavsky, 1982）写道，每一种文化中的人都会有恐惧的东西。对某些人来说是神和怪物，对另一些人来说是空气污染和农药。每一种恐惧都没错，但是每一种也都不是严格合理的。在这两种情况下，风险和了解那些风险的能力都是由文化本身构建起来的。

21 Hochschild, 2006.

22 Friedland and Thomas, 1974.

23 Friedman, 1996.

24 Jasper, 1997, 264.

25 Guthman, 2011; Besky, 2014; Bowen, 2015.

26 Gusfield, 1981; Baumgartner and Morris, 2008.

27 Laudan, 2013.

28 Kamp, 2006; Pearlman, 2013.

29 Aronczyk, 2013.

30 2014年5月，欧洲各个国家都举行了欧洲议会席位选举。像许多其他国家一样，在法国，由让-玛丽·勒庞（Jean-Marie Le Pen）的女儿玛丽娜·勒庞（Marine Le Pen）所领导的右翼政治组织国民阵线的投票率出乎意料地高。这次选举与鹅肝的生产和争论至多只是间接的关系，但是，其表明在法国，任何想要禁止鹅肝生产的欧洲政客在不进行一场大战的情况下都不会成功。

31　据 Kerana Todorov, "Judge Rejects Request to Dismiss Foie Gras Lawsuit," *Napa Valley Register*，July 10，2013 所描述。

32　就算反鹅肝活动人士最终在法律上获得成功，让美国的几家生产商关门了，但是分销商还是可以从加拿大的生产商（其中有几家是法国公司的分公司）或者中国那里获得鹅肝，其中，前者使用单独的笼子进行填喂，后者是为满足日益增长的亚洲市场而迅速发展的大型鹅肝供应商。因此，让鹅肝生产商从美国消失，也许会对为了美国消费而饲养的用于生产鹅肝的鸭子的福利产生消极影响。

参 考 书 目

Agnew, Robert. 1998. "The Causes of Animal Abuse: A Social-Psychological Analysis." *Theoretical Criminology* 2(2): 177-209.

Almeling, Rene. 2011. *Sex Cells: The Medical Market for Eggs and Sperm*. Berkeley: University of California Press.

Anderson, Benedict. 1991. *Imagined Communities: Reflections on the Origin and Spread of Nationalism*. New York: Verso.

Appadurai, Arjun. 1981. "Gastro-Politics in Hindu South Asia." *American Ethnologist* 8(3): 494-511.

———. 1986. *The Social Life of Things: Commodities in Cultural Perspective*. Cambridge, UK: Cambridge University Press.

Arluke, Arnold, and Clinton Sanders. 1996. *Regarding Animals*. Philadelphia: Temple University Press.

Aronczyk, Melissa. 2013. *Branding the Nation: The Global Business of National Identity*. New York: Oxford University Press.

Ascione, Frank R. 1993. "Children Who Are Cruel to Animals: A Review of Research and Implications for Developmental Psychopathology." *Anthrozoös* 6(4): 226-47.

Aurier, P., F. Fort, and L. Sirieux. 2005. "Exploring Terroir Product Meanings for the Consumer." Anthropology of Food. http://aof.revues.org/index187.html.

Bandelj, Nina, and Frederick F. Wherry, eds. 2011. *The Cultural Wealth of Nations*. Palo Alto, CA: Stanford University Press.

Barham, Elizabeth. 2003. "Translating Terroir: The Global Challenge of French AOC Labeling." *Journal of Rural Studies* 19(1): 127 – 38.

Barr, Ann, and Paul Levy. 1984. *The Official Foodie Handbook*. New York: Timbre Books.

Baumgartner, Frank R., and Bryan D. Jones. (1993) 2009. *Agendas and Instability in American Politics*. 2nd ed. Chicago: University of Chicago Press.

Baumgartner, Jody C., and Jonathan S. Morris, eds. 2008. *Laughing Matters: Humor and American Politics in the Media Age*. New York: Routledge.

Bearman, Peter, and Paolo Parigi. 2004. "Cloning Headless Frogs and Other Important Matters: Conversation Topics and Network Structure." *Social Forces* 83(2): 535 – 57.

Beisel, Nicola. 1992. "Constructing a Shifting Moral Boundary: Literature and Obscenity in Nineteenth-Century America." In Lamont and Fournier 1992, 104 – 28.

——. 1993. "Morals versus Art: Censorship, the Politics of Interpretation, and the Victorian Nude." *American Sociological Review* 58(2): 145 – 62.

——. 1997. *Imperiled Innocents: Anthony Comstock and Family Reproduction in Victorian America*. Princeton, NJ: Princeton University Press.

Belasco, Warren, and Philip Scranton, eds. 2002. *Food Nations: Selling Taste in Consumer Societies*. New York: Routledge.

Bell, David. 2003. *The Cult of the Nation in France: Inventing Nationalism, 1680 – 1800*. Cambridge, MA: Harvard University Press.

Bendix, Regina. 1997. *In Search of Authenticity: The Formation of Folklore Studies*. Madison, WI: University of Wisconsin Press.

Benedict XVI, Pope, and Peter Seewald. 2002. *God and the World: Believing and Living in Our Time*. San Francisco: Ignatius Press.

Bennett, Richard M., Johann Anderson, and Ralph J. P. Blaney. 2002. "Moral Intensity and Willingness to Pay Concerning Farm Animal Welfare Issues and the Implications for Agricultural Policy." *Journal of Agricultural and Environmental Ethics* 15(2): 187 – 202.

Benzecry, Claudio E. 2011. *The Opera Fanatic: Ethnography of an Obsession*. Chicago: University of Chicago Press.

Berezin, Mabel. 2007. "Revisiting the French National Front." *Journal of Contemporary Ethnography* 36(2): 129 – 46.

——. 2009. *Illiberal Politics in Neoliberal Times: Culture, Security and Populism in the New Europe*. Cambridge, UK: Cambridge University Press.

Berezin, Mabel, and Martin Schain, eds. 2003. *Europe without Borders: Remapping Territory, Citizenship, and Identity in a Transnational Age*. Baltimore: Johns Hopkins University Press.

Beriss, David, and David E. Sutton, eds. 2007. *The Restaurants Book: Ethnographies of Where We Eat*. New York: Berg.

Berry, Jeffrey M., and Sarah Sobieraj. 2013. *The Outrage Industry: Political Opinion Media and the New Incivility*. New York: Oxford University Press.

Besky, Sarah. 2014. *The Darjeeling Distinction: Labor and Justice on Fair-trade Tea Plantations in India*. Berkeley: University of California Press.

Bessière, Jacinthe. 1996. *Patrimoine culinaire et tourisme rural*. Paris: Tourisme en Espace Rural.

Billig, Michael. 1995. *Banal Nationalism*. London: Sage.

Biltekoff, Charlotte. 2013. *Eating Right in America: The Cultural Politics of Food and Health*. Durham, NC: Duke University Press.

Bishop, Thomas. 1996. "France and the Need for Cultural Exception." *New York University Journal of International Law and Politics* 29 (1 – 2): 187 – 92.

Bob, Clifford. 2002. "Merchants of Morality." *Foreign Policy* 129: 36 – 45.

Boisard, Pierre. 2003. *Camembert: A National Myth*. Translated by R. Miller. Berkeley: University of California Press.

Boltanski, Luc, and Laurent Thévenot. 2006. *On Justification: Economies of Worth*. Princeton, NJ: Princeton University Press.

Bourdieu, Pierre. 1984. *Distinction: A Social Critique of the Judgment of Taste*. Translated by R. Nice. Cambridge, MA: Harvard University Press.

Bourdieu, Pierre, and John B. Thompson. 1991. *Language and Symbolic Power*. Cambridge, MA: Harvard University Press.

Bowen, Sarah. 2015. *Divided Spirits: Tequila, Mezcal, and the Politics of Production*. Berkeley: University of California Press.

Bowen, Sarah, and Kathryn De Master. 2011. "New Rural Livelihoods or Museums of Production? Quality Food Initiatives in Practice." *Journal of Rural Studies* 27: 73 – 82.

Bronner, Simon J. 2008. *Killing Tradition: Inside Hunting and Animal Rights Controversies*. Lexington, KY: University Press of Kentucky.

Brown, Linda K., and Kay Mussell. 1984. *Ethnic and Regional Foodways in the United States: The Performance of Group Identity*. Knoxville, TN: University of Tennessee Press.

Brubaker, Rogers. 1996. *Nationalism Reframed: Nationhood and the National Question in the New Europe*. Cambridge, UK: Cambridge University Press.

Calhoun, Craig J. 2007. *Nations Matter: Culture, History, and the Cosmopolitan Dream*. New York: Routledge.

Callero, Peter L. 2009. *The Myth of Individualism: How Social Forces Shape Our Lives*. Lanham, MD: Rowman & Littlefield.

Caro, Mark. 2009. *The Foie Gras Wars*. New York: Simon & Schuster.

Cavanaugh, Jillian R., and Shalini Shankar. 2014. "Producing Authenticity in Global Capitalism: Language, Materiality, and Value." *American Anthropologist* 116(1): 51–64.

Cerulo, Karen A. 1995. *Identity Designs: The Sights and Sounds of a Nation*. New Brunswick, NJ: Rutgers University Press.

Chan, Cheris. 2012. *Marketing Death: Culture and the Making of a Life Insurance Market in China*. New York: Oxford University Press.

Cohen, Lizabeth. 2003. *A Consumers' Republic: The Politics of Mass Consumption in Postwar America*. New York: Alfred A. Knopf.

Combret, Henri. 2004. *Foie gras tentations*. Escout, France: Osolasba.

Coquart, Dominique, and Jean Pilleboue. 2000. "Le foie gras: Un patrimoine régional?" In *Campagnes de tous nos désirs: Patrimoines et nouveaux usages sociaux*, edited by M. Rautenberg, A. Micoud, L. Bérard and P. Marchenay. Paris: Éditions de la Maison des Sciences de l'Homme.

Counihan, Carole, and Penny Van Esterik. (1997) 2013. *Food and Culture: A Reader*. 2nd ed. New York: Routledge.

Croucher, Sheila. 2003. "Perpetual Imagining: Nationhood in a Global Era." *International Studies Review* 5(1): 1–24.

Curtis, Valerie. 2013. *Don't Look, Don't Touch: The Science behind Revulsion*. New York: Oxford University Press.

Daguin, André, and Anne de Ravel. 1988. *Foie Gras, Magret, and Other Good Food from Gascony*. New York: Random House.

Davidson, Alan. 1999. *The Oxford Companion to Food*. Oxford, UK: Oxford University Press.

DeSoucey, Michaela. 2010. "Gastronationalism: Food Traditions and

Authenticity Politics in the European Union." *American Sociological Review* 75(3): 432 – 55.

Di Leonardo, Micaela. 1984. *The Varieties of Ethnic Experience: Kinship, Class, and Gender among California Italian-Americans*. Ithaca, NY: Cornell University Press.

DiMaggio, Paul. 1987. "Classification in Art." *American Sociological Review* 52(4): 440 – 55.

——. 1988. "Interest and Agency in Institutional Theory." In *Institutional Patterns and Organizations*, edited by L. Zucker. Cambridge, MA: Ballinger.

——. 1997. "Culture and Cognition." *Annual Review of Sociology* 23: 263 – 87.

Dobransky, Kerry, and Gary Alan Fine. 2006. "The Native in the Garden: Floral Politics and Cultural Entrepreneurs." *Sociological Forum* 21(4): 559 – 85.

Douglas, Mary. 1966. *Purity and Danger: An Analysis of the Concepts of Pollution and Taboo*. London: Routledge.

——, ed. 1984. *Food in the Social Order: Studies of Food and Festivities in Three American Communities*. New York: Russell Sage Foundation.

Douglas, Mary, and Baron C. Isherwood. 1979. *The World of Goods: Towards an Anthropology of Consumption*. New York: Basic Books.

Douglas, Mary, and Aaron Wildavsky. 1982. *Risk and Culture: An Essay on the Selection of Technical and Environmental Dangers*. Berkeley: University of California Press.

Dubarry, Pierre. 2004. *Petit traité gourmand de l'oie & du foie gras*. Saint-Remy-de-Provence, France: Equinoxe.

Dubuisson-Quellier, Sophie. 2009. *La consommation engagée*. Paris: Les Presses de Sciences Po.

——. 2013. "A Market Mediation Strategy: How Social Movements Seek to Change Firms' Practices by Promoting New Principles of Product Valuation." *Organization Studies* 34(5 - 6): 683 - 703.

DuPuis, E. Melanie. 2002. *Nature's Perfect Food: How Milk Became America's Drink*. New York: New York University Press.

Elder, Charles D., and Roger W. Cobb. 1983. *The Political Uses of Symbols*. New York: Longman.

Elias, Megan. 2011. "The Meaning of Gourmet." Gourmet Magazine Online. Accessed September 21, 2011.

Emirbayer, Mustafa. 1997. "Manifesto for a Relational Sociology." *American Journal of Sociology* 103(2): 281 - 317.

Ferguson, Priscilla Parkhurst. 1998. "A Cultural Field in the Making: Gastronomy in 19thCentury France." *American Journal of Sociology* 104(3): 597 - 641.

——. 2004. *Accounting for Taste: The Triumph of French Cuisine*. Chicago: University of Chicago Press.

——. 2014. *Word of Mouth: What We Talk About When We Talk About Food*. Berkeley: University of California Press.

Fine, Gary Alan. 1996. *Kitchens: The Culture of Restaurant Work*. Berkeley: University of California Press.

——. 2001. *Difficult Reputations: Collective Memories of the Evil, Inept, and Controversial*. Chicago: University of Chicago Press.

——. 2003. "Crafting Authenticity: The Validation of Identity in Self-Taught Art." *Theory and Society* 32(2): 153 - 81.

——. 2004. *Everyday Genius: Self-Taught Art and the Culture of Authenticity*. Chicago: University of Chicago Press.

Fletcher, Nichola. 2010. *Caviar: A Global History*. Chicago: Reaktion Books.

Foer, Jonathan Safran. 2009. *Eating Animals*. New York: Little, Brown and Co.

Fourcade, Marion, and Kieran Healy. 2007. "Moral Views of Market Society." *Annual Review of Sociology* 33: 285 - 311.

Fourcade-Gourinchas, Marion, and Sarah Babb. 2002. "The Rebirth of the Liberal Creed: Paths to Neoliberalism in Four Countries." *American Journal of Sociology* 108(3): 533 - 73.

Francione, Gary L., and Robert Garner. 2010. *The Animal Rights Debate: Abolition or Regulation?* New York: Columbia University Press.

Franklin, Adrian, Bruce Tranter, and Robert White. 2001. "Explaining Support for Animal Rights: A Comparison of Two Recent Approaches to Humans, Nonhuman Animals, and Postmodernity." *Society & Animals* 9(2): 127 - 44.

Friedland, William H, and Robert J. Thomas. 1974. "Paradoxes of Agricultural Unionism in California." *Society* 11(4): 54 - 62.

Friedman, Monroe. 1996. "A Positive Approach to Organized Consumer Action: The 'Buycott' as an Alternative to the Boycott." *Journal of Consumer Policy* 19(4): 439 - 51.

Furlough, Ellen. 1998. "Making Mass Vacations: Tourism and Consumer Culture in France, 1930s to 1970s." *Comparative Studies in Society and History* 40(2): 247 - 86.

Gabaccia, Donna R. 1998. *We Are What We Eat: Ethnic Food and the Making of Americans*. Cambridge, MA: Harvard University Press.

Gamson, William, and David S. Meyer. 1996. "The Framing of Political Opportunity." In *Comparative Perspectives on Social Movements*, edited by D. McAdam, J. D. McCarthy, and M. N. Zald. Cambridge, UK: Cambridge University Press.

Garner, Robert. 2005. *Animal Ethics*. Cambridge, MA: Polity.

Giacosa, Ilaria G. 1992. *A Taste of Ancient Rome*. Chicago: University of Chicago Press.

Gille, Zsuzsa. 2011. "The Hungarian Foie Gras Boycott." *East*

European Politics & Societies 25(1): 114 – 28.

Ginor, Michael A., Mitchell Davis, Andrew Coe, and Jane Ziegelman. 1999. *Foie Gras: A Passion*. New York: Wiley.

Goodman, David. 2002. "Rethinking Food Production-Consumption: Integrative Perspectives." *Sociologia Ruralis* 42(4): 271 – 80.

Goody, Jack. 1982. *Cooking, Cuisine, and Class: A Study in Comparative Sociology*. New York: Cambridge University Press.

Gopnik, Adam. 2011. *The Table Comes First: Family, France, and the Meaning of Food*. New York: Knopf.

Gordon, Philip H., and Sophie Meunier. 2001. *The French Challenge: Adapting to Globalization*. Washington, DC: Brookings Institution Press.

Grant, Joshua I. 2009. "Hell to the Sound of Trumpets: Why Chicago's Ban on Foie Gras Was Constitutional and What It Means for the Future of Animal Welfare Laws." *Stanford Journal of Animal & Law Policy* 2: 53 – 112.

Gray, Margaret. 2014. *Labor and the Locavore: The Making of a Comprehensive Food Ethic*. Berkeley: University of California Press.

Grazian, David. 2003. *Blue Chicago: The Search for Authenticity in Urban Blues Clubs*. Chicago: University of Chicago Press.

Greene, Joshua. 2013. *Moral Tribes: Emotion, Reason, and the Gap between Us and Them*. New York: Penguin Press.

Griswold, Wendy. 1987. "A Methodological Framework for the Sociology of Culture." *Sociological Methodology* 17: 1 – 35.

——. (1994) 2013. *Cultures and Societies in a Changing World*. Thousand Oaks, CA: Sage.

Guémené, Daniel, and Gérard Guy. 2004. "The Past, Present and Future of Force-Feeding and 'Foie Gras' Production." *World's Poultry Science Journal* 60(2): 210 – 22.

Guémené, Daniel, Gérard Guy, J. Noirault, M. Garreau-Mills, P. Gouraud, and Jean-Michel Faure. 2001. "Force-Feeding Procedure and Physiological Indicators of Stress in Male Mule Ducks." *British Poultry Science* 42(5): 650 – 57.

Guérard, Michel. 1998. *Le jeu de l'oie et du canard*. France: Cairn.

Gusfield, Joseph R. 1981. *The Culture of Public Problems: Drinking-Driving and the Symbolic Order*. Chicago: University of Chicago Press.

——. (1963) 1986. *Symbolic Crusade: Status Politics and the American Temperance Movement*. 2nd ed. Urbana, IL: University of Illinois Press.

——. 1996. *Contested Meanings: The Construction of Alcohol Problems*. Madison, WI: University of Wisconsin Press.

Guthman, Julie. 2007. "Can't Stomach It: How Michael Pollan et al. Made Me Want to Eat Cheetos." *Gastronomica* 7(3): 75 – 79.

——. 2011. *Weighing In: Obesity, Food Justice, and the Limits of Capitalism*. Berkeley: University of California Press.

Guy, Kolleen M. 2003. *When Champagne Became French: Wine and the Making of a National Identity*. Baltimore: Johns Hopkins University Press.

Haidt, Jonathan. 2001. "The Emotional Dog and Its Rational Tail: A Social Intuitionist Approach to Moral Judgment." *Psychological Review* 108(4): 814.

Hall, Stuart. 1992. "Questions of Cultural Identity." In *Modernity and Its Futures*, edited by S. Hall, D. Held, and A. McGrew. London: Polity Press.

Haraway, Donna. 1988. "Situated Knowledges: The Science Question in Feminism and the Privilege of Partial Perspective." *Feminist Studies* 14(3): 575 – 99.

Harper, Gemma C., and Aikaterini Makatouni. 2002. "Consumer

Perception of Organic Food Production and Farm Animal Welfare." *British Food Journal* 104: 287 – 99.

Harrington, Alexandra R. 2007. "Not All It's Quacked Up to Be: Why State and Local Efforts to Ban Foie Gras Violate Constitutional Law." *Drake Journal of Agricultural Law* 12: 303 – 24.

Healy, Kieran. 2006. *Last Best Gifts: Altruism and the Market for Human Blood and Organs*. Chicago: University of Chicago Press.

Heath, Deborah, and Anne Meneley. 2007. "Techne, Technoscience, and the Circulation of Comestible Commodities: An Introduction." *American Anthropologist* 109(4): 593 – 602.

——. 2010. "The Naturecultures of Foie Gras: Techniques of the Body and a Contested Ethics of Care." *Food, Culture and Society* 13 (3): 421 – 52.

Held, David, and Anthony G. McGrew. 2007. *Globalization/Anti-Globalization: Beyond the Great Divide*. 2nd ed. Cambridge, UK: Polity.

Held, David, Anthony McGrew, David Goldblatt, and Jonathan Perraton. 1999. *Global Transformations: Politics, Economics and Culture*. Palo Alto, CA: Stanford University Press.

Heldke, Lisa. 2003. *Exotic Appetites: Ruminations of a Food Adventurer*. New York: Routledge.

Heller, Chaia. 1999. *Ecology of Everyday Life: Rethinking the Desire for Nature*. Montreal: Black Rose Books.

——. 2013. *Food, Farms, and Solidarity: French Farmers Challenge Industrial Agriculture and Genetically Modified Crops*. Durham, NC: Duke University Press.

Herzfeld, Michael. 2004. *The Body Impolitic: Artisans and Artifice in the Global Hierarchy of Value*. Chicago: University of Chicago Press.

Herzog, Hal. 2010. *Some We Love, Some We Hate, Some We Eat:*

Why It's So Hard to Think Straight about Animals. New York: Harper.

Hewison, Robert. 1987. *The Heritage Industry: Britain in a Climate of Decline*. London: Methuen.

Hobsbawm, Eric, and Terence Ranger, eds. 1983. *The Invention of Tradition*. Cambridge, UK: Cambridge University Press.

Hochschild, Adam. 2006. *Bury the Chains: Prophets and Rebels in the Fight to Free an Empire's Slaves*. Boston: Houghton Mifflin.

Hoffman, Barbara T., ed. 2006. *Art and Cultural Heritage: Law, Policy, and Practice*. New York: Cambridge University Press.

Hollows, Joanne, and Steve Jones. 2010. "'At Least He's Doing Something': Moral Entrepreneurship and Individual Responsibility in Jamie's Ministry of Food." *European Journal of Cultural Studies* 13(3): 307–22.

Holt, Douglas B. 2004. *How Brands Become Icons: The Principles of Cultural Branding*. Boston: Harvard Business School Press.

Hugues, Robert. 1982. *Le grand livre du foie gras*. Toulouse, France: Éditions Daniel Briand.

Inglis, David. 2005. *Culture and Everyday Life*. Abingdon, UK: Routledge.

Inglis, David, and Debra L. Gimlin, eds. 2009. *The Globalization of Food*. New York: Berg.

Inglis, David, and John Hughson. 2003. *Confronting Culture: Sociological Vistas*. Malden, MA: Polity Press.

Jacobs, Meg. 2005. *Pocketbook Politics: Economic Citizenship in Twentieth-Century America*. Princeton, NJ: Princeton University Press.

Jasper, James M. 1992. "The Politics of Abstractions: Instrumental and Moralist Rhetorics in Public Debate." *Social Research* 59 (2): 315–44.

——. 1997. *The Art of Moral Protest: Culture, Biography, and Creativity in Social Movements*. Chicago: University of Chicago Press.

——. 1999. "Recruiting Intimates, Recruiting Strangers: Building the Contemporary Animal Rights Movement." In *Waves of Protest: Social Movements Since the Sixties*, edited by J. Freeman and V. Johnson. Lanham, MD: Rowman & Littlefield.

Jasper, James M., and Dorothy Nelkin. 1992. *The Animal Rights Crusade: The Growth of a Moral Protest*. New York: Free Press.

Johnston, Josée. 2008. "The Citizen-Consumer Hybrid: Ideological Tensions and the Case of Whole Foods Market." *Theory and Society* 37(3): 229 – 70.

Johnston, Josée, and Shyon Baumann. 2010. *Foodies: Democracy and Distinction in the Gourmet Foodscape*. New York: Taylor & Francis.

Johnston, Josée, and Michael K. Goodman. 2015. "Spectacular Foodscapes: Food Celebrities and the Politics of Lifestyle Mediation in an Age of Inequality." *Food, Culture & Society* 18 (2): 205 – 22.

Jullien, Bernard, and Andy Smith, eds. 2008. *Industries and Globalization: The Political Causality of Difference, Globalization and Governance*. New York: Palgrave Macmillan.

Kahler, Susan C. 2005. "Farm Visits Influence Foie Gras Vote." *Journal of the American Veterinary Medical Association* 227(5): 688 – 89.

Kahneman, Daniel. 2011. *Thinking, Fast and Slow*. New York: Farrar, Straus and Giroux.

Kamp, David. 2006. *The United States of Arugula: How We Became a Gourmet Nation*. New York: Broadway Books.

Kingsolver, Barbara, Steven L. Hopp, and Camille Kingsolver. 2007.

Animal, Vegetable, Miracle: A Year of Food Life. New York: HarperCollins.

Kirshenblatt-Gimblett, Barbara. 1998. *Destination Culture: Tourism, Museums, and Heritage*. Berkeley: University of California Press.

Koopmans, Ruud. 2004. "Movements and Media: Selection Processes and Evolutionary Dynamics in the Public Sphere." *Theory and Society* 33(3/4): 367 – 91.

Korsmeyer, Carolyn, ed. 2005. *The Taste Culture Reader: Experiencing Food and Drink*. New York: Berg.

Kowalski, Alexandra. 2011. "When Cultural Capitalization Became Global Practice: The 1972 World Heritage Convention." In Bandelj and Wherry 2011, 73 – 89.

Kuh, Patric. 2001. *The Last Days of Haute Cuisine*. New York: Viking.

Laachir, Karima. 2007. "France's 'Ethnic' Minorities and the Question of Exclusion." *Mediterranean Politics* 12(1): 99 – 105.

Lakoff, George. 2006. *Whose Freedom?: The Battle over America's Most Important Idea*. New York: Farrar, Straus and Giroux.

Lamont, Michèle. 1992. *Money, Morals, and Manners: The Culture of the French and American Upper-Middle Class*. Chicago: University of Chicago Press.

Lamont, Michèle, and Marcel Fournier, eds. 1992. *Cultivating Differences: Symbolic Boundaries and the Making of Inequality*. Chicago: University of Chicago Press.

Lamont, Michèle, and Virag Molnar. 2002. "The Study of Boundaries in the Social Sciences." *Annual Review of Sociology* 28(1): 167 – 95.

Lamont, Michèle, and Laurent Thévenot, eds. 2000. *Rethinking Comparative Cultural Sociology: Repertoires of Evaluation in France and the United States*. Cambridge, UK: Cambridge University Press.

La Pradelle, Michèle de. 2006. *Market Day in Provence*. Chicago: University of Chicago Press.

Laudan, Rachel. 2013. *Cuisine and Empire: Cooking in World History*. Berkeley: University of California Press.

Lavin, Chad. 2013. *Eating Anxiety: The Perils of Food Politics*. Minneapolis: University of Minnesota Press.

Lazareff, Alexandre. 1998. *L'exception culinaire française: Un patrimoine gastronomique en péril*? Paris: Éditions Albin Michel.

Leitch, Alison. 2003. "Slow Food and the Politics of Pork Fat: Italian Food and European Identity." *Ethnos: Journal of Anthropology* 68 (4): 437 - 62.

Lévi-Strauss, Claude. 1966. *The Savage Mind*. Chicago: University of Chicago Press.

Long, Lucy, ed. 2003. *Culinary Tourism*. Lexington, KY: University Press of Kentucky.

Lowe, Brian M. 2006. *Emerging Moral Vocabularies: The Creation and Establishment of New Forms of Moral and Ethical Meanings*. Lanham, MD: Lexington Books.

MacCannell, Dean. 1973. "Staged Authenticity: Arrangements of Social Space in Tourist Settings." *American Journal of Sociology* 79 (3): 589 - 603.

Mannheim, Karl. 1985. *Ideology and Utopia: An Introduction to the Sociology of Knowledge*. Edited by L. Wirth and E. Shils. San Diego, CA: Harcourt Brace.

Matza, David, and Gresham M. Sykes. 1961. "Juvenile Delinquency and Subterranean Values." *American Sociological Review* 26(5): 712 - 19.

McCombs, Maxwell E., and Donald L. Shaw. 1993. "The Evolution of Agenda-Setting Research: Twenty-Five Years in the Marketplace of Ideas." *Journal of Communication* 43(2): 58 - 67.

McMichael, Philip. 2012. *Development and Social Change: A Global Perspective*. 5th ed. Los Angeles: Sage.

Mennell, Stephen. 1985. *All Manners of Food: Eating and Taste in England and France from the Middle Ages to the Present*. New York: Basil Blackwell.

Merry, Sally Engle. 1998. "The Criminalization of Everyday Life." In Sarat, Constable, Engel, Hans, and Lawrence 1998, 14–39.

Meskell, Lynn. 2004. *Object Worlds in Ancient Egypt: Material Biographies Past and Present*. New York: Berg.

Meunier, Sophie. 2000. "The French Exception." *Foreign Affairs* 79 (4): 104–16.

——. 2005. "Anti-Americanisms in France." *French Politics, Culture & Society* 23(2): 126–42.

Meunier, Sophie, and Kalypso Nicolaidis. 2006. "The European Union as a Conflicted Trade Power." *Journal of European Public Policy* 13(6): 906–25.

Miller, Laura J. 2006. *Reluctant Capitalists: Bookselling and the Culture of Consumption*. Chicago: University of Chicago Press.

Mintz, Sidney W. 1985. *Sweetness and Power: The Place of Sugar in Modern History*. New York: Viking.

——. 2003. "Eating Communities: The Mixed Appeals of Sodality." In *Eating Culture: The Poetics and Politics of Food*, edited by T. Döring, M. Heide and S. Mühleisen. Heidelberg, Germany: Winter.

Myers, B. R. 2011. "The Moral Crusade against Foodies." *The Atlantic*, March.

Naccarato, Peter, and Kathleen LeBesco. 2012. *Culinary Capital*. New York: Berg.

Nagel, Thomas. 1974. "What Is It Like to Be a Bat?" *The Philosophical Review* 83(4): 435–50.

Nelson, Barbara J. 1984. *Making an Issue of Child Abuse: Political Agenda Setting for Social Problems*. Chicago: University of Chicago Press.

Nestle, Marion. (2003) 2010. *Safe Food: The Politics of Food Safety*. 2nd ed. Berkeley: University of California Press.

Nora, Pierre. 1996. *Realms of Memory: Rethinking the French Past*. Translated by L. D. Kritzman. New York: Columbia University Press.

Nyhan, Brendan, and Jason Reifler. 2010. "When Corrections Fail: The Persistence of Political Misperceptions." *Political Behavior* 32 (2): 303–30.

Nyhan, Brendan, Jason Reifler, Sean Richey, and Gary L. Freed. 2014. "Effective Messages in Vaccine Promotion: A Randomized Trial." *Pediatrics* 133(4): e835–42.

Ohnuki-Tierney, Emiko. 1993. *Rice as Self: Japanese Identities through Time*. Princeton, NJ: Princeton University Press.

Ollinger, Michael, James M. MacDonald, and Milton Madison. 2000. *Structural Change in U. S. Chicken and Turkey Slaughter*. Washington, DC: U. S. Department of Agriculture Economic Research Service.

Paxson, Heather. 2012. *The Life of Cheese: Crafting Food and Value in America*. Berkeley: University of California Press.

Pearlman, Alison. 2013. *Smart Casual: The Transformation of Gourmet Restaurant Style in America*. Chicago: University of Chicago Press.

Perrier-Robert, Annie. 2007. *Foie gras, patrimoine*. Ingersheim-Colmar, France: Dormonval.

Peterson, Richard A. 1997. *Creating Country Music: Fabricating Authenticity*. Chicago: University of Chicago Press.

——. 2005. "In Search of Authenticity." *Journal of Management*

Studies 42(5): 1083 - 98.

Pilcher, Jeffrey M. 1998. *¡ Que Vivan los Tamales! : Food and the Making of Mexican Identity*. Albuquerque, NM: University of New Mexico Press.

Pollan, Michael. 2006. *The Omnivore's Dilemma*. New York: Penguin Press.

Potter, Andrew. 2010. *The Authenticity Hoax: How We Get Lost Finding Ourselves*. Toronto: McClelland & Stewart.

Prasad, Monica. 2005. "Why Is France So French? Culture, Institutions, and Neoliberalism, 1974 - 1981." *American Journal of Sociology* 111(2): 357 - 407.

Prasad, Monica, Andrew J. Perrin, Kieran Bezila, Steve G. Hoffman, Kate Kindleberger, Kim Manturuk, and Ashleigh Smith Powers. 2009. "'There Must Be a Reason': Osama, Saddam, and Inferred Justification." *Sociological Inquiry* 79(2): 142 - 62.

Rao, Hayagreeva, Philippe Monin, and Rodolphe Durand. 2005. "Border Crossing: Bricolage and the Erosion of Categorical Boundaries in French Gastronomy." *American Sociological Review* 70(6): 968 - 91.

Regan, Tom. 1985. *The Case for Animal Rights*. Berkeley: University of California Press.

Rohlinger, Deana A. 2002. "Framing the Abortion Debate: Organizational Resources, Media Strategies, and Movement-Countermovement Dynamics." *The Sociological Quarterly* 43(4): 479 - 507.

——. 2006. "Friends and Foes: Media, Politics, and Tactics in the Abortion War." *Social Problems* 53(4): 537 - 61.

Rollin, Bernard E. 1981. *Animal Rights and Human Morality*. Buffalo, NY: Prometheus Books.

——. 1990. "Animal Welfare, Animal Rights and Agriculture."

Journal of Animal Science 68(10): 3456 – 61.

Rousseau, Signe. 2012. *Food Media: Celebrity Chefs and the Politics of Everyday Interference*. New York: Berg.

Ruhlman, Michael. 2007. *The Reach of a Chef: Professional Cooks in the Age of Celebrity*. Berkeley: University of California Press.

Saguy, Abigail. 2013. *What's Wrong with Fat?* New York: Oxford University Press.

Saguy, Abigail, and Forrest Stuart. 2008. "Culture and Law: Beyond a Paradigm of Cause and Effect." *The Annals of the American Academy of Political and Social Science* 619(1): 149 – 64.

Sahlins, Peter. 1989. *Boundaries: The Making of France and Spain in the Pyrenees*. Berkeley: University of California Press.

Sarat, Austin, Marianne Constable, David Engel, Valerie Hans, and Susan Lawrence, eds. 1998. *Everyday Practices and Trouble Cases*. Vol.2, *Fundamental Issues in Law and Society Research*. Evanston, IL: American Bar Foundation and Northwestern University Press.

Savage, William W. 1979. *The Cowboy Hero: His Image in American History & Culture*. Norman, OK: University of Oklahoma Press.

Schapiro, Randall. 2011. "A Shmuz about Schmalz — A Case Study: Jewish Law and Foie Gras." *Journal of Animal Law* 7: 119 – 45.

Schlosser, Eric. 2001. *Fast Food Nation: The Dark Side of the All-American Meal*. Boston: Houghton Mifflin.

Schmidt, Vivien Ann. 1996. *From State to Market?: The Transformation of French Business and Government*. New York: Cambridge University Press.

Scholliers, Peter, ed. 2001. *Food, Drink and Identity: Cooking, Eating and Drinking in Europe since the Middle Ages*. Oxford, UK: Berg.

Schor, Juliet. 1998. *The Overspent American: Upscaling, Downshifting, and the New Consumer*. New York: Basic Books.

Schudson, Michael. 1989. "How Culture Works: Perspectives from Media Studies on the Efficacy of Symbols." *Theory and Society* 18 (2): 153 – 80.

Schwalbe, Michael, Daphne Holden, Douglas Schrock, Sandra Godwin, Shealy Thompson, and Michele Wolkomir. 2000. "Generic Processes in the Reproduction of Inequality: An Interactionist Analysis." *Social Forces* 79(2): 419 – 52.

Serventi, Silvano. 1993. *La grande histoire du foie gras*. Paris: Flammarion.

——. 2005. *Le foie gras*. Paris: Flammarion.

Shields-Argelès, Christy. 2004. "Imagining the Self and the Other: Food and Identity in France and the United States." *Food, Culture and Society* 7(2): 14 – 28.

Singer, Peter. (1975) 2002. *Animal Liberation*. New York: Ecco.

Sklair, Leslie. 2002. *Globalization: Capitalism and Its Alternatives*. Oxford, UK: Oxford University Press.

Smith, Laurajane. 2006. *Uses of Heritage*. New York: Routledge.

Sohn, Doug, Graham Elliot, and Kate DeVivo. 2013. *Hot Doug's: The Book*. Chicago: Agate Midway.

Somers, Margaret R. 1994. "The Narrative Constitution of Identity: A Relational and Network Approach." *Theory and Society* 23(5): 605 – 49.

Spang, Rebecca L. 2000. *The Invention of the Restaurant: Paris and Modern Gastronomic Culture*. Cambridge, MA: Harvard University Press.

Standage, Tom. 2006. *A History of the World in 6 Glasses*. New York: Walker & Company.

Steinberger, Michael. 2009. *Au Revoir to All That: Food, Wine, and the End of France*. New York: Bloomsbury.

Steinmetz, George, ed. 1999. *State/Culture: State-Formation after the Cultural Turn*. Ithaca, NY: Cornell University Press.

Stiglitz, Joseph E. 2002. *Globalization and Its Discontents*. New York: W. W. Norton.

Sutton, Michael. 2007. *France and the Construction of Europe, 1944 – 2007: The Geopolitical Imperative*. New York: Berghahn Books.

Tarrow, Sidney G. 1998. *Power in Movement: Social Movements and Contentious Politics*. 2nd ed. Cambridge, UK: Cambridge University Press.

Téchoueyres, Isabelle. 2001. "Terroir and Cultural Patrimony: Reflections on Regional Cuisines in Aquitaine." Anthropology of Food. http://aof.revues.org/1531.

——. 2007. "Development, Terroir and Welfare: A Case Study of Farm-Produced Foie Gras in Southwest France." Anthropology of Food. http://aof.revues.org/510.

Tepper, Steven J. 2011. *Not Here, Not Now, Not That!: Protest Over Art and Culture in America*. Chicago: University of Chicago Press.

Terrio, Susan J. 2000. *Crafting the Culture and History of French Chocolate*. Berkeley: University of California Press.

Toussaint-Samat, Maguelonne. 1992. *A History of Food*. Translated by A. Bell. Cambridge, MA: Blackwell.

——. 1994. "Foie Gras." In *A History of Food*, 2nd ed., edited by M. Toussaint-Samat. New York: Blackwell.

Trubek, Amy B. 2000. *Haute Cuisine: How the French Invented the Culinary Profession*. Philadelphia: University of Pennsylvania Press.

——. 2007. "Place Matters." In Korsmeyer 2007, 260 – 71.

——. 2008. *The Taste of Place: A Cultural Journey into Terroir*. Berkeley: University of California Press.

Vannier, Paul. 2002. *L'ABCdaire du foie gras*. Paris: Flammarion.

Veblen, Thorstein. (1899) 2007. *The Theory of the Leisure Class*. New York: Oxford University Press.

Wagner-Pacifici, Robin, and Barry Schwartz. 1991. "The Vietnam Veterans Memorial: Commemorating a Difficult Past." *American Journal of Sociology* 97(2): 376 – 420.

Wallach, Jennifer Jensen. 2013. *How America Eats: A Social History of U.S. Food and Culture*. Lanham, MD: Rowman & Littlefield.

Warde, Alan. 1997. *Consumption, Food and Taste: Culinary Antinomies and Commodity Culture*. London: Sage.

Waters, Mary C. 1990. *Ethnic Options: Choosing Identities in America*. Berkeley: University of California Press.

Weber, Klaus, Kathryn Heinze, and Michaela DeSoucey. 2008. "Forage for Thought: Mobilizing Codes in the Movement for Grass-Fed Meat and Dairy Products." *Administrative Science Quarterly* 53(3): 529 – 67.

Wechsberg, Joseph. 1972. "Foie Gras: La Vie en Rose." *Gourmet*, November.

Weiss, Allen S. 2012. "Authenticity." *Gastronomica: The Journal of Food and Culture* 11(4): 74 – 77.

Wherry, Frederick F. 2006. "The Social Sources of Authenticity in Global Handicraft Markets: Evidence from Northern Thailand." *Journal of Consumer Culture* 6(1): 5 – 32.

——. 2008. *Global Markets and Local Crafts: Thailand and Costa Rica Compared*. Baltimore: Johns Hopkins University Press.

——. 2012. *The Culture of Markets*. Malden, MA: Polity.

Wilde, Melissa J. 2004. "How Culture Mattered at Vatican II: Collegiality Trumps Authority in the Council's Social Movement Organizations." *American Sociological Review* 69(4): 576 – 602.

Wilk, Richard R. 1999. "'Real Belizean Food': Building Local Identity

in the Transnational Caribbean." *American Anthropologist* 101 (2):
244 – 55.

———, ed. 2006. *Fast Food/Slow Food: The Cultural Economy of the Global Food System*. Lanham, MD: Altamira Press.

Winter, Bronwyn. 2008. *Hijab and the Republic: Uncovering the French Headscarf Debate*. Syracuse, NY: Syracuse University Press.

Wolfert, Paula. (1983) 2005. *The Cuisine of Southwest France*. New York: Wiley.

Wuthnow, Robert. 1987. *Meaning and Moral Order: Explorations in Cultural Analysis*. Berkeley: University of California Press.

Youatt, Rafi. 2012. "Power, Pain, and the Interspecies Politics of Foie Gras." *Political Research Quarterly* 65(2): 346 – 58.

Zelizer, Viviana. 1983. *Morals and Markets: The Development of Life Insurance in the United States*. New Brunswick, NJ: Transaction Books.

———. 1985. *Pricing the Priceless Child: The Changing Social Value of Children*. New York: Basic Books.

———. 2005. "Culture and Consumption." In *Handbook of Economic Sociology*, edited by N. J. Smelser and R. Swedberg. Princeton, NJ: Princeton University Press.

———. 2011. *Economic Lives: How Culture Shapes the Economy*. Princeton, NJ: Princeton University Press.

Zukin, Sharon. 1995. *The Cultures of Cities*. Cambridge, MA: Blackwell.